高等教育新工科信息技术课程系列教材

# 大数据技术实用教程

井　超　乔钢柱　主编

中国铁道出版社有限公司
CHINA RAILWAY PUBLISHING HOUSE CO., LTD.

## 内 容 简 介

本书从大数据技术相关概念出发，介绍了大数据平台构建的相关技术，并在此基础上进行离线数据分析和在线数据分析。全书共分七章，包括大数据技术概述、大数据分析技术概述、Hadoop 技术基础、Spark 技术基础、构建基于 Hadoop 的离线电商大数据分析平台、构建基于 Hadoop+Spark 的旅游大数据多维度离线分析系统，以及基于 Spark 的汽车大数据实时评分系统。

本书针对学习大数据技术过程中可能遇到的问题，先介绍大数据的基本概念、大数据技术生态圈的构成和大数据分析的基本过程，而后介绍大数据平台构建需要的技术及相关组件，最后介绍离线、在线数据分析系统案例。本书整理和运用了一些案例资料和视频资源，自成体系，以理论为基础，以实践为引导，完整阐述了如何从无到有搭建大数据平台，并在此平台基础上进行应用。

本书适用于大数据等相关专业学生，对大数据技术有兴趣的相关人员亦可参考使用。

**图书在版编目（CIP）数据**

大数据技术实用教程/井超，乔钢柱主编. —北京：中国铁道出版社有限公司，2023. 3

高等教育新工科信息技术课程系列教材

ISBN 978-7-113-29964-4

Ⅰ.①大… Ⅱ.①井… ②乔… Ⅲ.①数据处理-高等学校-教材 Ⅳ.①TP274

中国国家版本馆 CIP 数据核字（2023）第 028313 号

**书　　名：大数据技术实用教程**
**作　　者：**井　超　乔钢柱

**策　　划：**侯　伟　汪　敏　　　**编辑部电话：**（010）51873628
**责任编辑：**汪　敏　贾淑媛
**封面设计：**刘　颖
**责任校对：**安海燕
**责任印制：**樊启鹏

**出版发行：**中国铁道出版社有限公司（100054，北京市西城区右安门西街 8 号）
**网　　址：**http://www.tdpress.com/51eds/
**印　　刷：**河北京平诚乾印刷有限公司
**版　　次：**2023 年 3 月第 1 版　2023 年 3 月第 1 次印刷
**开　　本：**787 mm×1 092 mm　1/16　**印张：**15.5　**字数：**359 千
**书　　号：**ISBN 978-7-113-29964-4
**定　　价：**42.00 元

# 高等教育新工科信息技术课程系列教材<br>编审委员会

# 序

近年来，教育部积极推进、深化新工科建设，突出强调“交叉融合再出新”，推动现有工科交叉复合、工科与其他学科交叉融合，打造高等教育的新教改、新质量、新体系、新文化。而作为新工科的信息技术课程要快速适应这种教改需求，探索变革现有的信息技术课程体系，在课程改革中促进学科交叉融合，重构教学内容，推进各高校新工科信息技术课程建设，而教材等教学资源的建设是人才培养模式中的重要环节，也是人才培养的重要载体。

目前，国家对教材建设是越来越重视，2020年全国教材建设奖的设立，重在打造一批培根铸魂、启智增慧的精品教材，极大地提升了教材的地位，更是将教材建设推到了教育改革的浪尖潮头。2022年2月发布的《教育部高等教育司关于印发2022年工作要点的通知》中，启动“十四五”普通高等教育本科国家级规划教材建设是教育部的一项重要工作。安徽省高等学校计算机教育研究会和中国铁道出版社有限公司共同策划组织“高等教育新工科信息技术课程系列教材”，并联合一批省内外专家成立“高等教育新工科信息技术课程系列教材编审委员会”，依托高等学校、相关企事业单位的特色和优势，调动高水平教师、企业专家参与，整合学校、企事业单位的教材与教学资源，充分发挥课程、教材建设在提高人才培养质量中的重要作用，集中力量打造与我国高等教育高质量发展需求相匹配、内容形式创新、教学效果好的教学体系教材。这套教材在组织编写思路上遵循了高校的教育教学理念，包括以下四个方面：

**1. 在价值塑造上做到铸魂育人**

党的二十大报告指出：“教育是国之大计、党之大计。培养什么人、怎样培养人、为谁培养人是教育的根本问题。育人的根本在于立德。”

把握教材建设的政治方向和价值导向，聚集创新素养、工匠精神与家国情怀的养成。把政治认同、国家意识、文化自信、人格养成等思想政治教育导向与各类信息技术课程固有的知识、技能传授有机融合，实现显性与隐性教育的有机结合，促进学生的全面发展。应用马克思主义立场观点方法，提高学生正确认识问题、分析问题和解决问题的能力。强化学生工程伦理教育，培养学生精益求精的大国工匠精神，激发学生科技报国的家国情怀和使命担当。

**2. 坚持“学生为中心”和“目标为导向”的理念**

新工科建设要求必须树立以学生为中心、目标为导向的理念，并贯穿于人才培养的全过程。这一理念强调针对学生既定的培养目标和未来发展，要求相关教育教学活动均要结合学生的个性特征、兴趣爱好和学习潜力合理设计和开展。相应地，计算机教材的出版也不应再局限于传统的知识传输方式和学科逻辑结构，应将知识成果化的传统理念转换为以学生和学习者为中心、坚持目标导向和问题导向相结合的出版理念。

### 3. 提供基于教材生命全周期的教学资源服务支持

立足于计算机类教材的生命全周期，从新工科的信息技术课程教学需求出发，策划和管理从立意引领到推广改进的教材产品全流程。将策划前期服务、教材建设中的平台服务、研究以 MOOC+SPOOC 为代表的新的教学模式、建设具有配套的数字化资源，以及利用新技术进行的新媒体融合等所有环节进行一体化设计，提供完整的教学资源链服务。

### 4. 在教材编写与教学实践上做到高度统一与协同

教材的作者大都是教学与科研并重，更是具有教学研究情怀的教学一线实践者，因此，所设计的教学过程创新教学环境，实践教学改革，能够将教育理念、教学方法糅合在教材中。教材编写组开展了深入研究和多校协同建设，采用更大的样本做教改探索，有效支持了研究的科学性和资源的覆盖面，因而必将被更多的一线教师所接受。

本套教材构建更加注重多元、注重社会和科技发展等带来的影响，以更加开放的心态和步伐不断更新，以高等工程教育理论指导信息技术课程教材的建设和改革，不断适应智能技术和信息技术日新月异的变化，其内容前瞻、体系灵活、资源丰富，是一套符合新工科建设要求的好教材，真正达到新工科的建设目标。

2022 年 10 月

# 前 言

当今时代，大数据技术已经广泛应用于金融、医疗、教育、电信及电商等各个领域。各行各业每天都在产生海量数据，数据量已经从B、KB、MB、GB、TB发展到PB、EB、ZB甚至更大的量级，大数据定义也从PB级提高到了EB级。在计算机领域里存在“新摩尔定律”，指的是每18个月数据量将会倍增。也就是说，每18个月所产生的数据量会是以往所有数据量的总和。由此看出，数据量的发展呈现出多而快的趋势。

2020年，国家推出了“新基建”战略，将5G、大数据中心、人工智能和工业互联网列为新型基础设施建设的重点。在国家政策的引领下，各省将大数据产业列为优先发展目标，而任何行业的兴起最需要的就是相关人才，目前大数据相关人才尚处于供不应求的状况。

大数据是信息产业持续高速增长的新引擎，大数据成为提高企业核心竞争力的关键因素。大数据时代，科学研究的方法手段发生了重大变革，对大数据的处理分析已经成为新一代信息技术融合应用的关键。各行各业对于大数据人才的需求呈现井喷式增长，高校大数据相关专业的建设也呈现这一态势。众多企事业单位都迫切需要具备理论基础和实践技能的大数据人才。相应地，对适用于此类人才培养的大数据技术应用型教材的需求也非常迫切。

本书从大数据技术相关概念出发，系统介绍了大数据分析的流程和大数据分析处理系统的组成，详细讲解了大数据集群的搭建过程，并以大数据集群为基础深入剖析了多个离线数据分析和在线数据分析的实战项目案例，涵盖了生产生活中的多个大数据应用场景。本书可谓理论结合实际，特别突出了实践特色，能够很好地满足高校大数据人才培养需求和大数据相关岗位工程师的技能提升需求。

全书共分7章。第1章介绍大数据的基本概念；第2章介绍大数据分析的基本过程以及基本方法、工具；第3章主要介绍搭建离线大数据平台所需组件Hadoop、ZooKeeper的搭建方法及高可用的配置；第4章介绍构建实时大数据平台所需组件及各组件的部署，包括Spark、Hive、HBase、Kafka及Flume；第5章通过案例介绍电商大数据分析系统；第6章介绍基于Hadoop+Spark的大数据离线分析系统；第7章介绍基于Spark的大数据实时分析系统。

本书前4章作为理论体系，介绍了大数据分析系统的基本概念、基本原理、基本组成和构建方法。第5章～第7章辅以3个项目案例，通过一些实际应用程序来展示大数据分析应用的案例。本书可以帮助读者建立大数据技术概念上的整体认知，也能够通过丰富的实践案例帮助读者掌握主流大数据技术的实际应用，实用性和指导性都很强。

使用本书时，建议初学者按照章节顺序从头至尾学习，同时也应进行一定的实操练习。本书适用于大数据等相关专业学生，对大数据技术有兴趣的相关人员亦可参考使用。

本书由井超、乔钢柱主编，乔钢柱编写第2章，其余章节均为井超编写。特别感谢中北大学大数据学院数据科学与大数据技术专业2018级本科生郭媛、李海永、刘甜甜、朱忠诺等同学在编写过程中为我们提供的协助。

由于编者水平有限，书中难免存在不足之处，恳请广大读者指正。

井　超
2022 年 9 月 5 日
于中北大学怡丁苑

# 目 录

# 第1章 大数据技术概述

本章首先从大数据的产生、概念、实际应用和核心技术方面讲解大数据，然后讲解分布式技术和分布式集群的概念，最后重点讲解 Hadoop 生态系统的组成以及 Spark 对于 Hadoop 在各方面的改进。

**学习目标**

- 了解大数据的基本概念，重点介绍大数据核心技术的相关知识。
- 熟悉分布式的技术基础，理解大数据集群平台架构。
- 了解大数据技术生态圈的组成，重点掌握 Hadoop 生态系统的组成及各组件的作用。
- 掌握 Hadoop 和 Spark 的不同之处。

## 1.1 大数据的基本概念

为了让读者了解真正的大数据，本节将从大数据的产生阶段、大数据的特征、大数据各个领域的实际应用以及大数据核心技术和计算模式四方面进行介绍。

### 1. 大数据的产生阶段

大数据的产生大致经历了三个过程：

- 运营式系统阶段：数据往往伴随着一定的运营活动而产生，并被记录在数据库中，数据的产生方式是被动的。
- 用户原创内容阶段：智能手机等移动设备加速内容产生，数据的产生方式是主动的。
- 感知式系统阶段：感知式系统的广泛使用推动着数据的产生，人类社会数据量第三次大的飞跃最终导致了大数据的产生，数据的产生方式是自动的。

### 2. 大数据的特征

根据互联网数据中心（Internet Data Center，IDC）做出的估测，数据一直在以每年 50%的速度增长，也就是说每两年就增长一倍（大数据新摩尔定律）。人类在最近两年产生的数据量相当于之前产生的全部数据量。

大数据不仅仅是指数据量大，而是包含快速、多样、价值化等多重属性。通常，人们将大数据的特点用5V来概括：

- Volume，数据量大：从之前的TB级别，现如今已经跃升到PB级别。
- Velocity，处理速度快：从数据的生成到消耗，时间窗口非常小，可用于生成决策的时间非常少，因此对速度的要求很高。
- Variety，数据类型繁多：大数据是由结构化数据和非结构化数据组成的，其中，非结构化数据占比约90%，与人类社会信息密切相关。
- Value，价值密度低：这也是大数据的核心特征，现实世界所产生的大量数据中，有价值的数据所占比例很小。例如，在不间断监控的过程中，可能有用的信息只有一两秒，但具有很高的价值。
- Veracity，准确性和可靠性高：例如，通过对用户进行身份验证，可以解决某些数据的真实性问题。

### 3. 大数据在各个领域的实际应用

大数据决策逐渐成为人类社会一种新的决策方式，大数据的应用也渗透进各行各业，大力推动了新科技的发展；此外，大数据的兴起也催生了一个新的热门职业——数据科学家。

大数据的主要价值在于对海量数据的分析，因而大数据广泛应用于人类社会的各行各业，如金融、餐饮、医疗、娱乐等领域。金融行业，大数据在高频交易、社交情绪分析和信贷风险分析三大金融创新领域发挥重大作用；餐饮行业，利用大数据实现餐饮O2O模式，彻底改变传统餐饮经营方式；生物医学行业，大数据有助于实现流行病预测、智慧医疗、健康管理，同时还可以帮助专家解读DNA，了解更多的生命奥秘；体育娱乐行业，大数据可以帮助人们训练球队、决定投拍哪种题材的影视作品，以及预测比赛结果；除此之外，大数据还可以应用于个人生活，分析个人生活行为习惯，为其提供更加周到的个性化服务。

### 4. 大数据的核心技术和计算模式

大数据有两大核心技术：一是分布式存储，二是分布式处理。分布式存储的代表产品有HDFS、HBase、NoSQL、NewSQL等，分布式处理的代表产品有MapReduce。

大数据的计算模式主要分为批处理计算、流计算、图计算和查询分析计算四种。其中：批处理计算主要针对大规模数据的批量处理，代表产品有MapReduce、Spark等；流计算主要应用于流数据的实时计算，代表产品有Storm、Flume、DStream等；图计算主要针对大规模图结构数据，代表产品有Graphx、Pregel、Giraph等；查询分析计算针对的是大规模数据的存储管理和查询分析，代表产品有Hive、Dremel、Cassandra等。

## 1.2 大数据的应用

### 1. 大数据的应用场景

大数据分析可以分为大数据和分析两个方面。如今，大数据已经经常出现在报纸新闻当中，但大数据与大数据分析并不是同一概念。假如没有数据分析，再多的数据都只能是一堆存储维护成本高而毫无用处的 IT 库存。大数据分析广泛使用在金融行业、医疗行业、农牧行业、零售行业、制造业、汽车行业、互联网行业、电信行业、能源行业、物流行业、城市管理、体育娱乐和安全领域。

**2. 大数据系统的作用**

大数据系统以处理海量数据存储、计算及不间断流数据实时计算等场景为主，能够为大数据技术研发和应用项目实施提供高效完备的开发与运行环境，为业务提供数据洞察力，以解决各行各业对于大数据分析、处理的问题。大数据系统主要包括 Hadoop 系列、Spark、Storm 以及 Flume/Kafka 等，可以部署在私有云或公有云上。大数据系统具有以下功能：

1）海量数据存储

大数据系统可以容纳 PB 级数据，支持结构化和非结构化数据，支持高效的数据查询、提取等操作。其不仅在性能上有所扩展，而且其处理传入的大量数据流的能力也相应提高。

2）处理速度快

结合列式数据库和大规模并行处理技术，能够大幅提高数据处理性能，通常能够提高 100 ~ 1 000 倍。

3）离线分析和在线分析

Hadoop 和 Spark 已成为大数据领域中的主流，大数据系统提供 Hadoop 离线分析框架和 Spark 在线分析框架，满足不同应用场景下对数据分析响应效率的需求。

4）为数据科学家提供支持

数据科学家在企业 IT 中拥有着更高的影响力和重要性，快速、高效、易于使用和广泛部署的大数据系统可以帮助拉近商业人士和技术专家之间的距离。

5）提供数据分析和可视化功能

确保大数据系统不仅支持在数秒内准备并加载数据，还支持利用数据挖掘等算法建立模型，同时，数据科学家能够使用现有统计软件包和首选语言。用户还可以通过可视化分析工具、可视化引擎等功能开展交互式可视化数据分析。

## 1.3　分布式技术与集群

掌握分布式技术与集群的相关知识是学习大数据技术的基础，故本节围绕分布式技术的概念及大数据集群平台架构等知识进行简要阐述，以便让读者对大数据平台有一个总体认知，为之后在所搭建平台上进行相关应用的开发打基础。

### 1.3.1　分布式技术概述

**1. 分布式系统**

互联网应用的特点是：高并发，海量数据。互联网应用的用户数无上限，这也是其和传统应用的本质区别。高并发指系统单位时间内收到的请求数量（取决于使用的用户数），没有上限。海量数据包括：海量数据的存储和海量数据的处理。这两个工程难题都可以使用分布式系统来解决。

简单理解，分布式系统就是由多个通过网络互联的计算机组成的软硬件系统，它们协同工作以完成一个共同目标。而协同工作则需要解决两个问题：任务分解和节点通信。任务分解，即把一个问题拆解成若干个独立任务，每个任务在一台节点上运行，实现多任务的并发执行；节点通信，即节点之间互相通信，需要设计特定的通信协议来实现。协议可以采用 RPC 或 Message Queue 等方式。

**2. 分布式计算**

分布式计算，又称分布式并行计算，其主要是指将复杂任务分解成子任务、同时执行单独子任务的方法。分布式计算可以在短时间内处理大量的数据，完成更复杂的计算任务，比传统计算更加高效、快捷。

总之，分布式本质上就是将一个业务分拆为多个子业务，部署在不同的服务器上。

## 1.3.2 分布式大数据集群概述

大数据系统一般需要搭建在服务器集群上，也就是说，搭建大数据系统至少需要多台服务器构建集群环境，而普通用户则可以使用虚拟机软件在自己的计算机上通过搭建多台虚拟机达到模拟多台服务器的效果。常见的虚拟机软件有 VMWare 等，本书将以该虚拟机软件为基础搭建多台 Linux 服务器，安装大数据集群系统。图 1-1 表示在个人计算机上安装 VMWare 进而搭建三台服务器构成分布式大数据集群的硬件架构及 IP 地址规划，图 1-2 表示在个人计算机上安装 VMWare，搭建单台服务器构成伪分布大数据集群的硬件架构及 IP 地址规划。

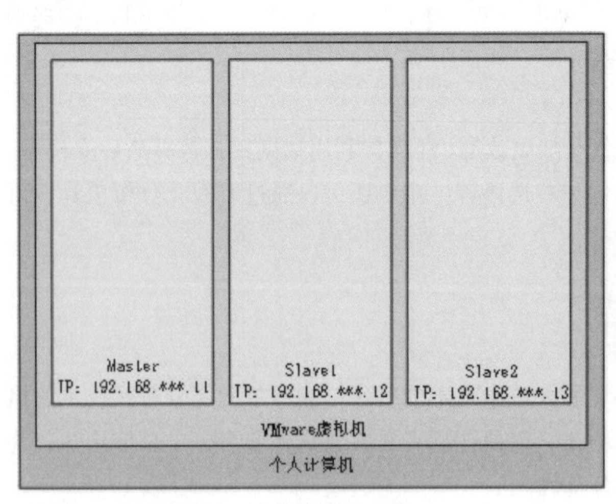


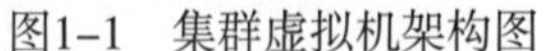
图1-1 集群虚拟机架构图

图1-2 单节点虚拟机架构图

按照如上方式将集群搭建完成后，总共会出现四个虚拟机，其中：伪分布集群有一台虚拟机，虚拟机名称为 Single_node_cluster；分布式集群有三台虚拟机，名称分别为 Master、Slave1、Slave2。各虚拟机的 IP 配置及安装软件（含软件运行的模块）见表 1-1。

**表 1-1 各虚拟机配置表**

| Host name | Single_node_cluster | Master | Slave1 | Slave2 |
|---|---|---|---|---|
| IP | 192.168.***.10 | 192.168.***.11 | 192.168.***.12 | 192.168.***.13 |
| Hadoop | NN DN NM RM SNN | NN SNN RM | DN NM | DN NM |
| Spark | Master Worker | Master | Worker | Worker |
| Hive | Hive | Hive | / | / |
| ZooKeeper | QuorumPeerMain | QuorumPeerMain | QuorumPeerMain | QuorumPeerMain |
| HBase | HMaster | HMaster | HRegionServer | HRegionServer |
| Sqoop | Sqoop | Sqoop | / | / |

以下为对表 1-1 中部分名词的注解：

（1）Host name：各节点主机名称。

（2）IP：各节点 IP 地址。

（3）NN：NameNode，元数据节点，一般在 Master 上（NameNode 是整个文件系统的管理节点。它维护着整个文件系统的文件目录树、文件/目录的元信息和每个文件对应的数据块列表，负责接收用户的操作请求。

（4）DN：DataNode，数据节点，一般在 Slave 上，提供真实文件数据的存储服务。

（5）NM：NodeManager，是运行在单个节点上的代理，它管理着 Hadoop 集群中的单个计算节点，功能包括与 ResourceManager 保持通信、管理 Container 的生命周期、监控每个 Container 的资源使用（内存、CPU 等）情况、追踪节点健康状况、管理日志和不同应用程序用到的附属服务等。

（6）RM：ResourceManager，基于应用程序对资源的需求进行调度；每个应用程序需要不同类型的资源，因此就需要不同的容器。ResourceManager 是一个中心的服务，主要负责调度、启动每个 Job 所属的 ApplicationMaster，另外，监控 ApplicationMaster 的存在情况。NodeManager 是每一台机器框架的代理，是执行应用程序的容器，监控应用程序的资源使用情况（CPU、内存、硬盘、网络），并且向调度器（ResourceManager）汇报。ApplicationMaster 的职责有：向调度器索要适当的资源容器，运行任务，跟踪应用程序的状态和监控它们的进程，处理任务的失败原因。

（7）SNN：SecondaryNameNode，从元数据节点，NameNode 主要是用来保存 HDFS 的元数据信息，比如命名空间信息、块信息等。当它运行时，这些信息会存于内存中，也可以持久化到磁盘上。只有当 NameNode 重启时，edit logs 才会合并到 fsimage 文件中，从而得到一个文件系统的最新快照。但是在产品集群中，NameNode 很少重启，这也意味着当 NameNode 运行很长时间后，edit logs 文件会变得很大。在这种情况下就会出现下面一些问题：①edit logs 文件会变得很大，怎么去管理这个文件是一个挑战；②NameNode 的重启会花费很长时间，因为有很多改动（在 edit logs 中）要合并到 fsimage 文件中；③如果 NameNode 挂掉，将会丢失很多改动，因为此时的 fsimage 文件非常旧。SecondaryNameNode 就是来帮助解决上述问题的，它的职责是合并 NameNode 的 edit logs 到 fsimage 文件中。

（8）/：表示不安装。

分布式集群主机架构如图 1-3 所示。

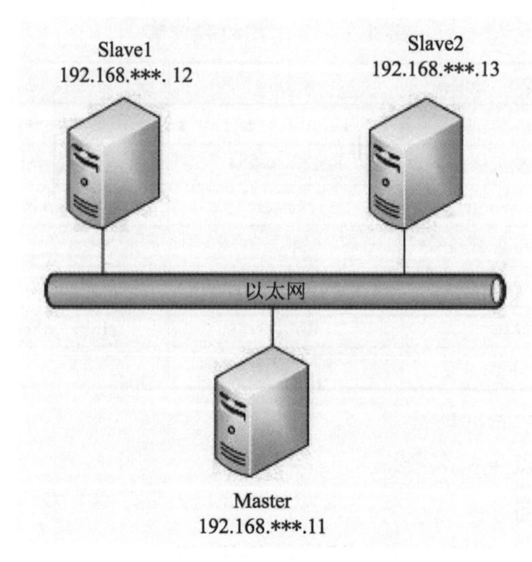


图1-3　分布式集群主机架构

服务器相关术语如下：

（1）节点：代指服务器节点，后面会经常提到节点，分布式环境中一个服务器就是一个节点，在所搭建的集群中，服务器指的是通过 VMware 软件虚拟出来的虚拟机。

（2）操作系统：服务器上运行的操作系统基本上都是 Linux 操作系统，当然，虚拟机中安装的也是 Linux 操作系统。

（3）网络：集群中的多个节点之间协同工作需要不断交换数据及状态、命令等信息，因此需要互通的网络环境。我们搭建的集群是通过虚拟机软件虚拟出来的，网络也是由虚拟机软件虚拟出的虚拟网卡来实现数据交换。

集群中要部署的组件主要有 Hadoop、Spark、Hive、HBase、ZooKeeper 等。

# 1.4　大数据技术生态圈

本节首先介绍 Linux 操作系统的概念及不同版本的信息，为读者提供了选择版本的建议，然后介绍 Hadoop 生态系统的特点及组成，对各组件进行了具体的介绍，最后介绍了 Spark 区别于 Hadoop 的特点。

## 1.4.1　Linux操作系统

### 1. Linux 概述

Linux 内核最初只是由芬兰人林纳斯·托瓦兹（Linus Torvalds）在赫尔辛基大学上学时出于个人爱好而编写的。

Linux 是一套免费使用和自由传播的类 UNIX 操作系统，是一个基于 POSIX 和 UNIX 的多用户、多任务、支持多线程和多 CPU 的操作系统。Linux 上能运行主要的 UNIX 工具软件、应用程序和网络协议。它支持 32 位和 64 位硬件。Linux 继承了 UNIX 以网络为核心的设计思想，是一个性能稳定的多用户网络操作系统。

目前市面上较知名的发行版有：Ubuntu、Gentoo、Debain、Fedora、FreeBSD、OpenSUSE。

### 2. Linux 和 Windows 操作系统的区别

Linux 和 Windows 操作系统的区别见表 1-2。

表 1-2　Linux 和 Windows 操作系统的区别

| 比较项目 | Windows | Linux |
| --- | --- | --- |
| 免费与收费 | 收费 | 免费或少许费用 |
| 软件与支持 | 数量和质量的优势，不过大部分为收费软件；由微软官方提供支持和服务 | 开源自由软件，用户可以修改、定制和再发布，由于基本免费，没有资金支持，部分软件质量和体验欠缺；由全球所有的 Linux 开发者和自由软件社区提供支持 |
| 安全性 | 需要打补丁，系统有安全更新，会中病毒木马 | Linux 比 Windows 平台相对安全一些 |
| 使用习惯 | 普通用户基本都是纯图形界面下操作使用，依靠鼠标和键盘完成一切操作，用户上手容易，入门简单 | 兼具图形界面操作和完全的命令行操作，可以只用键盘完成一切操作，新手入门较困难，需要一些学习和指导，一旦熟练之后，效率较高 |
| 可定制性 | 封闭的，系统可定制性较差 | 开源，可定制化较强 |
| 应用场景 | 桌面操作系统主要使用的是 Windows | 支撑百度、淘宝等应用软件和服务，大部分软件和服务都是运行在 Linux 之上 |

### 3. Linux 版本介绍

1）Fedora

Fedora 是一个开放、创新、前瞻性的操作系统和平台，基于 Linux。它允许任何人自由地使用、修改和重发布。它由一个强大的社群开发，这个社群的成员以自己的不懈努力，提供并维护自由、开放源码的软件和开放的标准。Fedora 项目由 Fedora 基金会管理和控制，得到了 Red Hat、Inc.的支持。Fedora 是一个独立的操作系统，是 Linux 的一个发行版，可运行的体系结构包括 x86（即 i386–i686）、x86_64 和 PowerPC。

Fedora 和 Red Hat 这两个 Linux 的发行版联系很密切。可以说 Fedora Core 的前身就是 Red Hat Linux。2003 年 9 月，红帽公司（Red Hat）突然宣布不再推出个人使用的发行套件，专心发展商业版本（Red Hat Enterprise Linux）的桌面套件，但是红帽公司也同时宣布将原有的 Red Hat Linux 开发计划和 Fedora 计划整合成一个新的 Fedora Project。Fedora Project 将会由红帽公司赞助，以 Red Hat Linux 9 为范本加以改进，原本的开发团队将会继续参与 Fedora 的开发计划，同时也鼓励开放原始码社群参与开发工作。Fedora 可以说是 Red Hat 桌面版本的延续，只不过是与开源社区合作。

2）Debian

Debian，或者称 Debian 系列，包括 Debian 和 Ubuntu 等。Debian 是社区类 Linux 的典范，是迄今为止最遵循 GNU 规范的 Linux 操作系统。Debian 最早由 Ian Murdock 于 1993 年创建，分为三个版本分支（branch）：stable、testing 和 unstable。其中，unstable 为最新的测试版本，包括最新的软件包，但是也有相对较多的 bug，适合桌面用户。testing 的版本都经过 unstable 中的测试，相对较为稳定，也支持了不少新技术（比如 SMP 等）。而 stable 一般只用于服务器，上面的软件包大部分都比较过时，但是稳定性和安全性都非常高。Debian 最具特色的是 apt-get / dpkg

包管理方式，其实 Red Hat 的 YUM 也是在模仿 Debian 的 APT 方式，但在二进制文件发行方式中，APT 应该是最好的。Debian 的资料也很丰富，有很多支持的社区。

3）Ubuntu

Ubuntu 是目前使用较多的 Linux，简单方便，有 KDE 和 GNOME 等视窗界面可供选择，拥有强大的 apt-get 软件管理程序，安装管理软件很方便，推荐新手使用。

Ubuntu 严格来说不能算一个独立的发行版本，Ubuntu 是基于 Debian 的 unstable 版本加强而来，可以说，Ubuntu 就是一个拥有 Debian 所有的优点，以及自己所加强的优点的近乎完美的 Linux 桌面操作系统。根据选择的桌面操作系统不同，有三个版本可供选择：基于 Gnome 的 Ubuntu、基于 KDE 的 Kubuntu 以及基于 Xfc 的 Xubuntu。特点是界面非常友好，容易上手，对硬件的支持非常全面，是最适合作桌面操作系统的 Linux 发行版本。

4）Gentoo

Gentoo 是 Linux 世界最年轻的发行版本，正因为年轻，所以能吸取在它之前的所有发行版本的优点，这也是 Gentoo 被称为最完美的 Linux 发行版本的原因之一。Gentoo 最初由 Daniel Robbins（FreeBSD 的开发者之一）创建，首个稳定版本发布于 2002 年。由于开发者对 FreeBSD 的熟识，Gentoo 拥有着媲美 FreeBSD 的广受美誉的 ports 系统——Portage 包管理系统。不同于 APT 和 YUM 等二进制文件分发的包管理系统，Portage 是基于源代码分发的，必须编译后才能运行，对于大型软件而言比较慢，不过正因为所有软件都是在本地机器编译的，在经过各种定制的编译参数优化后，能将机器的硬件性能发挥到极致。Gentoo 是所有 Linux 发行版本里安装最复杂的，但又是安装完成后最便于管理的版本，也是在相同硬件环境下运行最快的版本。

5）FreeBSD

需要强调的是：FreeBSD 并不是一个 Linux 操作系统。但由于 FreeBSD 与 Linux 的用户群有相当一部分是重合的，二者支持的硬件环境比较一致，所采用的软件也比较类似，故可以将 FreeBSD 视为一个 Linux 版本来比较。FreeBSD 拥有两个分支——stable 和 current，顾名思义，stable 是稳定版，而 current 则是添加了新技术的测试版。FreeBSD 采用 Ports 包管理系统，与 Gentoo 类似，基于源代码分发，必须在本地机器编译后才能运行，但是 Ports 系统没有 Portage 系统使用简便，使用起来稍微复杂一些。FreeBSD 的最大特点就是稳定和高效，是作为服务器操作系统的最佳选择，但对硬件的支持没有 Linux 完备，所以并不适合作为桌面操作系统。

6）OpenSUSE

OpenSUSE 在欧洲非常流行的一个 Linux，由 Novell 公司发放，独家开发的软件管理程序 zypper、yast 得到了许多用户的赞美，和 Ubuntu 一样，支持 kde 和 gnome、xface 等桌面，桌面特效比较丰富，缺点是 KDE 虽然华丽多彩，但比较不稳定。

选择 Linux 发行版本一些建议（仅供参考，在此引用的目的仅是讲解其他版本 Linux 的用途和长处）：

如果只是需要一个桌面操作系统，又不想花大量的钱购买商业软件，那么就需要一款适合桌面使用的 Linux 发行版本；如果不想定制任何东西，不想在系统上浪费太多时间，就根据自己的爱好在 Ubuntu、Kubuntu 及 Xubuntu 中选一款，三者的区别仅仅是桌面程序的不同。

如果需要一个桌面系统，而且还想非常灵活地定制自己的 Linux 操作系统，想让自己的计算机跑得更顺畅，不介意在 Linux 操作系统安装方面浪费一点时间，那么你的选择就是 Gentoo。

如果需要的是一个坚如磐石的非常稳定的服务器操作系统，那么你的选择就是 FreeBSD。

如果需要一个稳定的服务器操作系统，并且想深入摸索一下 Linux 各个方面的知识，想要独家定制许多内容，那么推荐使用 Gentoo。

如果需要的是一个服务器操作系统，而且已经非常厌烦各种 Linux 的配置，只是想要一个比较稳定的服务器系统，那么最好的选择就是 CentOS 了，安装完成后，经过简单的配置就能提供非常稳定的服务。

本书选择使用 CentOS 操作系统进行讲解。

### 1.4.2 Hadoop生态系统

Hadoop 是一个由 Apache 基金会开发的分布式系统基础架构。用户可以在不了解分布式底层细节的情况下开发分布式程序，充分利用集群的威力进行高速运算和存储。Hadoop 实现了一个分布式文件系统（Distributed File System），其中一个组件是 HDFS。HDFS 有高容错的特点，并且用来部署在低廉的（Low-cost）硬件上；它提供高吞吐量（High Throughput）来访问应用程序的数据，适合有着超大数据集（Large Data Set）的应用程序；HDFS 放宽了对 POSIX 的要求，允许以流的形式访问（Streaming Access）文件系统中的数据。Hadoop 框架最核心的设计是 HDFS 和 MapReduce。HDFS 为海量的数据提供了存储，而 MapReduce 则为海量的数据提供了计算。所以，关键点有以下三个：

- Hadoop 是一个由 Apache 基金会开发的分布式系统基础架构。
- 主要解决海量数据的存储和海量数据的分析计算问题。
- 广义上来说，Hadoop 通常是指一个更广泛的概念——Hadoop 生态系统。

下面简要介绍一下 Hadoop 生态系统。经过多年的发展，Hadoop 生态系统不断完善，目前已包括多个子项目，除了核心的 HDFS 和 MapReduce 以外，还包括 ZooKeeper、HBase、Hive、Pig、Mahout、Sqoop、Flume、YARN、Oozie、Storm、Kafka、Ambari 等功能组件，同时，在面向在线业务时也常加入 Spark 组件。具体的组件组成如图 1-4 所示。

1）HDFS

Hadoop 分布式文件系统是 Hadoop 项目的两大核心之一。HDFS 具有处理超大数据、流式处理、可以运行在廉价商用服务器上等优点。HDFS 在设计之初就是要运行在廉价的大型服务器集群上，因此在设计上就把硬件故障作为一种常态来考虑，可以在部分硬件发生故障的情况下仍然能够保证文件系统的整体可用性和可靠性。

HDFS 放宽了一部分 POSIX 约束，从而实现以流的形式访问文件系统中的数据。HDFS 在访问应用程序数据时，可以具有很高的吞吐率，因此对于超大数据集的应用程序而言，选择 HDFS 作为底层数据存储是较好的选择。

2）HBase

相当于关系型数据库，数据放在文件中，而文件放在 HDFS 中。因此，HBase 是基于 HDFS

的关系型数据库。其延迟非常低，实时性高。

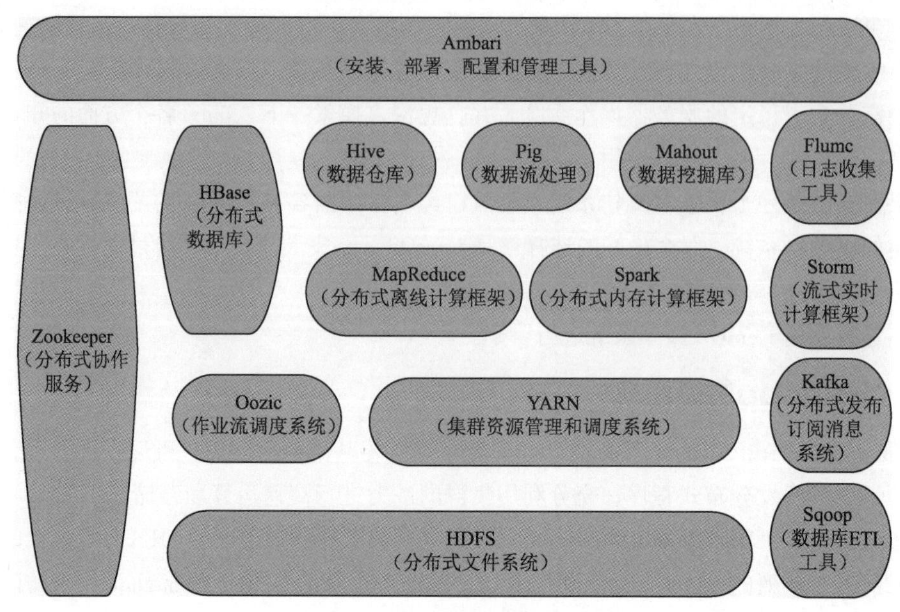


图1-4　Hadoop生态系统图

3）MapReduce

MapReduce 是一种编程模型，用于大规模数据集（大于 1 TB)的并行运算，它将复杂的、运行于大规模集群上的并行计算过程高度抽象到了两个函数——Map 和 Reduce 上，并且允许用户在不了解分布式系统底层细节的情况下开发并行应用程序，并将其运行于廉价的计算机集群上，从而完成海量数据的处理。通俗地说，MapReduce 的核心思想就是“分而治之”。

4）Hive

Hive 分类管理文件和数据，对这些数据可以通过很友好的接口，提供类似于 SQL 的 HiveQL 查询语言来帮助分析。实质上，Hive 底层会经历一个转换的过程。HiveQL 执行的时候，Hive 会提供一个引擎，先将其转换成 MapReduce 再去执行。

Hive 设计目的：方便 DBA 很快地转到大数据的挖掘和分析中去。

5）Pig

Pig 是一种数据流语言和运行环境，适合使用 Hadoop 和 MapReduce 平台来查询大型半结构化数据集。虽然 MapReduce 应用程序的编写不是十分复杂，但也是需要一定开发经验的。Pig 的出现大大简化了 Hadoop 常见的工作任务，它在 MapReduce 的基础上创建了更简单的过程语言抽象，为 Hadoop 应用程序提供了一种更加接近结构化查询语言的接口。

6）Mahout

Mahout 是 Apache 软件基金会旗下的一个开源项目，提供一些可扩展的机器学习领域经典算法的实现，旨在帮助开发人员更加方便快捷地创建智能应用程序：Mahout 包含许多实现，包括聚类、分类、推荐过滤、频繁子项挖掘。此外，通过使用 ApacheHadoop 库，Mahout 可以有效地扩展到云中。

7）ZooKeeper

ZooKeeper是高效和可靠的协同工作系统，提供分布式锁之类的基本服务，用于构建分布式应用，减轻分布式应用程序所承担的协调任务。

8）Flume

Flume是Cloudera提供的一个高可用的、高可靠的、分布式的海量日志采集、聚合和传输的系统。Flume支持在日志系统中定制各类数据发送方，用于数据收集；同时，Flume提供对数据进行简单处理并写到各种数据接收方的能力。

9）Sqoop

Sqoop是SQL to Hadoop的缩写，主要用来在Hadoop和关系数据库之间交换数据。通过Sqoop可以方便地将数据从MySQL、Oracle、PostgreSQL等关系数据库中导入Hadoop（可以导入HDFS、HBase或Hive），或者将数据从Hadoop导出到关系数据库，使得传统关系数据库和Hadoop之间的数据迁移变得非常方便。Sqoop主要通过JDBC（Java DataBase Connectivity）关系数据库进行交互，理论上，支持JDBC的关系数据库都可以使Sqoop和Hadoop进行数据交互。Sqoop是专门为大数据集设计的，支持增量更新，可以将新记录添加到最近一次导出的数据源上，或者指定上次修改的时间戳。

10）Ambari

Ambari是一种基于Web的工具，支持Apache Hadoop集群的安装、部署、配置和管理。Ambari目前已支持大多数Hadoop组件，包括HDFS、MapReduce、Hive、Pig、HBase、ZooKeeper、Sqoop等。

11）YARN

YARN是集群资源管理系统，对整个集群每台机器的资源进行管理，对每个服务、每个Job、每个应用进行调度。

12）Ooize

Oozie主要用于管理、组织Hadoop工作流。Oozie的工作流必须是一个有向无环图，实际上，Oozie就相当于Hadoop的一个客户端，当用户需要执行多个关联的MR任务时，只需将MR执行顺序写入workflow.xml，再使用Oozie提交本次任务，Oozie就会托管此任务流。

13）Storm

Storm是一个分布式实时大数据处理系统。Storm设计用于在容错和水平可扩展方法中处理大量数据。它是一个流数据框架，具有最高的摄取率。

14）Kafka

Kafka最初由Linkedin公司开发，是一个分布式、支持分区、多副本、多订阅者、基于ZooKeeper协调的分布式日志系统（也可以当作MQ系统），常可以用于web/nginx日志、访问日志、消息服务等。Linkedin于2010年将其贡献给Apache基金会，Kafka也就成为了顶级开源项目。

15）Spark

Spark是专为大规模数据处理而设计的快速通用的计算引擎。Spark是UC Berkeley AMP lab（加州大学伯克利分校的AMP实验室）所开源的类Hadoop MapReduce的通用并行框架，Spark

拥有 Hadoop MapReduce 所具有的优点，但不同于 MapReduce 的是——Job 中间输出结果可以保存在内存中，从而不再需要读写 HDFS，因此，Spark 能更好地适用于数据挖掘与机器学习等需要迭代的 MapReduce 的算法。

Spark 是一种与 Hadoop 相似的开源集群计算环境，但是两者之间还存在一些不同之处，这些不同之处使得 Spark 在某些工作负载方面表现得更加优越。换句话说，Spark 启用了内存分布数据集，除了能够提供交互式查询外，还可以优化迭代工作负载。

### 1.4.3 Spark对Hadoop的完善

Spark 是在 MapReduce 的基础之上发展而来的，继承了其分布式并行计算的优点，并且改进了 MapReduce 明显的缺陷，具体如下：

首先，Spark 把中间数据放到内存中，迭代运算效率高。MapReduce 中计算结果需要落地，保存到磁盘上，大大增加了迭代计算的时间，这样势必会影响整体速度，而 Spark 支持 DAG 图的分布式并行计算的编程框架，减少了迭代过程中数据的落地，大大提高迭代式计算的性能，提高了处理效率。

其次，Spark 容错性高。Spark 引进了弹性分布式数据集 RDD（Resilient Distributed Dataset）的抽象，它是分布在一组节点中的只读对象集合，这些集合是弹性的，如果数据集一部分丢失，则可以根据“血统”（即基于数据衍生过程）对它们进行重建。另外，在 RDD 计算时可以通过 CheckPoint 来实现容错，而 CheckPoint 有两种方式——CheckPoint Data，和 Logging The Updates，用户可以决定采用哪种方式来实现容错。

最后，Spark 更加通用。不像 Hadoop 只提供了 Map 和 Reduce 两种操作，Spark 提供的数据集操作类型有很多种，大致分为 Transformations 和 Actions 两大类。Transformations 包括 Map、Filter、FlatMap、Sample、GroupByKey、ReduceByKey、Union、Join、Cogroup、MapValues、Sort 和 PartionBy 等多种操作类型，Actions 包括 Count、Collect、Reduce、Lookup 和 Save 等操作。另外，各个处理节点之间的通信模型不再像 Hadoop 只有 Shuffle 一种模式，用户可以命名、物化，控制中间结果的存储、分区等。

## 1.5 大数据技术的新发展

本节主要介绍大数据技术的新发展趋势，简要阐述了 Hadoop 3.0 的新特性、大数据引擎 Flink 相关概念和智能化大数据分析处理。

### 1.5.1 Hadoop 3.0的新特性

Hadoop 3.0 中引入了一些重要的功能和优化，包括 HDFS 可擦除编码、多 Namenode 支持、MR Native Task 优化、YARN 基于 cgroup 的内存和磁盘 IO 隔离、YARN container resizing 等。Hadoop 3.0 在功能和性能方面进行了多项重大改进，主要包括：

（1）精简 Hadoop 内核，包括剔除过期的 API 和实现，将默认组件实现替换成最高效的实现。比如将 FileOutputCommitter 默认实现换为 v2 版本，废除 HFTP 转由 WebHDFS 替代，移除 Hadoop

子实现序列化库 org.apache.hadoop.Records；基于 JDK 1.8 重新发布一个新的 Hadoop 版本。

（2）Shell 脚本重写。Hadoop 3.0 对 Hadoop 的管理脚本进行了重构，修复了大量 bug，增加了参数冲突检测，支持动态命令等。

（3）HDFS 支持数据的擦除编码，这使得 HDFS 在不降低可靠性的前提下，节省一半存储空间。

Hadoop 3.0 之前，HDFS 存储方式为每一份数据存储 3 份，这也使得存储利用率仅为 1/3，Hadoop 3.0 引入纠删码技术（EC 技术），实现 1 份数据+0.5 份冗余校验数据存储方式。

纠删码（Erasure Coding）技术简称 EC，是一种数据保护技术，最早用于通信行业中数据传输中的数据恢复，是一种编码容错技术。它通过在原始数据中加入新的校验数据，使得各个部分的数据产生关联性。在一定范围的数据出错情况下，通过纠删码技术可以进行恢复。EC 技术可以防止数据丢失，又可以解决 HDFS 存储空间翻倍的问题。

创建文件时，将从最近的祖先目录继承 EC 策略，以确定其块如何存储。与 3 路复制相比，默认的 EC 策略可以节省 50%的存储空间，同时还可以承受更多的存储故障。

建议 EC 存储用于冷数据①，由于冷数据数量大，可以减少副本从而降低存储空间，另外，冷数据稳定，一旦需要恢复数据，对业务不会有太大影响。

（4）支持多 NameNode，即支持一个集群中，一个 Active 和多个 Standby NameNode 的部署方式。Active 的 NameNode 始终只有 1 个，余下的都是 Standby。Standby NN 会不断与 JN 同步，保证自己获取最新的 Editlog，并将 Edits 同步到自己维护的 Image 中去，这样便可以实现热备，在发生 Failover 的时候，立马切换成 Active 状态，对外提供服务。同时，JN 只允许一个 Active 状态的 NN 写入。

（5）Tasknative 优化。为 MapReduce 增加了 C/C++的 Map Output Collector 实现（包括 Spill，Sort 和 IFile 等），通过作业级别参数调整就可切换到该实现上。对于 Shuffle 密集型应用，其性能可提高约 30%。

（6）MapReduce 内存参数自动推断。在 Hadoop 2.0 中，为 MapReduce 作业设置内存参数非常烦琐，涉及两个参数——mapreduce.{map,reduce}.memory.mb 和 mapreduce.{map,reduce}.java.opts，一旦设置不合理，则会使得内存资源浪费严重，比如将前者设置为 4 096 MB，但后者却是“-Xmx2g”，则剩余 2 GB 实际上无法让 Java Heap 使用到。

### 1.5.2　大数据引擎Flink

Flink 是一个针对流数据和批数据的高性能开源分布式处理引擎，代码主要由 Java 语言实现，部分代码由 Scala 语言实现。它可以处理有界的批量数据集和无界的实时数据集。对 Flink 而言，其所要处理的主要场景就是流数据，批数据只是流数据的一个极限特例而已，故 Flink 是一款真正的流批统一的计算引擎。Flink 支持在独立集群（Standalone 模式）或者在被 YARN、Mesos、K8s 等管理的集群上运行，其整体结构如图 1-5 所示。

Flink 提交作业架构流程如图 1-6 所示。用户在客户端提交一个作业（Job）到服务端，服务端为分布式的主从架构。JobManager（Master）负责计算资源（TaskManager）的管理、任务的

①指活动不频繁、不会被经常访问甚至永远不会被访问，但仍需要长期保留的数据。

调度、检查点（CheckPoint）的创建等工作，而 TaskManager（Worker）负责 SubTask 的实际执行。当服务端的 JobManager 接收到一个 Job 后，会按照各个算子的并发度将 Job 拆分成多个 SubTask，并分配到 TaskManager 的 Slot 上执行。

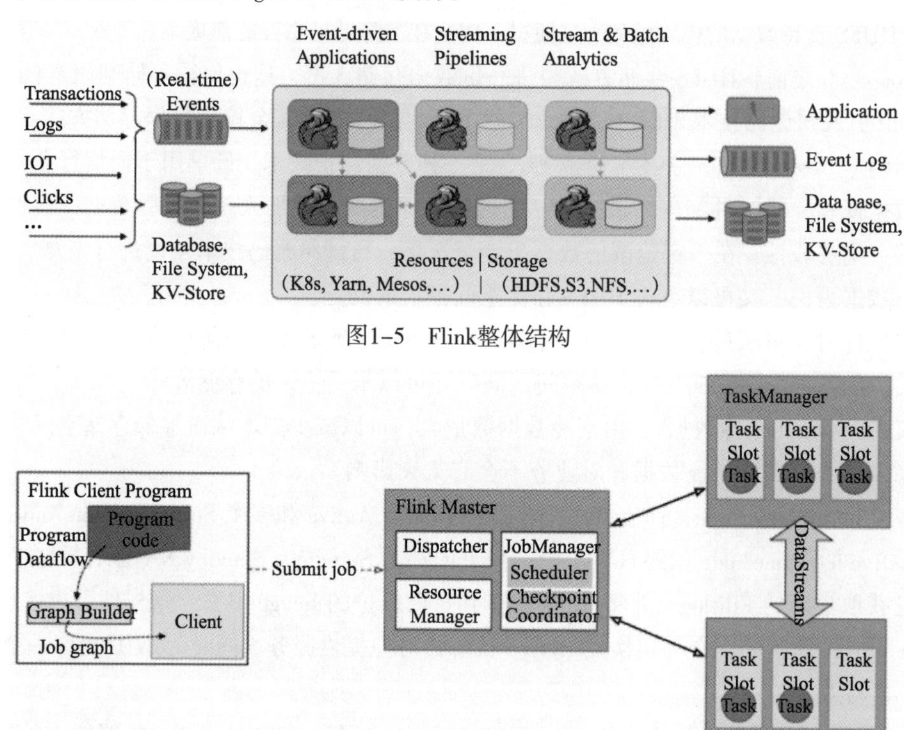


图1-5　Flink整体结构

图1-6　Flink提交作业架构流程

此外，Flink 为了让开发人员更好地进行分布式流处理，可通过对外暴露不同层级的 API 来掩藏内部实现的复杂性。图 1-7 给出了 Flink 分层 API 示意图，自上而下分别提供了 SQL、Table API、DataStream API/DataSet API 和 Stateful Streaming Processing 四层 API。

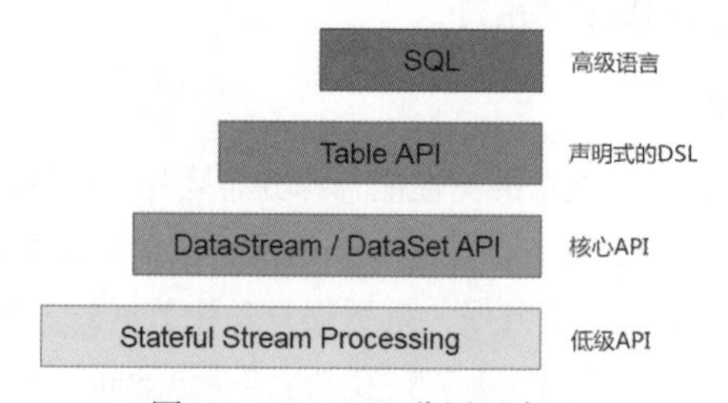


图1-7　Flink API分层示意图

## 1. SQL

SQL 是一种非常实用的语言，基本语法非常简单，因此不少业务人员也可以直接使用 SQL 进行数据的处理。标准化的 SQL 还具有很强的兼容性。

Flink 社区目前一直在大力发展 Flink SQL，借助 SQL，可以用一套 API 实现流批一体化处理，同时由于 SQL 是文本，而无须编译，因此可以通过封装来实现灵活的数据处理，即通过动态传入 SQL 文本就可以对数据进行流批处理。

#### 2. Table API

Table API 是一种以 Table 为中心的声明式编程 API，通过 Table API 可以将数据流或者数据集合转换成一张虚拟的表，并可以指定表结构，如字段名、字段类型等。

Table API 提供多种关系模型中的操作，如 Select、Where、Join 和 Group By 等。一般来说，Table API 可以让程序可读性更强且使用起来更加简洁。

#### 3. DataStream/DataSet API

DataStream/DataSet API 是核心 API 层，Flink 框架提供了大量开箱即用的 API，可以非常方便地进行数据处理。其中，DataStream API 主要用于无界数据流场景，而 DataSet API 主要用于有界数据集场景。目前唯一不方便的是，流批 API 是两套 API。

#### 4. Stateful Streaming Processing

Stateful Streaming Processing API 是一种有状态的实时流处理 API，它也是最底层的 API。通过 Process Function 允许开发人员实现更加复杂的数据底层处理。

### 1.5.3　智能化大数据分析处理

在数字化时代，大数据智能化是核心要素。大数据的智能分析化管理，即充分利用现代网络信息技术和集成技术将各种海量数据予以整合，通过高效的智能化分析让大数据变得易使用、易获得、高质量，为实现重点区域的信息数据处理提供多种智能、高效的分析管理功能，让“大数据”在各个阶段的应用更加广泛、稳定。

大数据智能化分析的核心价值在于对海量数据进行处理和智能分析，主要有以下优势：

- 高可靠性：存储海量数据和智能化分析处理需求数据的能力值得人们信赖。
- 高扩展性：大数据智能多层次的分析数据视图，确保有效和透明的数据。
- 高效性：数据分析获取过程直观、强大，运行效率高。
- 高容错性：通过先进的软件技术、新算法设计与高性能计算研究处理各种数据。

智能大数据分析处理技术在研究大量数据的过程中寻找模式、相关性和其他有用信息，利用大数据感知与分析技术，支持大数据相关性分析思想来分析统计监测数据，助力业务普查，帮助企业用户实时监测、智能分析，帮助企业更好地适应变化，全面提升企业水平和影响力。

## 小　　结

本章主要介绍了大数据的概念及核心技术、分布式和集群的概念以及大数据技术生态圈的组成，重点介绍 Hadoop 生态系统的各个组件及其作用。本章的重点在于使读者了解大数据的核心技术以及 Hadoop 生态系统的组成。

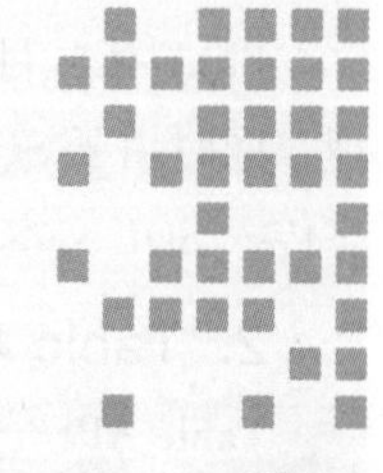

# 第2章 大数据分析技术概述

本章围绕大数据分析技术进行介绍，首先讲解分析流程以及相关技术，然后讲解大数据分析常用的几种方法，最后讲解各流程中所用到的工具，并对工具的特点、适用范围等信息进行了具体介绍。

**学习目标**

- 重点掌握大数据的分析流程，熟悉相关技术。
- 理解并掌握大数据分析的常用方法。
- 了解大数据分析过程中所用到的基础工具及其使用方法。

## 2.1 大数据分析流程及相关技术

要进行大数据的分析工作，就必须先了解其流程，故本节围绕大数据采集、预处理、大数据存储、分析挖掘和可视化这五个主要阶段进行阐述，除对基本概念、特征进行介绍外，还讲解了流程中所用到的主要技术。

### 2.1.1 大数据采集与预处理

#### 1. 大数据采集

数据采集，又称数据获取，是指通过社交网络交互数据及移动互联网数据等方式获得的各种类型的海量数据。

在大数据体系中，数据分为业务数据、行业数据、内容数据、线上行为数据和线下行为数据五大类，实际采集的数据主要来源于社交网络、商业数据、传感器数据等。在实际的数据采集过程中，数据源会影响大数据质量的真实性、完整性、一致性、准确性，因此，大数据采集技术面临着许多技术挑战，一方面需要保证数据的可靠性，同时还要保证从中可以提取到有价值的信息。

根据数据源的不同，大数据采集的方法也不相同。例如，对于Web数据，多采用网络爬虫方式，这需要对爬虫软件进行时间设置以保障收集到数据的时效性质量，灵活控制采集任务的启动和停止。

数据采集是数据分析生命周期中的重要一环，它通过传感器数据、社交网络数据等获得各种类型的结构化、半结构化及非结构化的海量数据。由于采集到的数据错综复杂，因此，需要对数据进行预处理。

**2. 大数据预处理**

数据预处理主要包括数据抽取、数据清洗、数据集成、数据归约等内容，即通过对数据进行提取、转换、加载，最终挖掘数据的潜在价值，大大提高大数据的总体质量。

数据提取过程有助于将获取到的具有多种结构和类型的复杂数据转化为单一的或者便于处理的结构和类型，以达到快速分析处理的目的。

数据清洗包括对数据的不一致检测、噪声数据的识别、数据过滤与修正等，通过对数据过滤“去噪”从而提取出有效数据。

数据集成则是将多个数据源的数据进行集成，从而形成集中、统一的数据库。

数据归约是在不损害分析结果准确性的前提下降低数据集规模，使之简化，包括维归约、数据归约、数据抽样等技术，这一过程有利于提高大数据的价值密度。

## 2.1.2　大数据存储与管理

大数据存储与管理是大数据分析流程中不可缺少的环节。大数据存储与管理要用存储器把采集到的数据都存储起来，建立相应的数据库，并进行管理和调用，数据存储的好坏直接决定了整个系统的性能。

**1. 大数据存储**

由于当今社会数据量的庞大，大数据的存储大都采取分布式的形式。分布式存储，即大量数据分块存储在不同的服务器节点，它们之间通过副本保持数据的可靠性。大数据存储过程重点解决复杂结构化、半结构化和非结构化大数据管理与处理技术，主要解决大数据的可存储、可表示、可处理、可靠性及有效传输等几个关键问题：开发可靠的分布式文件系统（DFS）、能效优化的存储、计算融入存储、大数据的去冗余及高效低成本的大数据存储技术；突破分布式非关系型大数据管理与处理技术，异构数据的数据融合技术，数据组织技术，研究大数据建模技术；突破大数据索引技术；突破大数据移动、备份、复制等技术。

大数据系统中最常用的分布式存储技术是 Hadoop 的 HDFS 文件系统，其理念为多个节点共同存储数据，由于数据量逐渐增多，节点也就形成一个大规模集群。也就是说，HDFS 支持上万的节点，能够存储很大规模的数据。

**2. 大数据管理**

传统数据库存储的数据类型仅限于结构化的数据，而大数据集合是由结构化、半结构化和非结构化数据组成的，因此在大数据管理过程中，通常使用非关系型数据库。

非关系型数据库提出另一种理念，例如，以键值对存储，且结构不固定，元组可以有不同的字段，每个元组可以根据需要增加键值对，这样就不会局限于固定的结构，从而减少一些时间和空间的开销。使用这种方式，用户可以根据需要去添加自己需要的字段，这样，当获取用户的不同信息时，不需要像关系型数据库一样对多表进行关联查询，仅需要根据 id 取出相应的 Value 即可完成查询。

常用的非关系型数据库有 HBase、MongoDB、Redis 等，其中，HBase 采用了列族存储，本质上就是一个按列存储的大表，数据按相同字段进行存储，不同的列对应不同的属性，因此在查询时即可单独查询相关的列。

## 2.1.3 大数据分析与挖掘

随着现代互联网的高速发展，人们生产生活中产生的数据量急剧增长，如何从海量的数据中提取有用的知识成为当务之急，针对大数据的分析与挖掘技术应运而生。大数据分析技术主要包括已有数据的统计分析技术和未知数据的挖掘技术。统计分析可由数据处理技术完成，具体见本章 2.1.1 节；本节主要介绍数据挖掘的相关内容。

数据挖掘在大数据分析阶段完成，即从大量的、有噪声的、模糊的、随机的实际应用数据中提取隐含的、潜在有用的信息和知识，挖掘数据关联性。数据挖掘的主要任务包括关联规则、聚类分析、分类和预测和奇异值检测等。

### 1. 关联规则

两个或两个以上变量的取值之间存在某种规律性，就称为关联。关联规则的任务是找出数据库中隐藏的关联网，即通过使用数据挖掘方法，发现数据所隐含的某一种或多种关联，从而帮助用户决策。

### 2. 聚类分析

聚类是把数据按照相似性归纳成若干类别，同一类别的数据相似度极高，不同类别间的数据差异性较大。

### 3. 分类和预测

分类和预测本质上都可以看作是一种预测，分类用于预测离散类别，而预测则用于预测连续类别。

### 4. 奇异值检测

数据库中的数据往往会存在很多异常情况，发现数据库中数据存在的异常情况是非常重要的。奇异值检测即是根据一定标准识别或者检测出其中的异常值。

根据信息存储格式，用于挖掘的对象有关系数据库、面向对象数据库、数据仓库、文本数据源、多媒体数据库以及 Internet 等。数据挖掘的经典算法主要包括 C4.5、K-means、SVM、KNN 等，实际项目中需根据数据的类型及特点选择合适的算法，在数据集上进行数据挖掘，最终对结果进行分析并转换成最终能被用户理解的知识。

在数据分析与挖掘环节，应根据大数据应用情境与决策需求，选择合适的大数据分析技术，提高大数据分析结果的可用性、价值性和准确性质量。但数据分析的结果往往不够直观，因此通常需要借助数据可视化阶段将结果直观地展示给用户。

### 2.1.4　数据可视化

数据可视化对于普通用户或是数据分析人员来说，都是最基本的功能。数据可视化是指将大数据分析与预测结果以计算机图形或图像的方式展示给用户的过程，让数据自己说话，用户直观感受到结果，并可与用户进行交互。其主要用途如下：

**1. 使用户快速理解信息**

通过使用数据的图形化表示，用户可以以一种直观的方式查看大量数据以及数据间的联系，以根据这些信息制定决策；由于这种模式下数据分析要更快，因此企业可以更加及时地发现问题、解决问题。

**2. 确定新兴趋势**

数据可视化可以帮助公司发现影响商品销量的异常数据和客户购买行为数据，发现新兴的市场趋势，做出相应的决策以提升其经营效益。

**3. 方便沟通交流**

使用图表、图形或其他有效的数据可视化表示在沟通中是非常重要的，因为这种表示更能吸引人的注意，并能快速获得彼此的信息。

数据可视化技术有利于发现大量业务数据中隐含的规律性信息，以支持决策；可大大提高大数据分析结果的直观性，便于用户理解与使用。数据可视化与信息图形、信息可视化、科学可视化以及统计图形密切相关。当前，在研究、教学和开发等领域都得到了广泛应用。

## 2.2　大数据分析常用方法

大数据分析中常用的四种方法：数理统计分析、聚类分析、分类分析和回归分析，本节主要从各方法的原理、具体实现算法等方面进行讲解。

### 2.2.1　数理统计分析

数理统计分析法，即以概率论为基础，主要研究随机现象中局部与整体之间及各有关因素之间的规律性。它要求数据具有随机性，且必须真实可靠，这是进行定量分析的基础。这种方法在不借助计算机来进行的同时，亦能达到快速、准确和实施大量计算的目的。

### 2.2.2　聚类分析

聚类分析法，也称群分析、点群分析，是研究分类的一种多元统计方法。人们所研究的样本或变量之间存在程度不同的相似性。根据样本的多个变量，找出能够度量样本或变量之间相似程度的统计量，以这些统计量为划分类型的依据，把一些相似程度较大的样本（或变量）聚合为一类，把另外一些彼此之间相似程度较大的样本（或变量）聚合为另一类，直到把所有的样本（或变量）聚合完毕，这就是其基本思想。常用的聚类分析方法有层次分析、K-means、高斯回归等。

K-means 算法是最常用的聚类算法。在给定 $K$ 值和 $K$ 个初始类簇中心点的情况下，把每个点分到离其最近的类簇中心点所代表的类簇中，所有点分配完毕之后，根据一个类簇内的所有点重新计算该类簇的中心点（取平均值），然后再迭代分配点、更新类簇中心点，直至类簇中心点的变化很小，或达到指定的迭代次数。

### 2.2.3 分类分析

分类分析是一种基本的数据分析方式，根据其特点，可将数据对象划分为不同的部分和类型，再进一步分析，能够进一步挖掘事物的本质。常用的分类分析法有决策树、神经网络、贝叶斯分类、SVM、随机森林等。

决策树算法采用树形结构，使用层层推理来实现最终的分类。决策树由根节点、内部节点、叶节点构成，其中，根节点包含样本的全集，内部节点对应特征属性测试，叶节点代表决策结果。预测时，在内部节点处用某一属性值进行判断，根据判断结果决定进入哪个分支节点，直到到达叶节点处，得到分类结果。

随机森林是由很多决策树构成的，不同决策树之间没有关联。执行分类任务时，每当新的输入样本进入，令森林中的每一棵决策树分别进行判断和分类，每个决策树会得到一个自己的分类结果，决策树的分类结果中哪一个分类最多，那么随机森林就把这个结果当作最终结果。

### 2.2.4 回归分析

回归分析是一种预测性的建模技术，它研究的是因变量（目标）和自变量（预测器）之间的关系。这种技术通常用于预测分析时间序列模型以及发现变量之间的因果关系。回归分析是建模和分析数据的重要工具。常见的回归方法有线性回归和逻辑回归。

线性回归通常是人们在学习预测模型时的首选技术之一。在线性回归中，自变量是连续的或离散的，因变量是连续的，回归线的性质是线性的。线性回归使用最佳的拟合直线在因变量（$Y$）和一个或多个自变量（$X$）之间建立一种关系（$Y=a+bX+e$，其中 $a$ 表示截距，$b$ 表示直线的斜率，$e$ 表示误差项），以根据给定的预测变量来预测目标变量的值。

逻辑回归用于计算“事件 Success”和“事件 Failure”的概率，也就是说，当因变量的类型属于二元（1 / 0，是/否）变量时，应选择使用逻辑回归。逻辑回归广泛用于处理分类问题，它不局限于处理自变量和因变量的线性关系，可以处理各种类型的关系。

## 2.3 数据分析基础工具

本节讲解了数据采集、清洗、存储、挖掘、可视化阶段所用到的基础工具，并给出了各工具的官方网站。

### 2.3.1 数据采集工具

Python 如何爬取动态加载页面？终极解决方案是，通过联合使用 Selenium 和 PhantomJS 两种工具来实现。

Selenium 是一款使用 Apache License 2.0 协议发布的开源框架，是一个用于 Web 应用程序自动化测试的工具。Selenium 测试直接运行在浏览器中，支持的浏览器包括 IE、Mozilla Firefox、

Safari、Opera 等。它采用 JavaScript 来管理整个测试过程，包括读入测试套件、执行测试和记录测试结果；它以 JavaScript 单元测试工具 JSUnit 为核心，模拟真实用户操作，包括浏览页面、点击链接、输入文字、提交表单、触发鼠标事件等，并且能够对页面结果进行种种验证。

PhantomJS 是一个可编程的无头浏览器，也就是一个包括 JS 解析引擎、渲染引擎、请求处理等的完整的浏览器的内核，但不包括显示和用户交互页面。它提供 JavaScript API 接口，即通过编写 JS 程序直接与 WebKit 内核交互。此外，它也可以在不同平台上二次开发采集项目或是进行自动项目测试等工作。PhantomJS 通常适用于网络爬虫、网页监控等方面，网络爬虫即获取链接处使用 JS 跳转后的真实地址。

Selenium 官方网站为 https://www.selenium.dev/，如图 2-1 所示。

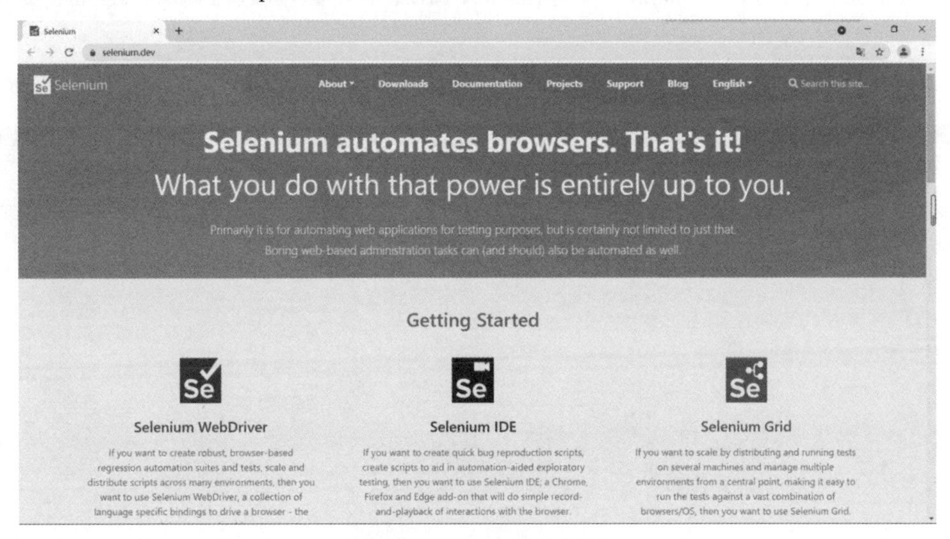


图2-1　Selenium官方网站

PhantomJS 官方网站为 https://phantomjs.org/，如图 2-2 所示。

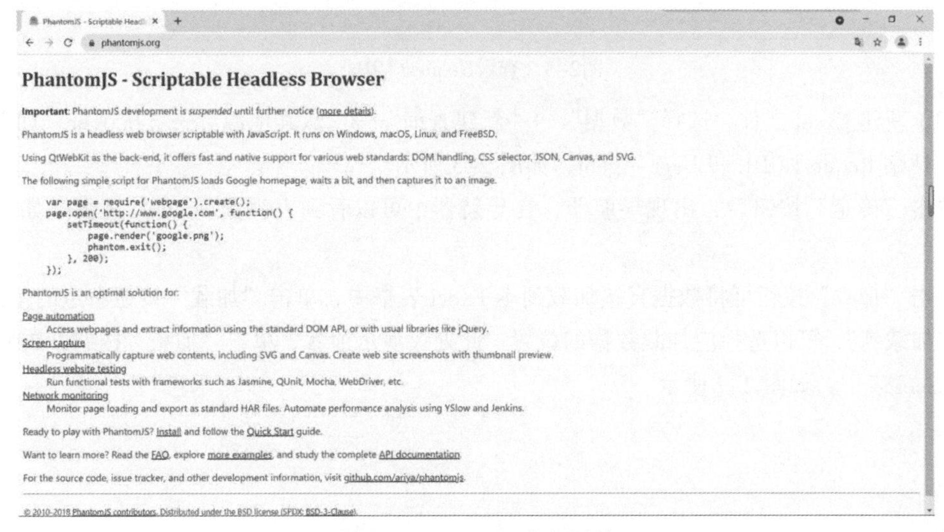


图2-2　PhantomJS官方网站

## 2.3.2 使用Excel爬取数据

使用 Excel 爬取数据的方法支持对简单的文本数据网站进行爬取，供入门者参考。本方法需要目标网页、响应时间、响应标识三个信息。目标网页即数据爬取的网址信息；响应时间即访问网站时的点击频率，通常设置为 1 s；响应标识即 UserAgent 标识，其相当于浏览器的唯一标识。

下面以使用 Excel 爬取全国城市房价为例，介绍具体的爬取流程。

（1）打开“全国房价行情”网址，进入全国城市房价排行（住宅）页面。

（2）按〈F12〉键打开开发者工具，选择“NetWork”→“All”，按〈F5〉键进行刷新，选择 index.html 条目，单击“General”看到 Request URL，往下翻可以看到 User-Agent，如图 2-3 所示。

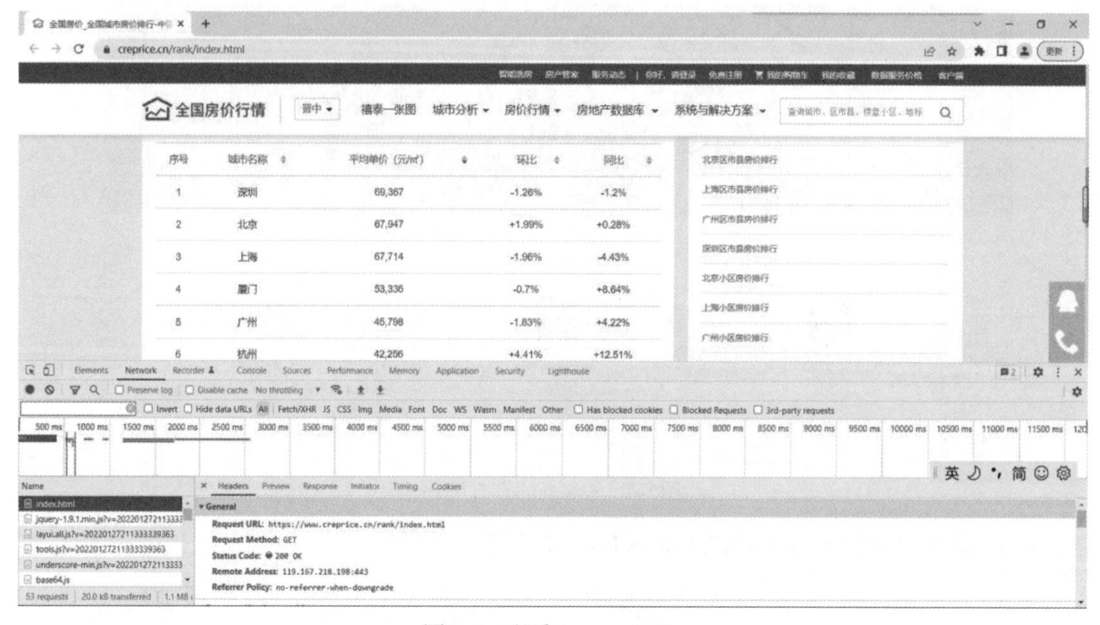


图2-3 查看Request URL

（3）新建 Excel 文件，选择“数据”→“新建查询”→“从其他源”→“从 Web”如图 2-4 所示。粘贴 Request URL 和 User-Agent，如图 2-5 所示。

单击“确定”按钮后，出现导航器，在导航器中可以看到表视图和 Web 视图，如图 2-6 所示。

单击“加载”按钮可将数据直接加载到本 Excel 表格中，单击“加载”按钮右边的小箭头，选择“加载到”，可以选择应加载数据的位置。此处仅演示前者，单击“加载”按钮，数据将显示在 Excel 表中，如图 2-7 所示。

图2-4　选择“从Web”

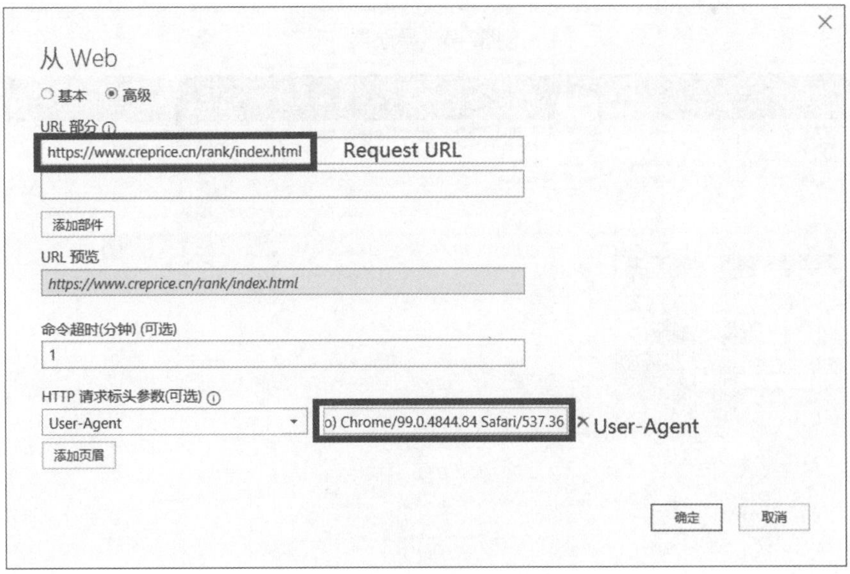

从 Web
基本　高级
URL 部分
https://www.creprice.cn/rank/index.html
Request URL
添加部件
URL 预览
https://www.creprice.cn/rank/index.html
命令超时(分钟) (可选)
1
HTTP 请求标头参数(可选)
User-Agent
o) Chrome/99.0.4844.84 Safari/537.36
User-Agent
添加页眉
确定
取消

图2-5　Excel中填写URL信息

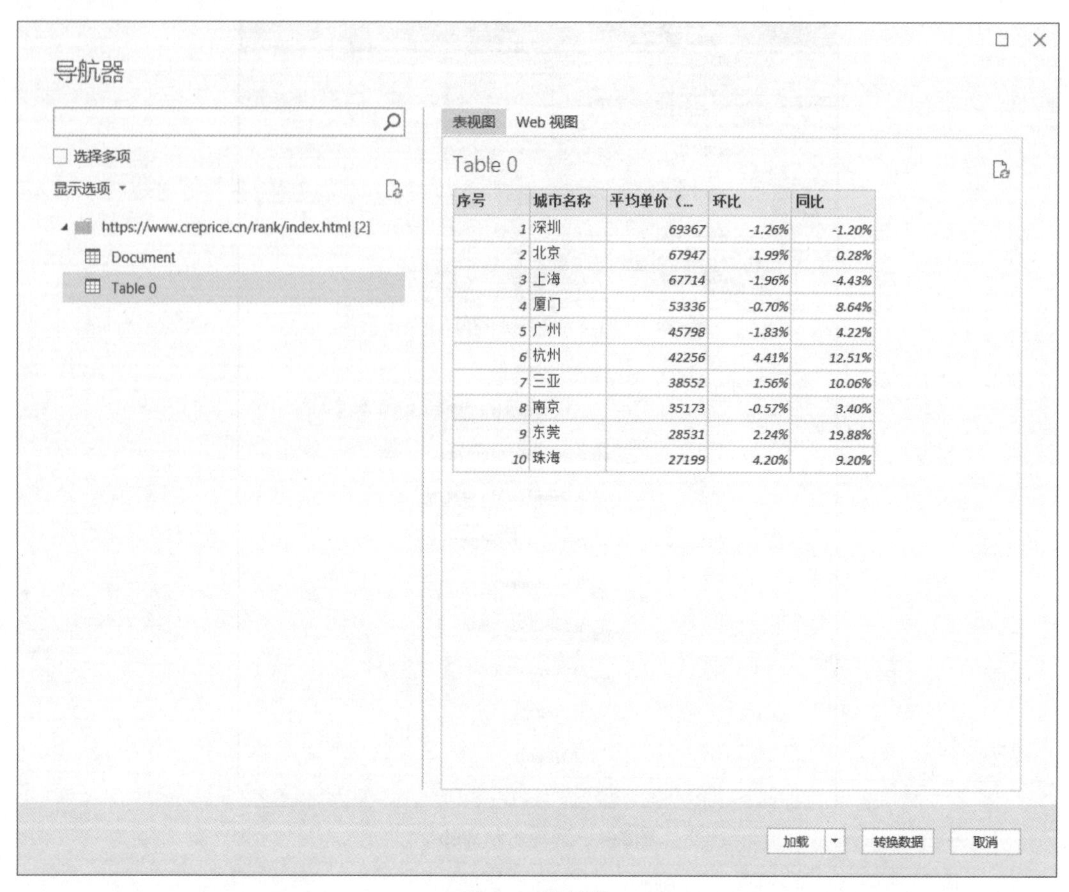


| 序号 | 城市名称 | 平均单价（... | 环比 | 同比 |
|---|---|---|---|---|
| 1 | 深圳 | 69367 | -1.26% | -1.20% |
| 2 | 北京 | 67947 | 1.99% | 0.28% |
| 3 | 上海 | 67714 | -1.96% | -4.43% |
| 4 | 厦门 | 53336 | -0.70% | 8.64% |
| 5 | 广州 | 45798 | -1.83% | 4.22% |
| 6 | 杭州 | 42256 | 4.41% | 12.51% |
| 7 | 三亚 | 38552 | 1.56% | 10.06% |
| 8 | 南京 | 35173 | -0.57% | 3.40% |
| 9 | 东莞 | 28531 | 2.24% | 19.88% |
| 10 | 珠海 | 27199 | 4.20% | 9.20% |

图2-6　导航器

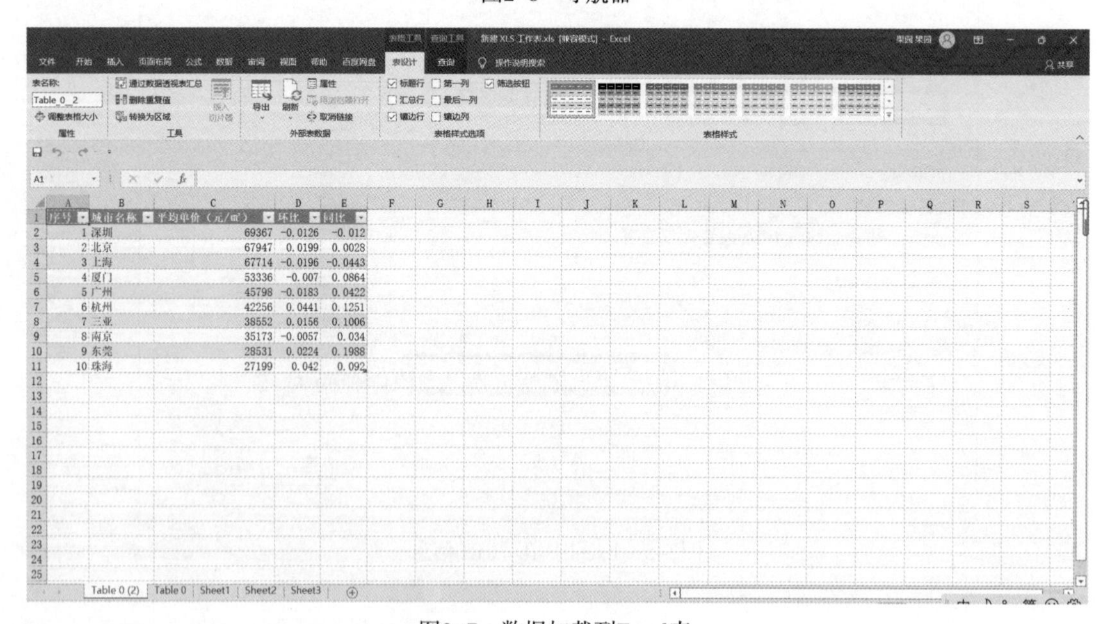


| 序号 | 城市名称 | 平均单价（元/m²） | 环比 | 同比 |
|---|---|---|---|---|
| 1 | 深圳 | 69367 | -0.0126 | -0.012 |
| 2 | 北京 | 67947 | 0.0199 | 0.0028 |
| 3 | 上海 | 67714 | -0.0196 | -0.0443 |
| 4 | 厦门 | 53336 | -0.007 | 0.0864 |
| 5 | 广州 | 45798 | -0.0183 | 0.0422 |
| 6 | 杭州 | 42256 | 0.0441 | 0.1251 |
| 7 | 三亚 | 38552 | 0.0156 | 0.1006 |
| 8 | 南京 | 35173 | -0.0057 | 0.034 |
| 9 | 东莞 | 28531 | 0.0224 | 0.1988 |
| 10 | 珠海 | 27199 | 0.042 | 0.092 |

图2-7　数据加载到Excel表

至此，使用 Excel 爬取全国城市房价排行（住宅）数据结束。

## 2.3.3 数据清洗工具

Kettle 是一款开源的 ETL 工具，用于数据库间的数据迁移 。它以 Java 开发，支持跨平台运行，即支持在 Linux、Windows、UNIX 操作系统中运行，数据抽取高效稳定。

Kettle 允许用户管理来自不同数据库的数据，通过提供一个图形化的用户环境来描述用户想做什么。作为一个端对端的数据集成平台，可以对多种数据源进行抽取、加载，对数据进行各种清洗、转换、混合，并支持多维联机分析处理和数据挖掘。

Kettle 中有两种脚本文件——Transformation 和 Job，Transformation 完成针对数据的基础转换，Job 则完成整个工作流的控制。

Kettle 目前包含五个产品：Spoon、Pan、Chef、Kithcen、Encr。

（1）Spoon：一个图形用户界面，允许用户通过图形界面来设计 ETL 转换过程和任务。

（2）Pan：转换执行器，允许批量运行由 Spoon 设计的 ETL 转换。Pan 在后台执行，没有图形界面。

（3）Chef：允许创建任务，有利于自动化更新数据仓库的复杂工作。任务创建后将被检查，判断其是否正确运行。

（4）Kithcen：作业执行器，允许批量使用由 Chef 设计的任务。Kitchen 也在后台运行。

（5）Encr：用来加密连接数据库与集群时使用的密码。

Kettle 官方网站为 http://www.kettle.be/，如图 2-8 所示。

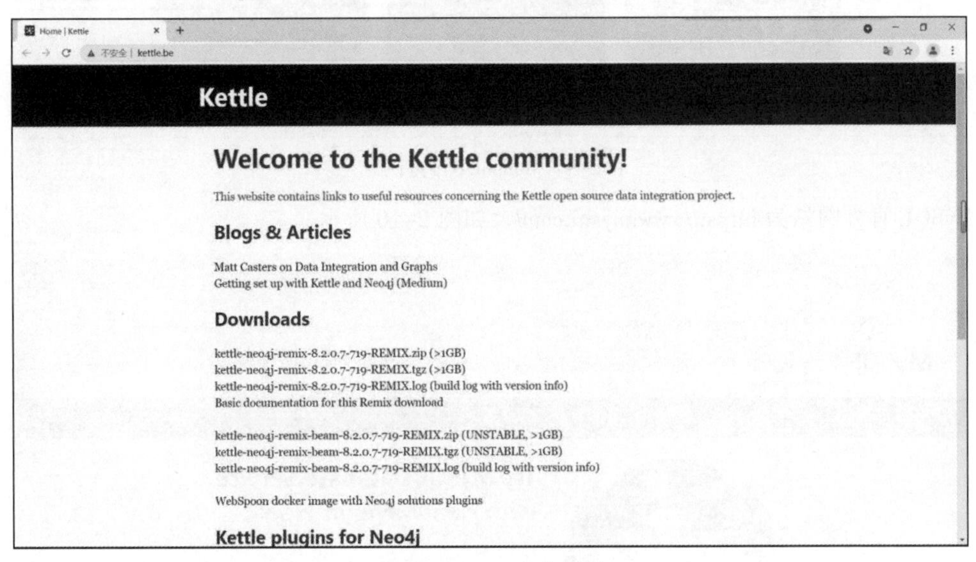


图2-8 Kettle官方网站

## 2.3.4 数据存储工具

mongoDB 是由 C++语言编写的一个基于分布式文件存储的数据库，旨在为 Web 应用提供可扩展的高性能数据存储解决方案。mongoDB 是一个介于关系数据库和非关系数据库（NoSQL）之间的产品，是非关系数据库当中功能最丰富、最像关系数据库的产品。此外，mongoDB 也支持 Ruby、Python、Java、C++、PHP、C#等多种编程语言。

mongoDB 将数据存储为一个文档，数据结构由键值（key/value）对组成。mongoDB 文档类似于 JSON 对象。字段值可以包含其他文档、数组及文档数组。

MySQL 是一个开源的关系型数据库管理系统，由瑞典 MySQL AB 公司开发，目前隶属于 Oracle 公司。MySQL 可以处理拥有上千万条记录的大型数据库，将数据保存在不同的表中，而不是将所有数据放在一个大仓库内，这样就提高了速度和灵活性。

MySQL 是一个关系型数据库，一个关系型数据库由一个或数个表格组成，一个表格包括表头、行、列、键和值。MySQL 使用标准的 SQL 数据语言形式。

mongoDB 官方网站为 https://www.mongodb.org.cn/，如图 2-9 所示。

图2-9　MongoDB官方网站

MySQL 官方网站为 https://www.mysql.com/，如图 2-10 所示。

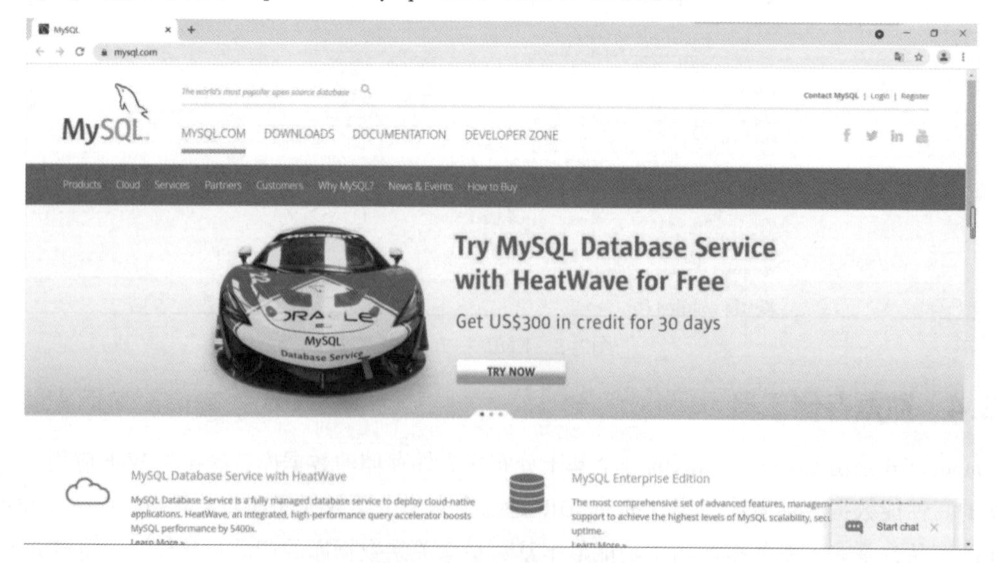


图2-10　MySQL官方网站

## 2.3.5　机器学习工具

scikit-learn 是一个开源的机器学习工具，基于 Python 语言，提供了用于数据降维、预处理、模型选择等各种工具。scikit-learn 可以实现数据预处理、分类、回归、降维、模型选择等常用的机器学习算法。scikit-learn 是基于 NumPy、SciPy 和 Matplotlib 构建。

scikit-learn 包括分类、回归、聚类、降维、预处理等。

（1）分类用于识别对象属于哪个类别，例如，垃圾邮件检测、图像识别等，常用算法有 SVM、最近邻、随机森林等。

（2）回归用于预测与对象关联的连续值属性，例如，预测药物反应、股票涨势等，常用算法有 SVR、最近邻、随机森林等。

（3）聚类用于自动将相似对象分组为集合，例如，将客户细分、分组实验等，常用算法有 K-Means、谱聚类、均值漂移等。

（4）降维用于减少要考虑的随机变量的数量，例如，可视化场景，常用算法有 K-Means、特征选择、非负矩阵分解等。

（5）预处理用于特征提取和归一化，例如，转换输入数据、用于机器学习算法的文本等，常用算法有预处理、特征提取等。

更多详情见 scikit-learn 中文社区，网址为 https://scikit-learn.org.cn/，如图 2-11 所示。

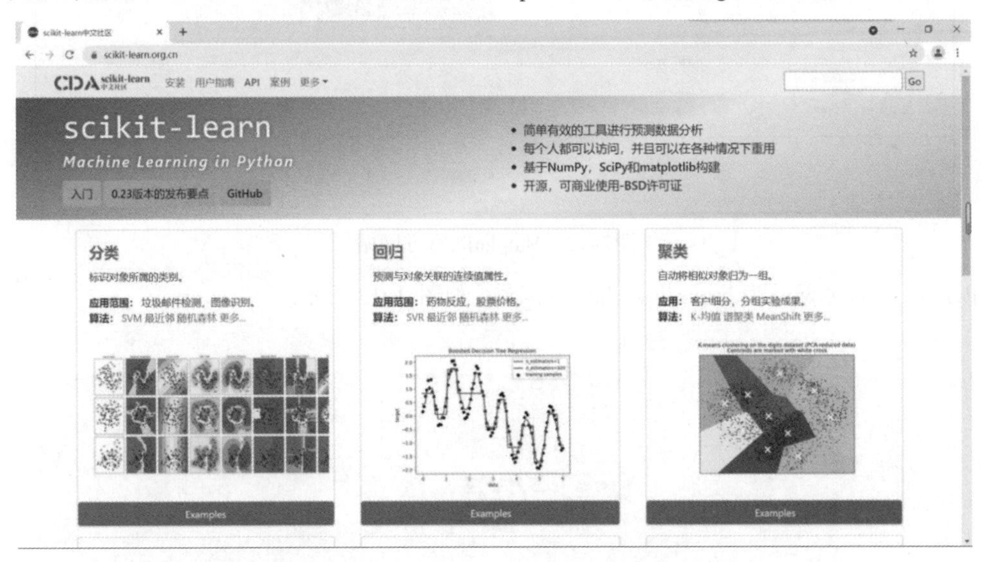


图2-11　Scikit-learn中文社区网站

## 2.3.6　数据可视化工具

Matplotlib 是当下用于数据可视化最流行的套件之一，是一个跨平台库，支持 Python、Jupyter 和 Web 应用程序服务器等。它能将数据图形化，并且提供多样化的输出格式，向用户或从业人员直观地展示数据，在市场分析等多个领域发挥着重要作用。

PyEcharts 是由 JavaScript 实现的开源可视化库，支持主流 Notebook 环境（Jupyter Notebook 和 JupyterLab），可以兼容大多数浏览器（IE 8/9/10/11、Chrome、Firefox 等）。它支持折线图、

柱状图、散点图、饼图、雷达图、仪表盘、漏斗图等 12 类图表，支持多图表、组件的联动，提供了直观、交互丰富、高度个性化定制的数据可视化图表，且拥有原生地图文件，为地理数据可视化提供强有力的支持。

Apache Superset 是一个可用于数据展示与数据可视化的开源软件，在处理大量数据方面效果显著。Superset 最初为 Airbnb 所开发，在 2017 年成为 Apache 的孵化项目。它是一款快速直观的轻量级工具，具有丰富的功能选项，从简单的折线图到高度详细的地理空间图，用户可以轻松地以可视化的方式浏览数据，提供了精美的可视化效果。此外，它支持多种数据库，如 MySQL、SQLserver、Oracle、druid 等。

Matplotlib 官方网站为 https://matplotlib.org/，如图 2-12 所示。

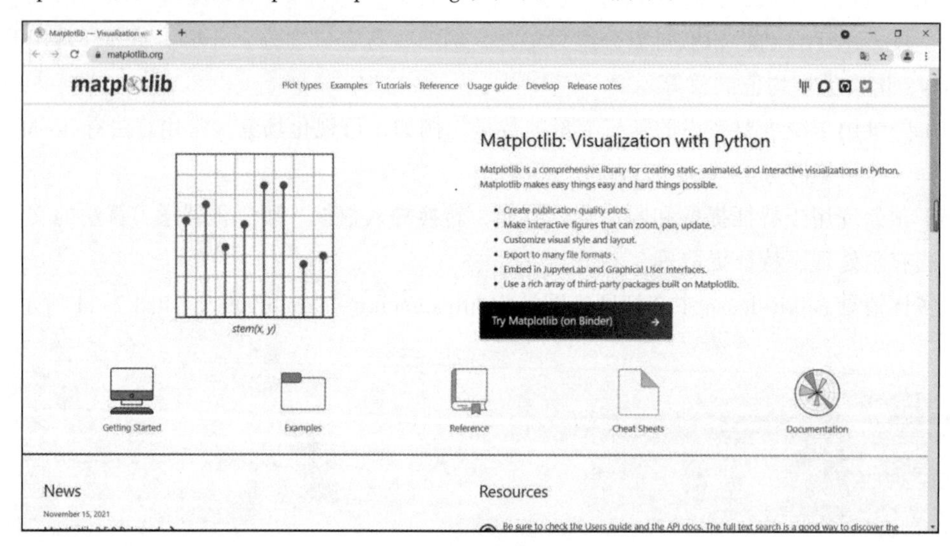


图2-12　Matplotlib官方网站

PyEcharts 官方网站为 https://pyecharts.org/#/，如图 2-13 所示。

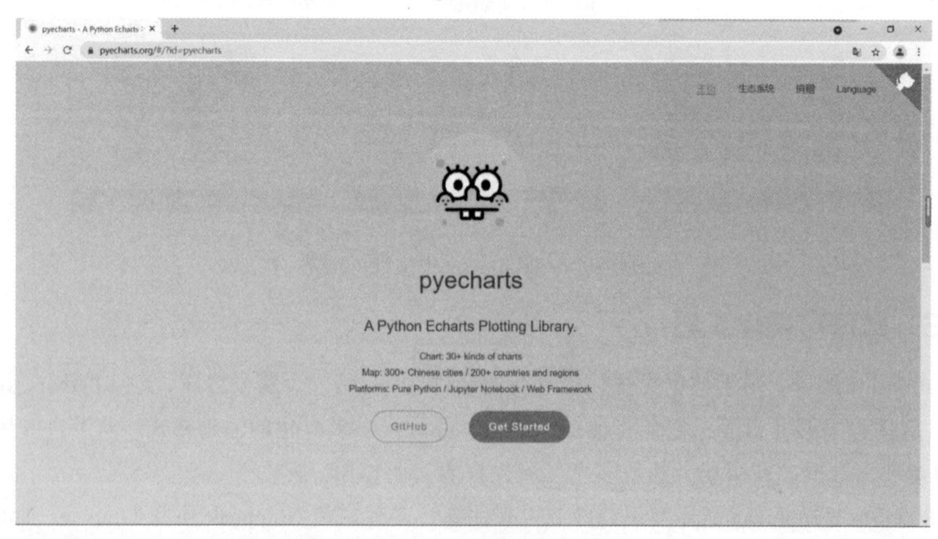


图2-13　PyEcharts官方网站

Apache Superset 官方网站为 https://superset.apache.org/，如图 2-14 所示。

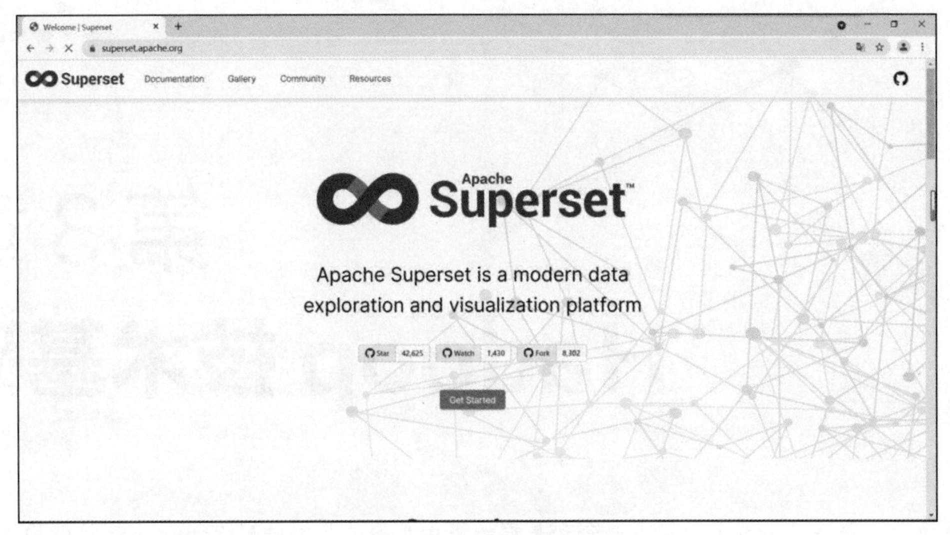


图2-14　Superset官方网站

## 小　　结

本章主要介绍了大数据分析的基本流程、常用方法及工具。从数据的采集与清洗开始，再到数据的存储，继而进行分析与挖掘，最终将数据以图表的形式展示给用户，这就形成了一个数据分析“周期”。本章的重点在于掌握大数据分析的流程，了解各阶段所用到的技术和工具。

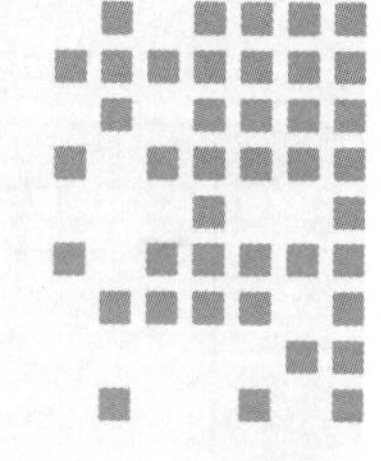

# 第3章 Hadoop 技术基础

本章首先讲解 Hadoop 的基本概念和集群的搭建步骤，其次讲解 ZooKeeper 的架构体系、ZooKeeper leader 选举原理、安装部署过程及命令行操作，然后讲解 HDFS 高可用和 YARN 高可用的工作机制，并在搭建好的三个节点上继续讲解高可用的配置流程，最后借助四个案例讲解 HDFS 命令行操作以及 MapReduce 程序的编写、部署和运行。

**学习目标**

- 了解 Hadoop 组成架构，掌握分布式文件系统 HDFS 的使用。
- 熟悉 ZooKeeper 所涉及的技术基础。
- 理解 ZooKeeper 集群 leader 的选举机制。
- 掌握高可用 Hadoop 集群和 YARN 集群的搭建。

## 3.1 集群环境搭建准备

### 3.1.1 VMware安装及CentOS系统环境准备

视 频

finalshell 的安装使用

在一台计算机上将硬盘和内存的一部分拿出来虚拟出若干台机器，每台机器可以运行单独的操作系统而互不干扰，这些“新”机器各自拥有自己独立的 CMOS、硬盘和操作系统，用户可以像使用普通机器一样对它们进行分区、格式化、安装系统和应用软件等操作，这些“新”机器就被称为虚拟机。虚拟机软件不需要重开机，就能在同一台计算机上使用多个操作系统，方便且安全。VMware 是业界领先的虚拟化软件厂商，因此，本书后续的操作在 VMware 中完成。

CentOS 是 Linux 系统的版本之一，网络上下载 CentOS 的地址较多，在这里就不一一罗列了。

#### 1. 安装 VMware

首先进行 VMware 的安装（本书使用 VMware16），具体步骤如下：

（1）下载 VMware 安装包，双击安装程序，打开 VMwareWorkstation 安装向导，如图 3-1 所示。

（2）单击图 3-1 中的“下一步”按钮，弹出“许可协议”对话框，选择“同意”。继续单击“下一步”按钮，弹出“自定义安装”对话框，选择安装位置（建议装在 D 盘），如图 3-2 所示。

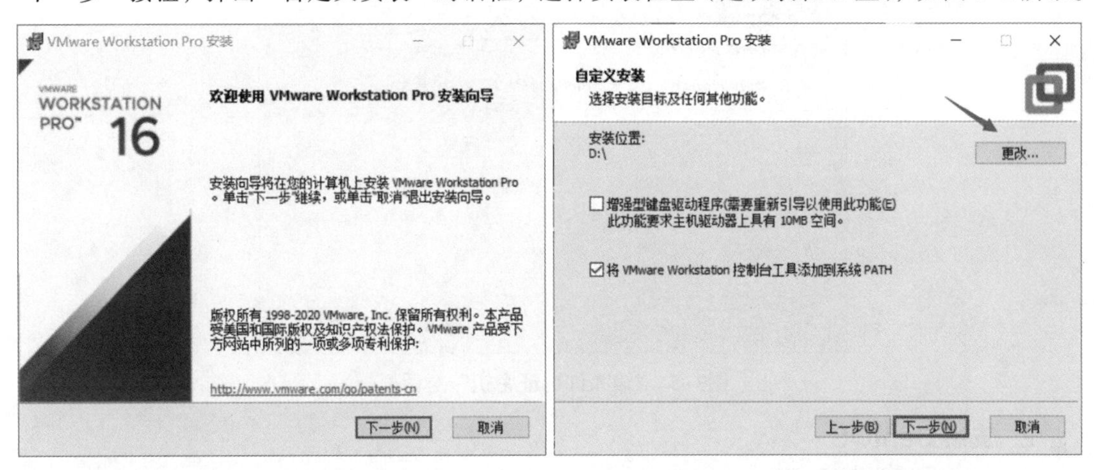


图3-1 安装向导　　　　图3-2 “自定义安装”对话框

（3）单击图 3-2 中的“下一步”按钮，弹出“用户体验设置”对话框，无须更改。单击“下一步”按钮，弹出“快捷方式”对话框，无须更改。继续单击“下一步”按钮，弹出“准备升级 VMware Workstation Pro”对话框。单击“升级”按钮，弹出“正在安装 VMware Workstation Pro”对话框，如图 3-3 所示。

（4）单击图 3-3 中的“下一步”按钮，弹出“VMware Workstation Pro 安装”对话框，如图 3-4 所示。

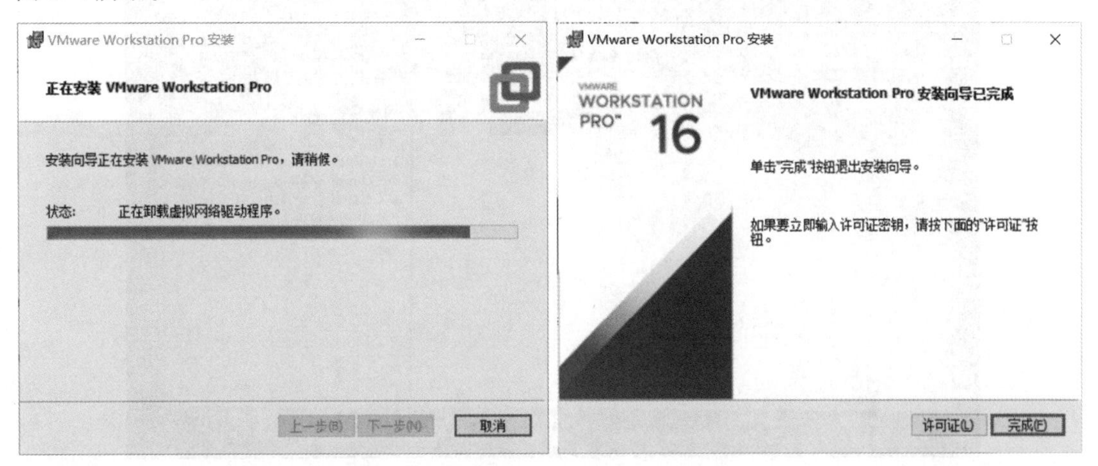


图3-3 “正在安装VMwareWorkstation Pro”对话框　　　　图3-4 “VMware Workstation Pro安装”对话框

（5）单击图 3-4 中的“许可证”按钮，在弹出的“输入许可证密钥”对话框中输入密钥，如图 3-5 所示。

（6）单击图 3-5 中的“输入”按钮，弹出“安装向导完成”对话框，即完成 VMWare 的安装。

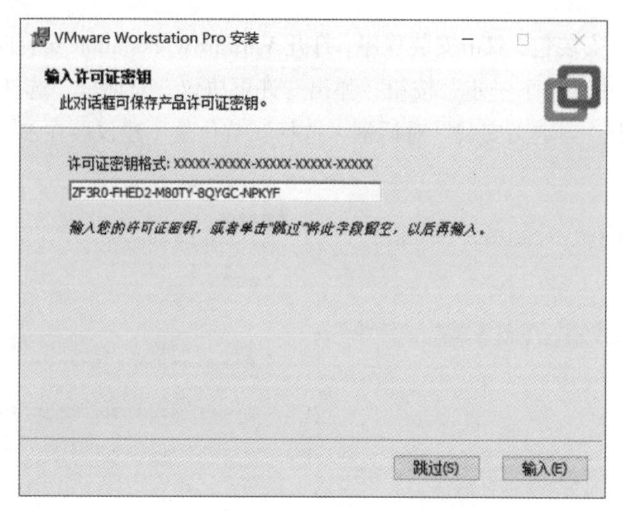


图3-5 “输入许可证密钥”对话框

## 2. 安装 CentOS

VMware 安装完成后，接下来进行 CentOS 的安装。

（1）检查 BIOS 虚拟化支持。计算机的 BIOS 中有“是否支持主机虚拟化设置”，多数版本的 BIOS 中默认选择支持，但也存在一些版本的 BIOS 默认选择不支持，所以在使用 VMWare 创建虚拟机之前，需要确认计算机的 BIOS 中对应选项选择“Enable”，如图 3-6 所示。具体方法本书不再赘述，请读者识别所使用计算机的 BIOS 版本及相应设置选项，以确保 VMWare 能够成功创建虚拟机。

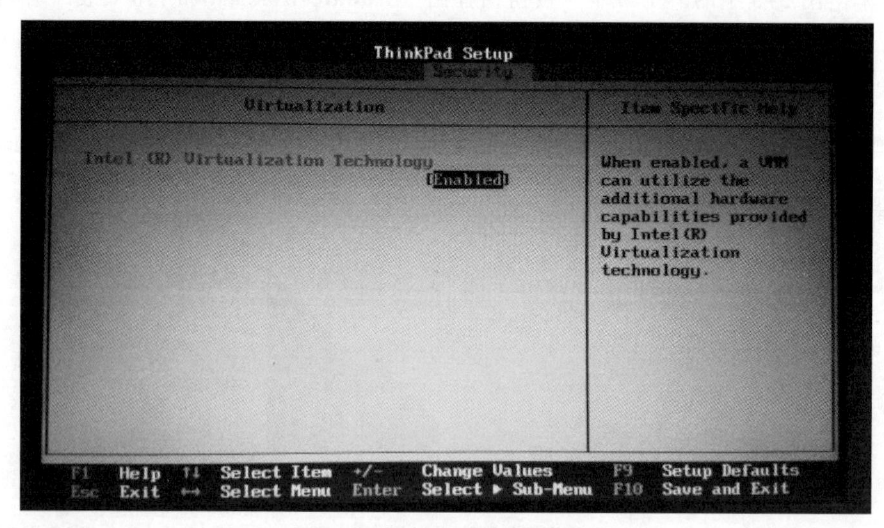


图3-6 检查BIOS虚拟化支持

（2）打开安装好的 VMWare 软件，单击“创建新的虚拟机”按钮，如图 3-7 所示。

（3）在弹出的“新建虚拟机向导”对话框中，选择“自定义（高级）”选项，如图 3-8 所示。

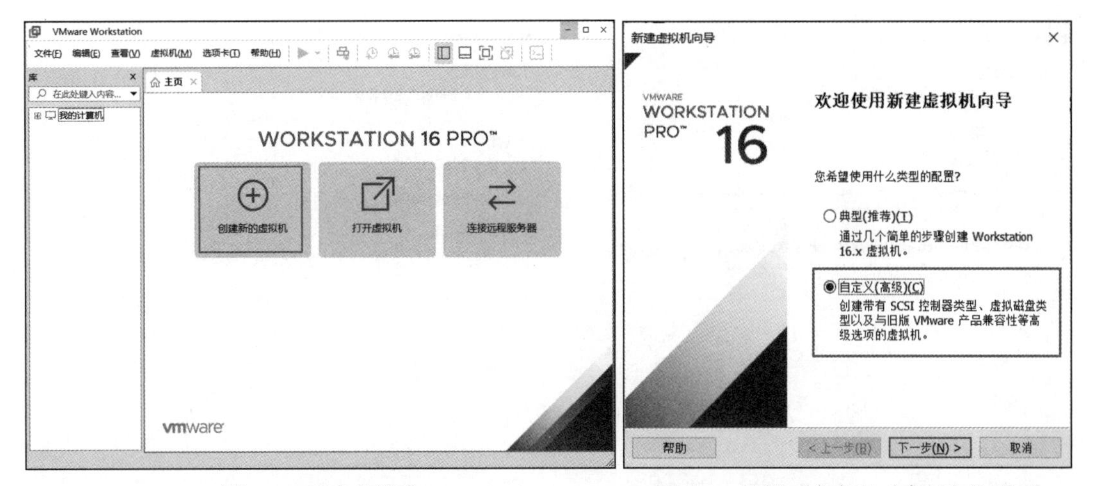


图3-7 新建虚拟机　　　　图3-8 选择“自定义(高级)”选项

(4)单击图 3-8 中的“下一步”按钮，进入“选择虚拟机硬件兼容性”对话框，保持默认选项，继续单击“下一步”按钮，进入“安装客户机操作系统”对话框，选择“稍后安装操作系统”选项，如图 3-9 所示。

(5)单击图 3-9 中的“下一步”按钮，打开“选择客户机操作系统”对话框，选择“Linux”，并在“版本”下拉列表框中选择“CentOS 7 64 位”，如图 3-10 所示。

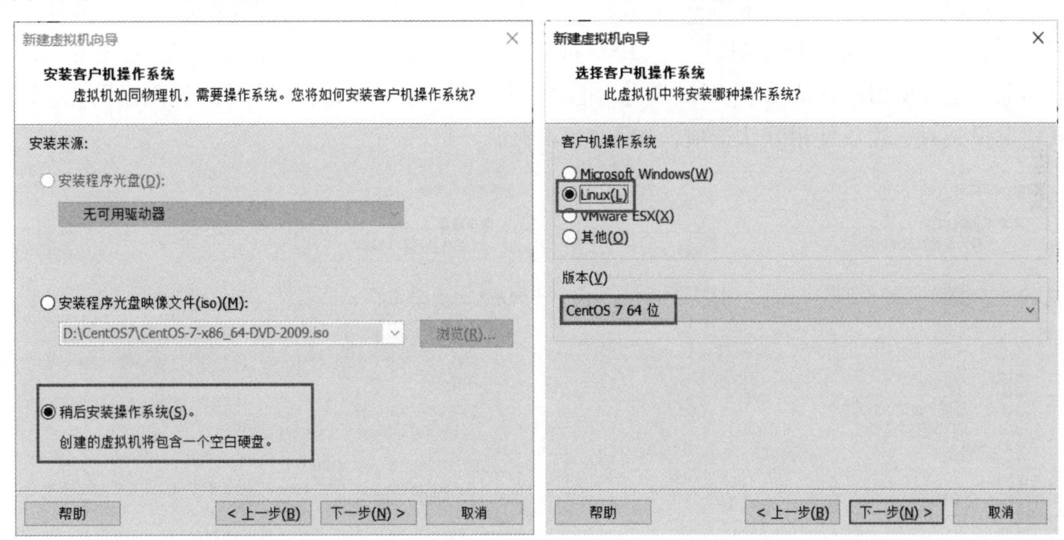


图3-9 选择“稍后安装操作系统”选项　　　　图3-10 安装操作系统

(6)单击图 3-10 中的“下一步”按钮，打开“命名虚拟机”对话框，可以输入“虚拟机名称”，并自行选择虚拟机安装路径，如图 3-11 所示。

(7)单击图 3-11 中的“下一步”按钮，打开“处理器配置”对话框，建议选择双核或多核，如图 3-12 所示。

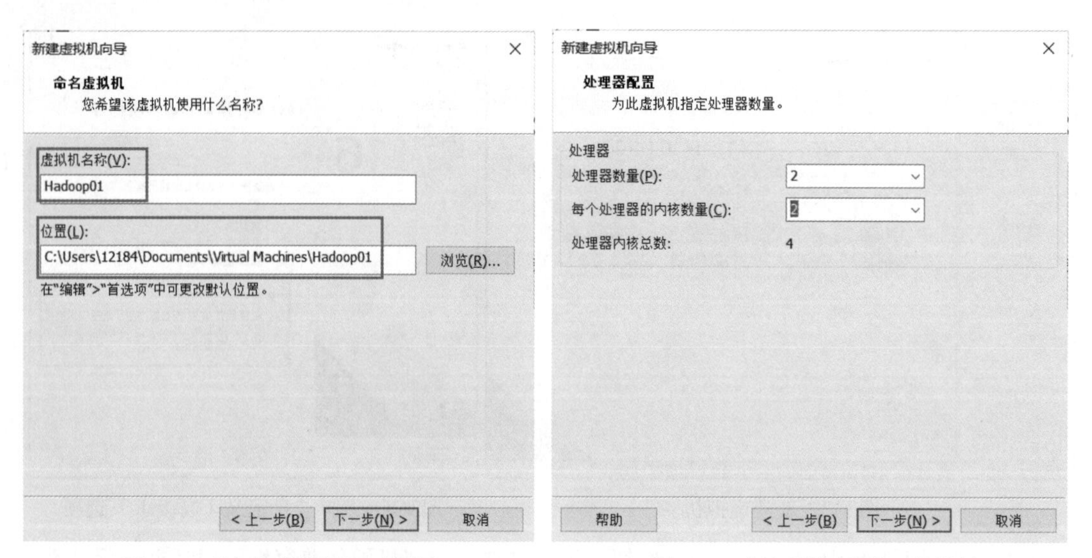


图3-11 “命名虚拟机”对话框　　图3-12 “处理器配置”对话框

（8）单击图 3-12 中的“下一步”按钮，打开“虚拟机的内存”对话框，设置内存，建议至少设置为 2 GB，如果硬件条件允许，最好能够设置得更大，如图 3-13 所示。

（9）单击图 3-13 中的“下一步”按钮，打开“网络设置”对话框，网络设置为 NAT 方式，也可以选择网桥方式，本书采用 NAT 方式，此处略过。单击“下一步”按钮，打开“选择 I/O 控制器类型”对话框，建议保持默认（LSI Logic）。单击“下一步”按钮，打开“选择磁盘类型”对话框，建议使用推荐选项【SCSI（S）】。继续单击“下一步”按钮，打开“选择磁盘”对话框，新建虚拟磁盘，建议使用默认选项，如图 3-14 所示。

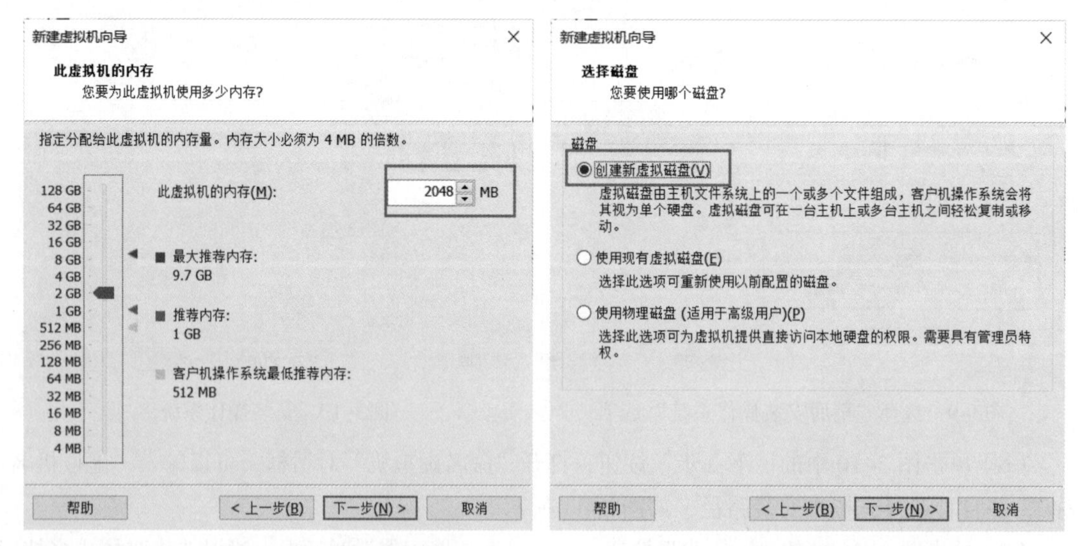


图3-13 “虚拟机的内存”对话框　　图3-14 “选择磁盘”对话框

（10）单击图 3-14 中的“下一步”按钮，打开“指定磁盘容量”对话框，设置磁盘容量，建议根据所使用计算机的磁盘大小、虚拟机数量以及集群用途做好规划，本书使用默认大小（20 GB）；建议选择“将虚拟磁盘拆分成多个文件”，如图 3-15 所示。

（11）单击图 3–15 中的“下一步”按钮，打开“指定磁盘文件”对话框，设置磁盘文件存储地址，建议此处选择默认，如图 3–16 所示。

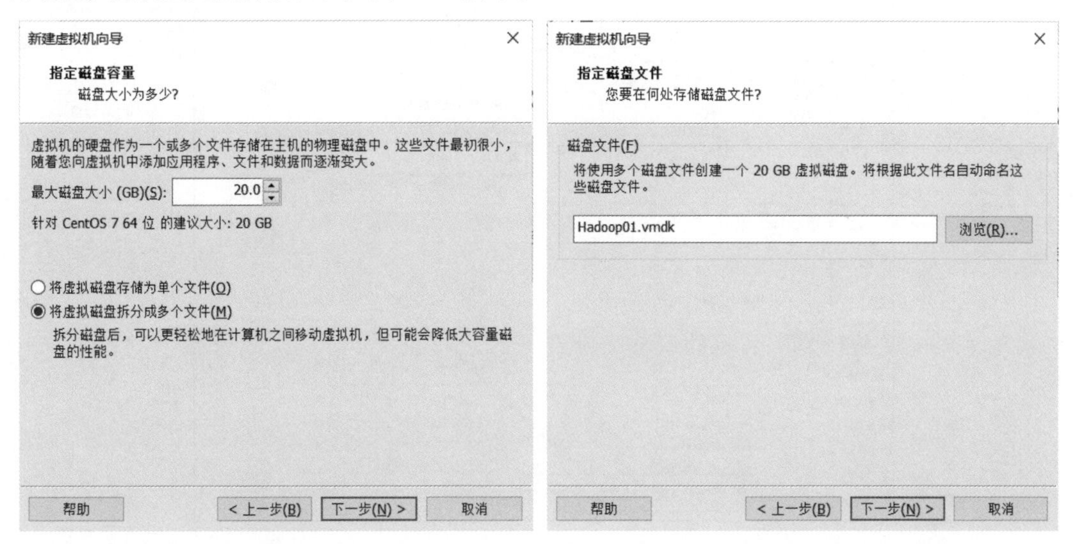


图3–15 “指定磁盘容量”对话框　　图3–16 “指定磁盘文件”对话框

（12）单击图 3–16 中的“下一步”按钮，打开“已准备好创建虚拟机”对话框，新建虚拟机向导配置完成，单击“完成”按钮，如图 3–17 所示。

（13）在 VMWare 软件主界面，选择“虚拟机”菜单中的“设置”菜单项，如图 3–18 所示，打开“虚拟机设置”对话框。

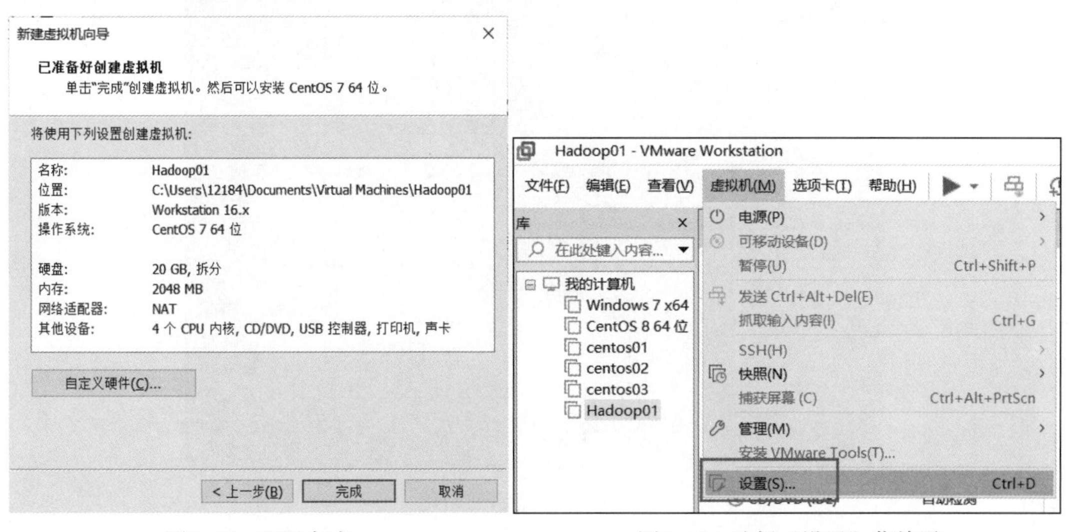


图3–17 配置完成　　图3–18 选择“设置”菜单项

（14）选择“CD/DVD”选项，选择“设备状态”下的“启动时连接”复选框，选择“连接”下的“使用 ISO 映像文件”单选按钮，单击“浏览”按钮，在弹出的对话框中选择准备好的 CentOS 安装文件，加载事先准备好的 ISO 格式的安装文件，如图 3–19 所示。

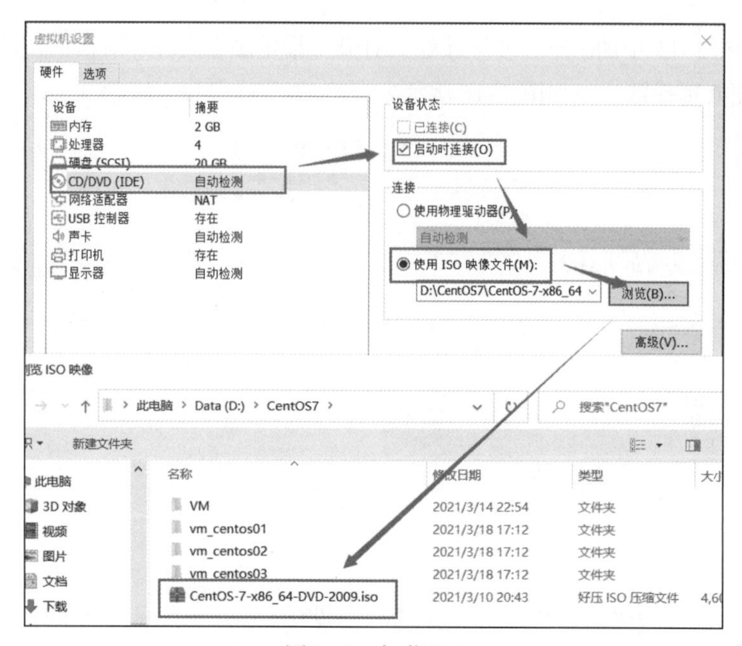

图3-19　加载ISO

（15）回到 VMWare 主界面，选择刚才创建的虚拟机，单击“开启此虚拟机”按钮，开机首先进入初始化页面，如图 3-20 所示。

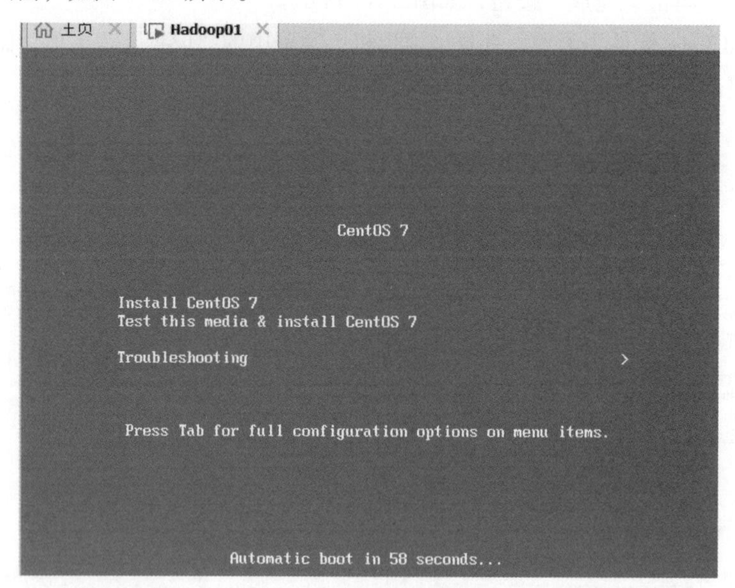

图3-20　加电后初始化

在图 3-20 所示菜单中，按<Enter>键选择第一个选项开始安装配置，此外，同时按<Ctrl+Alt>组合键可以实现输入焦点在 Windows 主机和 VMWare 窗口之间切换的功能。

（16）完成以上步骤进入 CentOS 欢迎页面，进行 CentOS 的配置。首先选择字体，本书选择“中文”→“简体中文（中国）”。随后进入“安装信息摘要”界面，如图 3-21 所示。

图3-21 “安装信息摘要”界面

（17）单击“安装位置”，打开“安装目标位置”界面，不作任何修改。单击“完成”按钮，返回“安装信息摘要”界面，单击“网络和主机名”，打开“网络和主机名”界面，将以太网设置为“打开”，如图 3-22 所示。

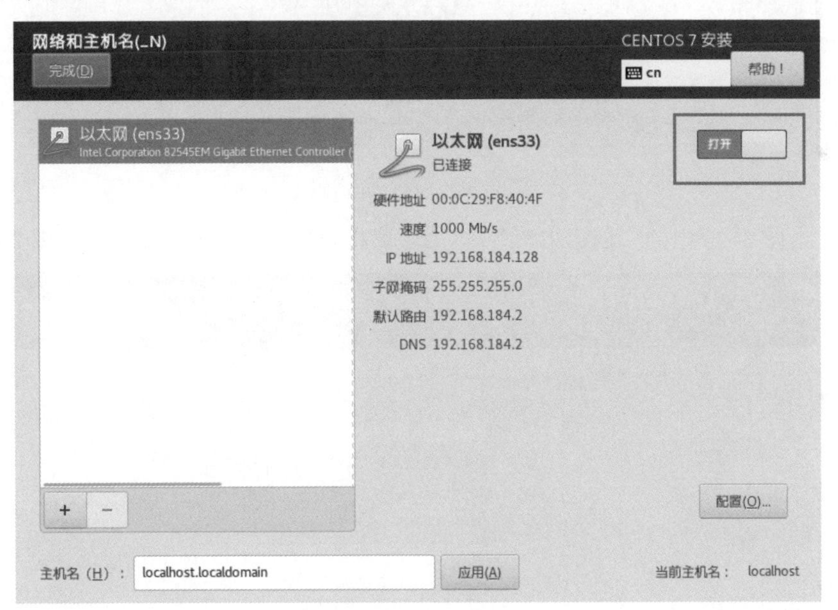


图3-22 设置以太网

（18）单击图 3-22 中的“完成”按钮，返回“安装信息摘要”界面，单击“软件选择”，打开“软件选择”界面，在“基本环境”中选择 GNOME 桌面。

（19）在“安装信息摘要”界面，单击“开始安装”，进入“配置”界面，设置 ROOT 密码、创建用户，如图 3-23 所示。

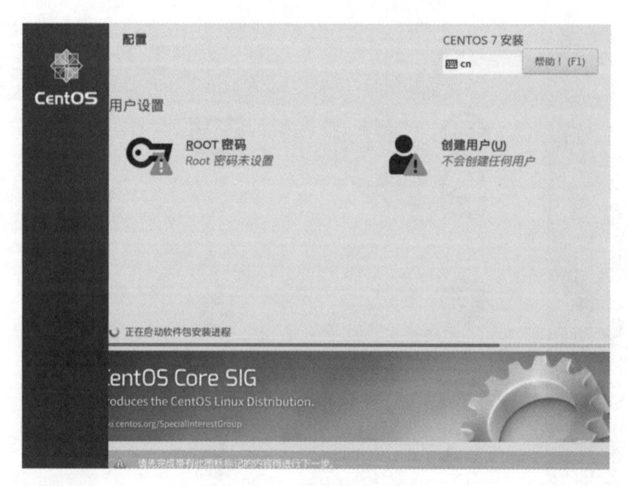


图3-23 “配置”界面

（20）单击图 3-23 中的“ROOT 密码”，设置 root 密码（最好不要过于复杂），安装成功后使用 root 账户登录时需要输入此密码，如图 3-24 所示。

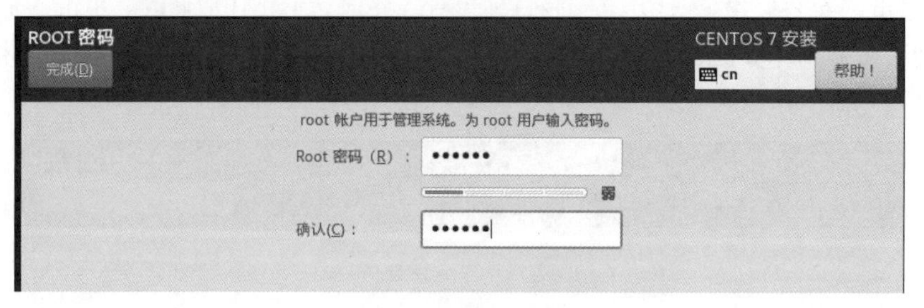


图3-24 设置root密码

（21）单击图 3-23 中的“创建用户”，本书建议将用户名设置为 hadoop，如图 3-25 所示。

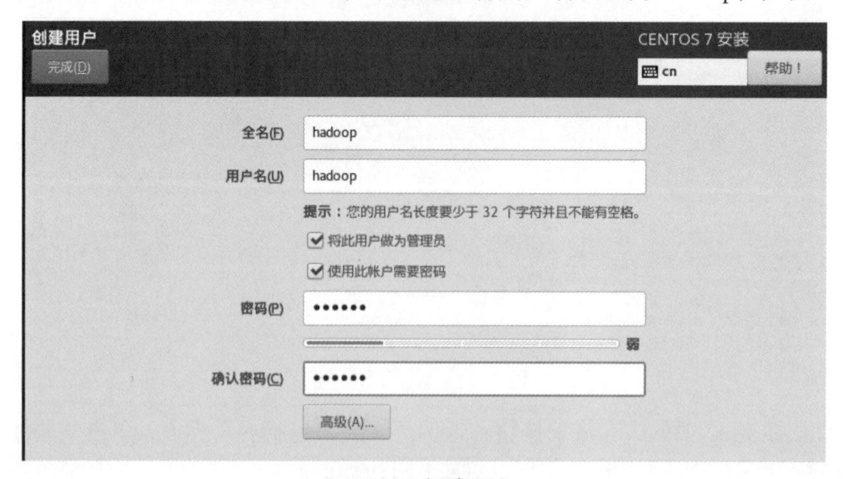


图3-25 创建用户

（22）单击图 3-25 中的“完成”按钮，返回“配置”界面，等待安装完成，耐心等待 20 min 左右，安装完成，如图 3-26 所示。

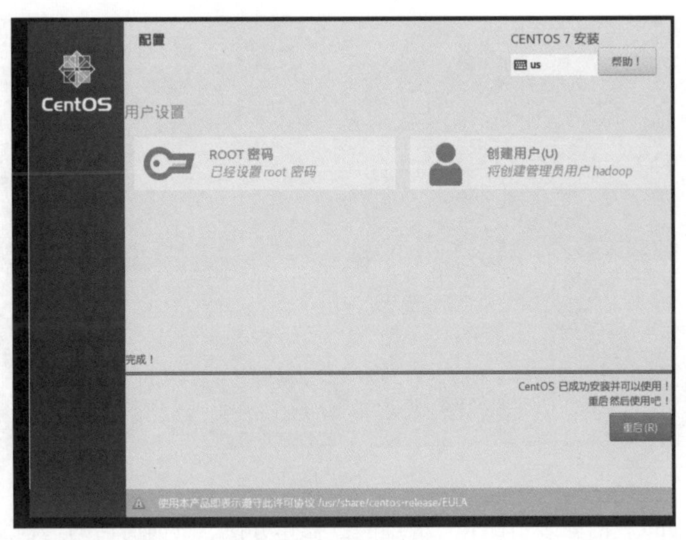


图3-26　安装完成

（23）单击图 3-26 中的“重启”按钮，进入“初始配置”界面，如图 3-27 所示。

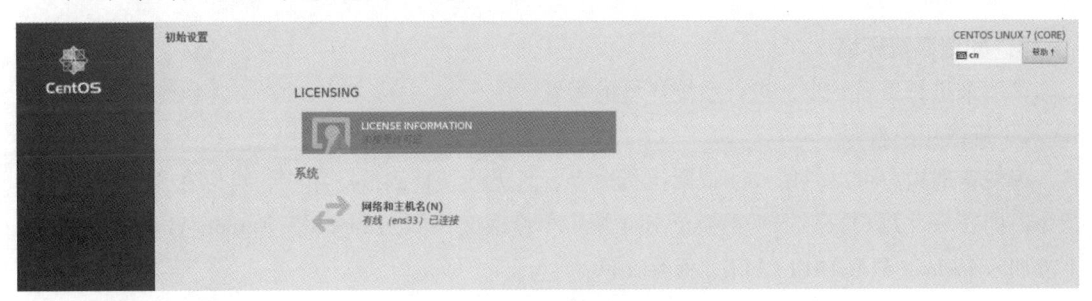


图3-27　初始配置

（24）单击图 3-27 中的“LICENSE INFORMATION”按钮，打开“许可证”界面，单击“我同意”即可。完成后，用 root 账户登录，进入桌面，登录界面和桌面如图 3-28 和 3-29 所示。

图3-28　root登录界面

图3-29 桌面

至此，完成 CentOS 的安装。此外，介绍一款操作方便、页面简洁的远程服务连接工具——FinalShell，它能帮助用户快速连接服务器，并且可以实现同步切换目录等功能，读者可以根据需要自行下载。

### 3. 配置系统环境

接下来进行最后一步，进行系统环境的配置。

1）修改用户权限

为使普通用户可以使用 root 权限执行命令，且无须切换到 root 用户，可以在命令前加 sudo 指令，即在 root 用户权限下（切换至 root 用户）修改文件/etc/sudoers，在 root ALL=(ALL) ALL 下方加入 hadoop ALL=(ALL) ALL，保存文件。

此时切回至 hadoop 用户后，只需在命令前加上 sudo 即可执行 root 用户权限的命令。

2）关闭防火墙

防火墙处于开启状态时，会影响内网集群间的通信，因此需要关闭防火墙。

```
常用命令: sudo systemctl stop firewalld.service              //关闭防火墙
          sudo systemctl disable firewalld.service           //禁止防火墙开机启动
          sudo firewalld-cmd -state                          //查看防火墙状态
或:       sudo systemctl status firewalld                    //查看防火墙状态
          sudo systemctl is-enabled firewalld.service        //查看防火墙开机启动状态
          sudo systemctl list-unit-files|grep enabled        //查看已启动的服务列表
```

3）新建资源目录

在目录/opt 下新建两个文件夹 softwares 和 modules，用于存储软件安装包和安装后的文件。

（1）创建 softwares 文件夹。

```
[hadoop@centos01 root]$ cd /opt/
[hadoop@centos01 opt]$ sudo mkdir softwares
```

（2）创建 modules 文件夹。

```
[hadoop@centos01 opt]$ sudo mkdir modules
```

（3）删除 rh 文件夹。

```
[hadoop@centos01 opt]$ sudo rm -rf rh/
```

（4）将/opt 及其子目录中所有文件的所有者和组更改为用户 hadoop 和组 hadoop。

```
[hadoop@centos01 opt]$ sudo chown hadoop:hadoop modules/ softwares/
```

其执行结果如图 3-30 所示。

```
[hadoop@centos01 opt]$ sudo chown hadoop:hadoop modules/ softwares/
[hadoop@centos01 opt]$ ll
总用量 0
drwxr-xr-x. 2 hadoop hadoop 6 4月   14 14:30 modules
drwxr-xr-x. 2 hadoop hadoop 6 4月   14 14:27 softwares
```

图3-30　执行结果

### 3.1.2　克隆虚拟机

首先，大数据集群需要多台服务器，实际应用中，需要购买多台硬件设备，并一一安装及设置。本书通过 VMWare 虚拟机系统管理多台虚拟机，达到模拟服务器集群的效果，这就需要安装多台虚拟机。而各虚拟机的操作系统一致，在 VMWare 软件中可以通过克隆虚拟机快速复制安装好 CentOS 系统的多台虚拟机，从而避免重复安装操作系统的步骤。下面介绍克隆虚拟机的步骤。

（1）关闭要被克隆的虚拟机（指刚才已经安装好的 CentOS 系统）。

（2）右击虚拟机，在弹出的快捷菜单中选择“管理”→“克隆”选项，如图 3-31 所示。

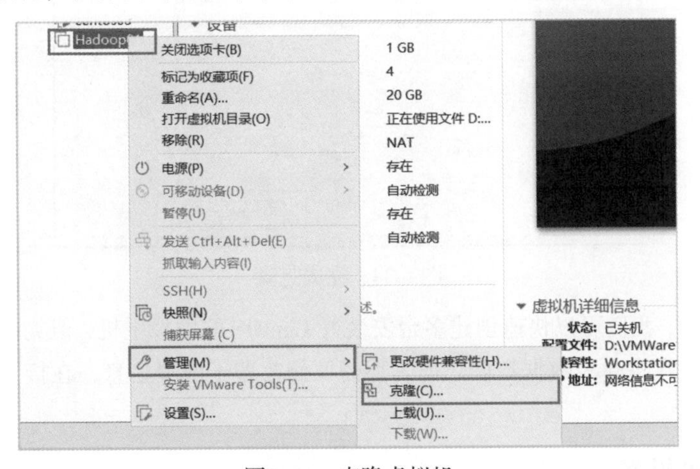


图3-31　克隆虚拟机

（3）进入“克隆虚拟机向导”对话框，单击“下一步”按钮，打开“克隆源”对话框，保持默认选项（虚拟机中的当前状态）。单击“下一步”按钮，打开“克隆类型”对话框，选择“创建完整克隆”，如图 3-32 所示。

（4）单击图 3-31 中的“下一步”按钮，打开“新虚拟机名称”对话框，选择克隆的虚拟机名称和存储位置，如图 3-33 所示。

（5）单击图 3-32 中的“完成”按钮，进入“正在克隆虚拟机”对话框，等待克隆，当进度条完成，显示完成，单击“关闭”按钮，完成克隆，如图 3-34 所示。

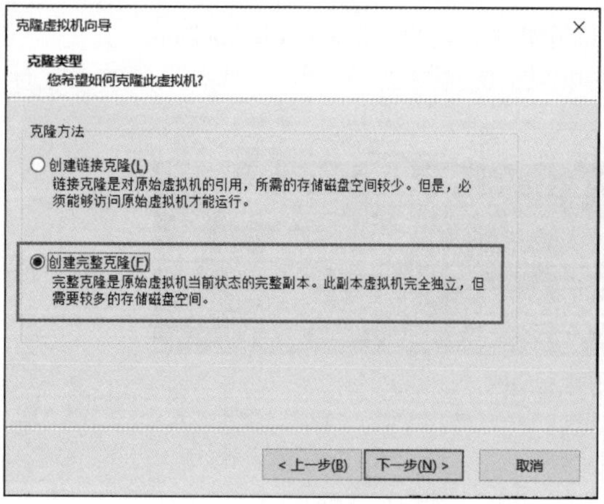

图3-32 选择“创建完整克隆”

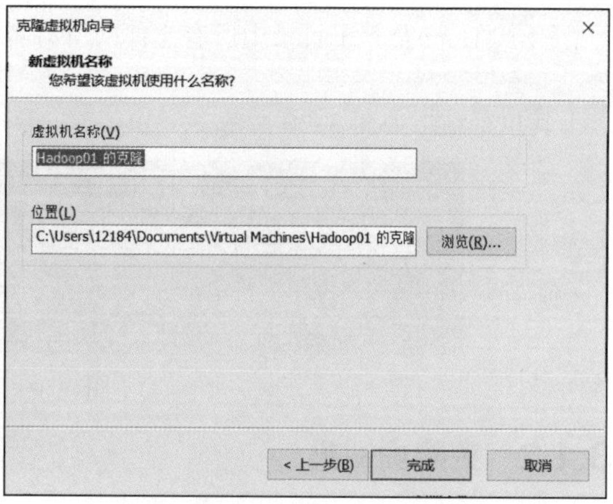

图3-33 修改虚拟机名称和存储位置

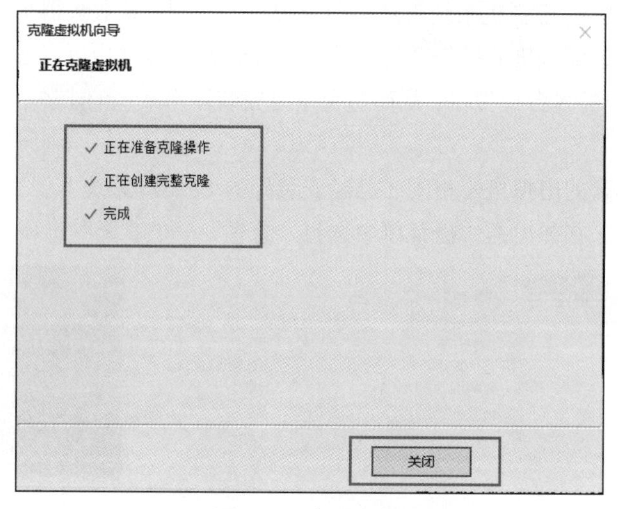


图3-34 完成克隆

通过以上步骤，我们可以快速创建多台安装好 CentOS 的虚拟主机，但克隆的主机上所有的配置都是一样的。在搭建大数据集群之前，还需要修改若干配置信息，在接下来的章节中将一一进行讲解。

### 3.1.3 配置主机名

#### 1. 显示系统的主机名称

（1）基本语法：

```
Hostname
```

功能描述：查看当前服务器的主机名称。

（2）示例：

```
[root@localhost ~]# hostname
```

执行结果如图 3-35 所示。

```
[root@localhost ~]# hostname
localhost
```

图3-35　执行结果

### 2. 修改系统主机名称

1）修改 Linux 系统的主机映射文件 hosts

（1）进入 Linux 系统查看本机的主机名。

```
[root@localhost ~]# hostname
```

（2）如果感觉此主机名不合适，可以进行修改。执行以下命令，设置主机名为 centos01：

```
[root@localhost ~]# sudo hostname centos01
```

执行结果如图 3-36 所示。

```
[root@localhost ~]# sudo hostname centos01
[root@localhost ~]# hostname
centos01
```

图3-36　执行结果

**注意：**主机名称不要有"_"下划线。

（3）执行命令后，可以看到此时系统的主机名已修改为 centos01，但这只是临时修改。若想永久修改，需修改 hostname 文件的配置。

编辑/etc/hostname 文件，将默认主机名修改为想要的主机名，这里改为 centos01。

```
[root@localhost ~]# sudo vi /etc/hostname
centos01
```

（4）编辑配置文件/etc/hosts，添加如下内容：

```
[root@localhost ~]# vim /etc/hosts
192.168.184.129 centos01
```

执行结果如图 3-37 所示。

```
127.0.0.1   localhost localhost.localdomain localhost4 localhost4.l
ocaldomain4
::1         localhost localhost.localdomain localhost6 localhost6.l
ocaldomain6
192.168.184.129 centos01
```

图3-37　执行结果

（5）执行 reboot 命令重启设备，重启后，查看主机名，已经修改成功，如图 3-38 所示。

```
[root@centos01 ~]#
```

图3-38　执行结果

（6）克隆出来的其余两台机器主机名修改方法同上。

2）修改 Windows10 的主机映射文件（hosts 文件）

（1）进入 C:\Windows\System32\drivers\etc。

（2）打开 hosts 文件并添加如下内容（修改为自己三台机器的 IP 地址和主机名）：

```
192.168.184.133 centos01
```

```
192.168.184.134 centos02
192.168.184.135 centos03
```

● 视 频

设置 IP

### 3.1.4 配置网络IP地址

#### 1. 查看网络接口配置

（1）基本语法：

```
ifconfig
```

功能描述：显示所有网络接口的配置信息。

（2）示例：查看当前网络 IP 地址。

```
[root@localhost ~]# ifconfig
```

执行结果如图 3–39 所示。

```
[root@localhost ~]# ifconfig
ens33: flags=4163<UP,BROADCAST,RUNNING,MULTICAST>  mtu 1500
        inet 192.168.184.129  netmask 255.255.255.0  broadcast 192.168.184.255
        inet6 fe80::44fe:77de:4929:f0ef  prefixlen 64  scopeid 0x20<link>
        ether 00:0c:29:9d:33:af  txqueuelen 1000  (Ethernet)
        RX packets 253182  bytes 245954473 (234.5 MiB)
        RX errors 0  dropped 0  overruns 0  frame 0
        TX packets 167665  bytes 34728524 (33.1 MiB)
        TX errors 0  dropped 0 overruns 0  carrier 0  collisions 0

lo: flags=73<UP,LOOPBACK,RUNNING>  mtu 65536
        inet 127.0.0.1  netmask 255.0.0.0
        inet6 ::1  prefixlen 128  scopeid 0x10<host>
        loop  txqueuelen 1000  (Local Loopback)
        RX packets 68  bytes 5920 (5.7 KiB)
        RX errors 0  dropped 0  overruns 0  frame 0
        TX packets 68  bytes 5920 (5.7 KiB)
        TX errors 0  dropped 0 overruns 0  carrier 0  collisions 0

virbr0: flags=4099<UP,BROADCAST,MULTICAST>  mtu 1500
        inet 192.168.122.1  netmask 255.255.255.0  broadcast 192.168.122.255
        ether 52:54:00:b9:7b:db  txqueuelen 1000  (Ethernet)
        RX packets 0  bytes 0 (0.0 B)
        RX errors 0  dropped 0  overruns 0  frame 0
        TX packets 0  bytes 0 (0.0 B)
        TX errors 0  dropped 0 overruns 0  carrier 0  collisions 0
```

图3–39　执行结果

#### 2. 修改 IP 地址

（1）修改 IP 地址：

```
[root@localhost ~]# sudo vim /etc/sysconfig/network-scripts/ifcfg-ens33
```

执行结果如图 3–40 所示。

注：图 3-40 中加框的项必须修改，有值的按照图 3-40 中的值修改，没有该项的要增加。

```
#系统启动的时候网络接口是否有效（yes/no）
ONBOOT=yes
# IP的配置方法[none|static|bootp|dhcp]（引导时不使用协议|静态分配IP|BOOTP协议
```

```
|DHCP协议）
    BOOTPROTO=static
    #IP地址
    IPADDR=192.168.184.133
    NETMASK=255.255.255.0
    GATEWAY=192.168.184.2
    DNS1=192.168.184.2
    DNS2=114.114.114.114
```

```
TYPE=Ethernet
PROXY_METHOD=none
BROWSER_ONLY=no
BOOTPROTO=static
DEFROUTE=yes
IPV4_FAILURE_FATAL=no
IPV6INIT=yes
IPV6_AUTOCONF=yes
IPV6_DEFROUTE=yes
IPV6_FAILURE_FATAL=no
IPV6_ADDR_GEN_MODE=stable-privacy
NAME=ens33
UUID=64316e28-227b-4c39-a58d-134b9d9ef025
DEVICE=ens33
ONBOOT=yes
IPADDR=192.168.184.133
PREFIX=24
GATEWAY=192.168.184.2
DNS1=192.168.184.2
DNS2=114.114.114.114
```

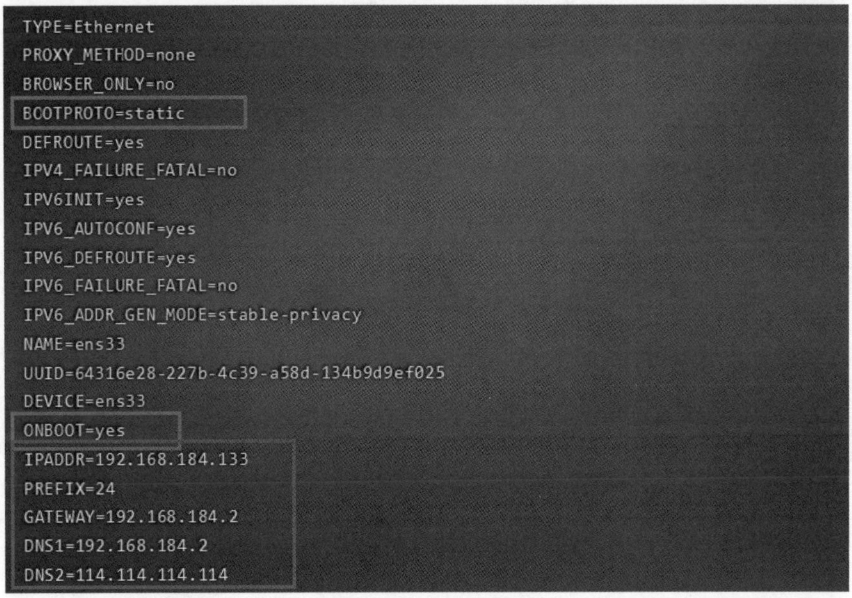

图3-40　执行结果

（2）重启网络服务（若报错则重启虚拟机）:

```
[root@localhost ~]#service network restart
```

执行结果如图 3-41 所示。

```
[root@localhost ~]# service network restart
Restarting network (via systemctl):                        [  确定  ]
```

图3-41　执行结果

至此，我们已经准备好搭建大数据系统所需的虚拟机环境。

# 3.2 Hadoop技术基础

本节讲解 Hadoop 的组成以及各组件的具体架构、Hadoop 三种运行模式及其区别、HDFS 体系结构和常用命令，着重介绍在安装好的系统上进行 Hadoop 集群的环境配置、搭建及启动。

## 3.2.1 Hadoop的组成

Hadoop 有两大版本：Hadoop 1.x 和 Hadoop 2.x，如图 3-42 所示。在 Hadoop 1.x 时代，Hadoop 中的 MapReduce 同时处理业务逻辑运算和资源的调度，耦合性较大，在 Hadoop 2.x 时代，增加

了 YARN。YARN 只负责资源的调度，MapReduce 只负责运算。

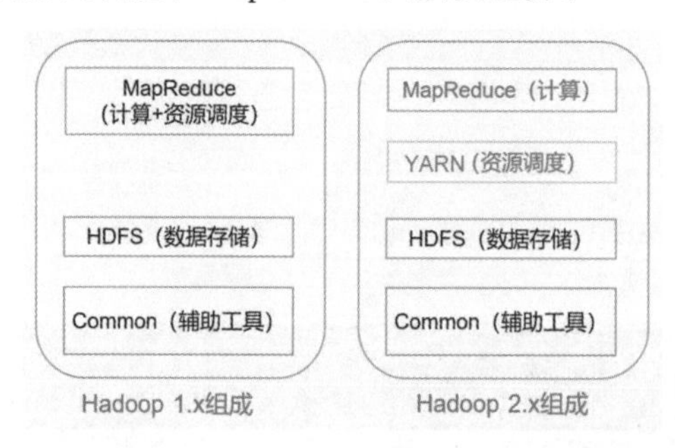


图3-42　Hadoop1.x与Hadoop2.x的区别

从图中可以看出，Hadoop 2.x 增加了 YARN，这是二者的主要区别。

### 1. HDFS 架构概述

分布式文件系统（Hadoop Distributed File System，HDFS）的架构图如图 3-43 所示。

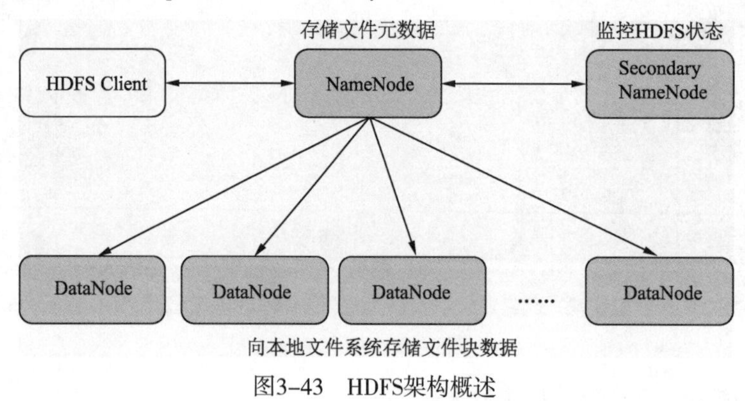


图3-43　HDFS架构概述

HDFS 是 Hadoop 项目的核心子项目，是分布式计算中数据存储及管理的基础，是基于流数据模式访问和处理超大文件的需求而开发的，可以运行于廉价的商用服务器上。它所具有的高容错性、高可靠性、高可扩展性、高获得性、高吞吐率等特征为海量数据提供了不怕故障的存储，为超大数据集（Large Data Set）的应用处理带来了很多便利。

Hadoop 整合了众多文件系统，其中有一个综合性的抽象文件系统，它提供了文件系统实现的各类接口。而 HDFS 只是这个抽象文件系统的一个实例，它提供了一个高层的文件系统抽象类 org.apache.hadoop.fs.FileSystem，这个抽象类展示了一个分布式文件系统，并有几个具体的实现。

Hadoop 提供了许多文件系统的接口，用户可以使用 URI 方案选取合适的文件系统来实现交互。

1）数据块

HDFS 默认的最基本的存储单位是 64 MB 的数据块。和普通文件系统相同的是，HDFS 中的文件是被分成 64 MB 一块的数据块而存储；不同于普通文件系统的是，在 HDFS 中，如果一个文件小于一个数据块的大小，并不占用整个数据块存储空间。

2）NameNode 和 DataNode

HDFS 体系结构中有两类节点：一类是 NameNode，又叫“元数据节点”；另一类是 DataNode，又叫“数据节点”。这两类节点是分别承担 Master 和 Slave 具体任务的执行节点。

（1）元数据节点用来管理文件系统的命名空间。元数据节点将所有的文件和文件夹的元数据保存在一个文件系统树中，这些信息也会在硬盘上保存成以下文件：命名空间镜像（Namespace Image）及修改日志（Edit Log）。另外，它还保存了一个文件包括哪些数据块、分布在哪些数据节点上等信息，然而这些信息并不存储在硬盘上，而是在系统启动的时候从数据节点收集而成。

（2）数据节点是文件系统中真正存储数据的地方。客户端（Client）或者元数据信息（NameNode）可以向数据节点请求写入或者读出数据块，它会周期性地向元数据节点回报其存储的数据块信息。

（3）从元数据节点（Secondary NameNode）负责合并命名空间镜像文件。从元数据节点并不是元数据节点出现问题时的备用节点，它和元数据节点负责不同的事情。其主要功能就是周期性地将元数据节点的命名空间镜像文件和修改日志合并，以防日志文件过大。合并过后的命名空间镜像文件也在从元数据节点保存了一份，以便元数据节点失败时进行恢复。

3）HDFS 体系结构

HDFS 是一个主/从（Mater/Slave）体系结构，从最终用户的角度来看，它就像传统的文件系统，可以通过目录路径对文件执行 CRUD（Create、Read、Update 和 Delete）操作。但由于分布式存储的性质，HDFS 集群拥有一个 NameNode 和一些 DataNode。NameNode 管理文件系统的元数据，DataNode 存储实际的数据。客户端通过同 NameNode 和 DataNode 的交互来访问文件系统。客户端联系 NameNode 以获取文件的元数据，而真正的文件 I/O 操作是直接和 DataNode 进行交互。

（1）NameNode、DataNode 和 Client：NameNode 可以看作是分布式文件系统中的管理者，主要负责管理文件系统的命名空间、集群配置信息和存储块的复制等，它会将文件系统的 Meta-data 存储在内存中，这些信息主要包括了文件信息、每一个文件对应的文件块的信息和每一个文件块在 DataNode 的信息等；DataNode 是文件存储的基本单元，它将 Block 存储在本地文件系统中，保存了 Block 的 Meta-data，同时周期性地将所有存在的 Block 信息发送给 NameNode；Client 就是需要获取分布式文件系统文件的应用程序。

（2）文件写入：Client 向 NameNode 发起文件写入的请求，NameNode 根据文件大小和文件块配置情况，返回给 Client 它所管理的部分 DataNode 的信息；Client 将文件划分为多个 Block，根据 DataNode 的地址信息，按顺序写入到每一个 DataNode 块中。

（3）文件读取：Client 向 NameNode 发起文件读取的请求，NameNode 返回文件存储的 DataNode 信息，Client 读取文件信息。HDFS 典型的部署是在一个专门的机器上运行 NameNode，集群中的其他机器各运行一个 DataNode；也可以在运行 NameNode 的机器上同时运行 DataNode，或者一台机器上运行多个 DataNode。一个集群只有一个 NameNode 的设计大大简化了系统架构。

4）HDFS 优点

（1）处理超大文件：这里的超大文件通常是指百兆字节（MB）甚至数百太字节（TB）大小的文件。目前在实际应用中，HDFS 已经能够存储管理皮字节（PB）级的数据。

（2）流式访问数据：HDFS 的设计建立在更多地响应“一次写入、多次读写”任务的基础上，这意味着一个数据集一旦由数据源生成，就会被复制分发到不同的存储节点中，然后响应各种各样的数据分析任务请求。在多数情况下，分析任务都会涉及数据集中的大部分数据，也就是说，对 HDFS 来说，请求读取整个数据集要比读取一条记录更加高效。

（3）运行在廉价的商用机器集群上：Hadoop 的设计对硬件需求比较低，只需运行在低廉的商用硬件集群上，而无须昂贵的高可用性机器。廉价的商用机也就意味着大型集群中出现节点故障情况的概率非常高，这就要求设计 HDFS 时充分考虑数据的可靠性、安全性及高可用性。

5）HDFS 缺点

（1）不适合低延迟数据访问：如果要处理一些用户要求时间比较短的低延迟应用请求，则 HDFS 不太适合。HDFS 旨在处理大型数据集分析任务，主要是为达到高数据吞吐量而设计，这可能就要求以高延迟作为代价。

改进策略：对于有低延时要求的应用程序，HBase 是一个更好的选择。它通过上层数据管理项目来尽可能地弥补这个不足，在性能上有了很大的提升。它的口号就是 Goes Real Time，使用缓存或多 Master 设计降低 Client 的数据请求压力，以减少延时。而对于 HDFS 系统内部的修改，这就得权衡大吞吐量与低延时了，HDFS 也不是万能的。

（2）无法高效存储大量小文件：NameNode 把文件系统的元数据放置在内存中，所以文件系统所能容纳的文件数目是由 NameNode 的内存大小来决定。一般来说，每一个文件、文件夹和 Block 需要占据 150 B 左右的空间，所以，如果有 100 万个文件，每一个占据一个 Block，就至少需要 300 MB 内存。当前来说，数百万的文件还是可行的，当扩展到数十亿时，当前的硬件水平就无法实现。还有一个问题就是，Maptask 的数量是由 Splits 来决定的，所以用 MR 处理大量的小文件就会产生过多的 Maptask，线程管理开销将会增加作业时间；例如，处理 10 000 MB 的文件，若每个 Split 为 1 MB，那么就会有 10 000 个 Maptasks，会有很大的线程开销；若每个 Split 为 100 MB，则只有 100 个 Maptasks，每个 Maptask 将会有更多的事情做，而线程的管理开销也将减小很多。

改进策略：要想让 HDFS 能处理好小文件，有不少方法。

- 利用 SequenceFile、MapFile、Har 等方式归档小文件，其原理就是把小文件归档起来管理，HBase 就是基于此的。对于这种方法，如果想找回原来的小文件内容，那就必须知道与归档文件间的映射关系。
- 横向扩展，一个 Hadoop 集群能管理的小文件有限，那就将几个 Hadoop 集群拖在一个虚拟服务器后面，形成一个大的 Hadoop 集群。
- 多 Master 设计，作用显而易见。GFS II 也要改为分布式多 Master 设计，并且支持 Master 的 Failover，Block 大小改为 1 MB，有意要调优处理小文件。附带 Alibaba DFS 的设计，同样是多 Master 设计，它将 Metadata 的映射存储和管理分开，由多个 Metadata 存储节点和一个查询 Master 节点组成。

（3）不支持多用户写入和任意修改文件：在 HDFS 的一个文件中只有一个写入者，且写操作只能在文件末尾完成，即只能执行追加操作。目前，HDFS 还不支持多个用户对同一文件的写操作，以及在文件任意位置进行修改。

## 2. MapReduce 架构概述

MapReduce 运行时，通过 Mapper 运行的任务读取 HDFS 中的数据文件，进而调用自己的方法，处理数据，最后输出。而 Reducer 任务会接收 Mapper 任务输出的数据，作为自己的输入数据，调用自己的方法，最后输出到 HDFS 的文件中。其架构概述如图 3-44 所示。

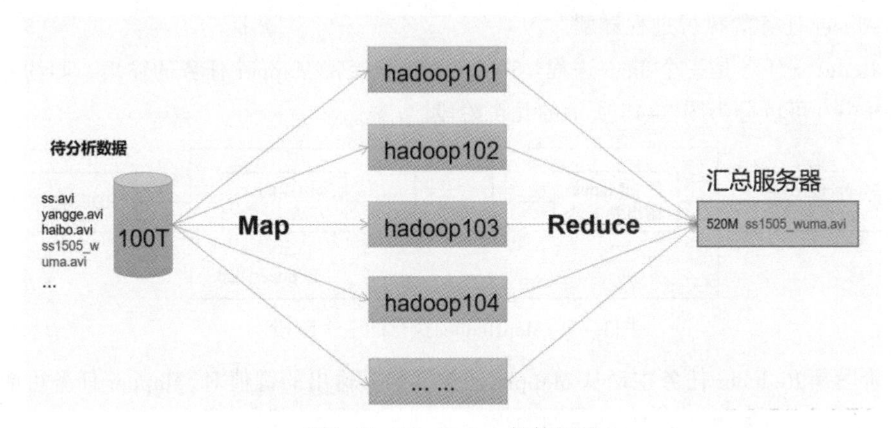


图3-44　MapReduce架构概述

1）Mapper 任务的执行过程详解

每个 Mapper 任务是一个 Java 进程，它会读取 HDFS 中的文件，解析成很多键值对，经过覆盖的 Map 方法处理后，转换为很多键值对再输出。整个 Mapper 任务的处理过程又可以分为以下几个阶段：

第一阶段是将输入文件按照一定的标准分片，每个输入片的大小是固定的。默认情况下，输入片（InputSplit）的大小与数据块（Block）的大小相同。如果 Block 的大小是默认值 64 MB，输入文件有两个，一个是 32 MB，一个是 72 MB。如果小的文件是一个输入片，大文件会分为两个数据块，也就是两个输入片，总共产生三个输入片，每个输入片由一个 Mapper 进程处理。这里的三个输入片，会有三个 Mapper 进程处理。

第二阶段是对输入片中的记录按照一定的规则解析成键值对。默认规则是将每一行文本内容解析成键值对，“键”是每一行的起始位置（单位是字节），“值”是本行的文本内容。

第三阶段是调用 Mapper 类中的 Map 方法。第二阶段中解析出来的每个键值对都会调用一次 Map 方法。如果有 1 000 个键值对，就会调用 1 000 次 Map 方法。每次调用 Map 方法会输出零个或者多个键值对。

第四阶段是按照一定的规则对第三阶段输出的键值对进行分区。分区是基于键进行的。比如键表示省份，如北京、上海、山东等，那么就可以按照不同省份进行分区，同一省份的键值对划分到一个区中。默认只有一个区。分区的数量就是 Reducer 任务运行的数量。默认只有一个 Reducer 任务。

第五阶段是对每个分区中的键值对进行排序。首先，按照键进行排序，对于键相同的键值对，按照值进行排序。比如三个键值对<2,2>、<1,3>、<2,1>，键和值分别是整数，那么排序后的结果是<1,3>、<2,1>、<2,2>。如果有第六阶段，那么进入第六阶段；如果没有，直接输出到本地的 Linux 文件中。

第六阶段是对数据进行归约处理，也就是 Reduce 处理。通常在 Comber 过程中，键相等的键值对会调用一次 Reduce 方法，经过这一阶段，数据量会减少，归约后的数据输出到本地的 Linux 文件中。本阶段默认不存在，需要用户自行添加这一阶段的代码。

2）Reducer 任务的执行过程详解

每个 Reducer 任务是一个 Java 进程。Reducer 任务接收 Mapper 任务的输出，归约处理后写入到 HDFS 中，可以分为图 3-45 所示的几个阶段。

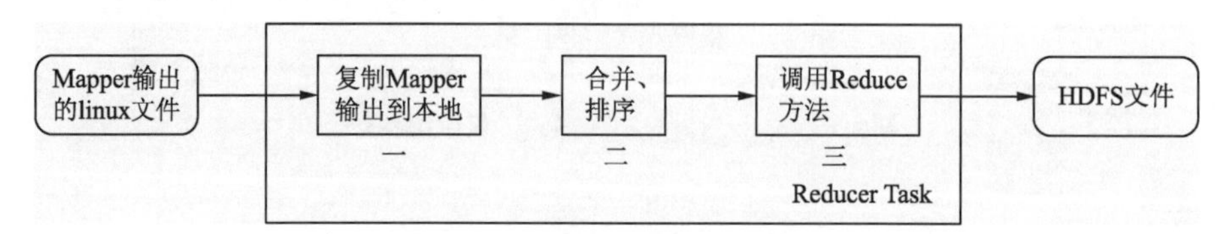


图3-45　MapReduce执行的三个阶段

第一阶段是 Reducer 任务主动从 Mapper 任务复制其输出的键值对，Mapper 任务可能会有很多，因此 Reducer 会复制多个 Mapper 的输出。

第二阶段是将复制到 Reducer 的本地数据全部进行合并，即把分散的数据合并成一个大的数据，再对合并后的数据进行排序。

第三阶段是对排序后的键值对调用 Reduce 方法，键相等的键值对调用一次 Reduce 方法，每次调用会产生零个或者多个键值对，最后把这些输出的键值对写入到 HDFS 文件中。

3）Hadoop 运行原理之 shuffle

Hadoop 的核心思想是 MapReduce，但 shuffle 又是 MapReduce 的核心。shuffle 的主要工作是从 Map 结束到 Reduce 开始之间的过程。

shuffle 被称作 MapReduce 的心脏，是 MapReduce 的核心。

每个数据切片由一个 Mapper 进程处理，也就是说 Mappper 只是处理文件的一部分。

每一个 Mapper 进程都有一个环形的内存缓冲区，用来存储 Map 的输出数据，这个内存缓冲区的默认大小是 100 MB，当数据达到阈值 0.8，也就是 80 MB 的时候，后台的程序就会把数据溢写到磁盘中。在将数据溢写到磁盘的过程中要经过复杂的过程，首先要将数据进行分区排序（按照分区号如 0,1,2），分区后为避免 Map 输出数据的内存溢出，可以将 Map 的输出数据分为各个小文件再进行分区，这样 Map 的输出数据就会被分为具有多个小文件的分区且已排过序的数据，然后将各个小文件分区数据进行合并，成为一个大的文件（将各个小文件中分区号相同的进行合并）。

这时，Reducer 启动了三个分别为 0,1,2 号的分区。0 号 Reducer 会取得 0 号分区的数据；1 号 Reducer 会取得 1 号分区的数据；2 号 Reducer 会取得 2 号分区的数据。

Map 端的 shuffle：

（1）在 Map 端首先接触的是 InputSplit，InputSplit 中包含 DataNode 中的数据，每个 InputSplit 都会分配一个 Mapper 任务，Mapper 任务结束后产生<K2,V2>的输出，这些输出先存放在缓存中。每个 Map 有一个环形内存缓冲区，用于存储任务的输出，默认大小 100 MB（io.sort.mb 属性），一旦达到阀值 0.8（io.sort.spil l.percent），一个后台线程就会把内容写入到（spill）Linux 本地磁盘中指定目录（mapred.local.dir）下，新建的一个溢出写文件。

（2）写磁盘前，要进行 Partition、Sort 和 Combine 等操作。通过分区，将不同类型的数据分开处理，之后对不同分区的数据进行排序，如果有 Combiner，还要对排序后的数据进行 Combine。等最后记录写完，将全部溢出文件合并为一个分区且排序的文件。

（3）将磁盘中的数据送到 Reduce 中，从图 3-46 中可以看出 Map 输出有三个分区，一个分区的数据被送到图示的 Reducer 任务中，而剩下的两个分区被送到其他 Reducer 任务中。图示中 Reducer 任务的其他三个输入则来自其他节点的 Map 输出。

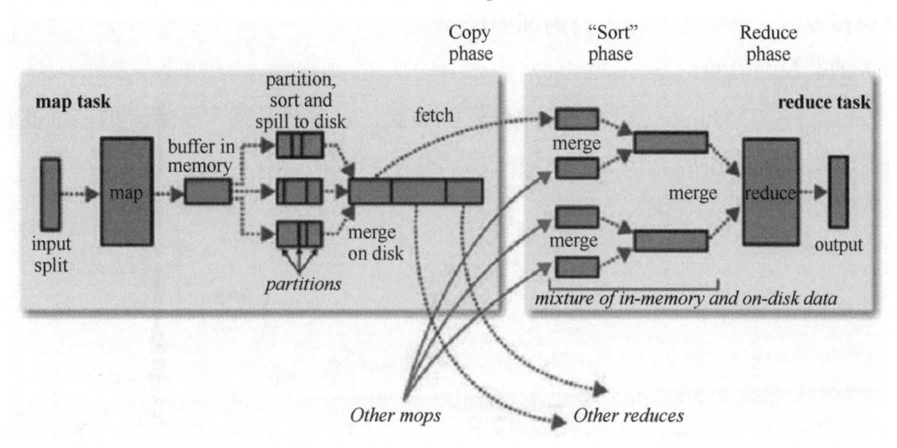


图3-46 MapReduce阶段图

Reduce 端的 shuffle：主要包括三个阶段——Copy、Sort（Merge）和 Reduce。

（1）Copy 阶段：Reducer 通过 Http 方式得到输出文件的分区。Reduce 端可能从 *n* 个 Map 的结果中获取数据，而这些 Map 的执行速度不尽相同。当其中一个 Map 运行结束时，Reduce 就会从 JobTracker 中获取该信息；当 Map 运行结束后，TaskTracker 会得到消息，进而将消息汇报给 JobTracker，Reduce 定时从 JobTracker 获取该信息。Reduce 端默认有 5 个数据复制线程从 Map 端复制数据。

（2）Merge 阶段：形成多个磁盘文件时会进行合并。从 Map 端复制来的数据首先写入到 Reduce 端的缓存中，当缓存占用到达一定阈值后会将数据写到磁盘中，同样会进行 Partition、Combine、排序等过程。如果形成了多个磁盘文件，Merge 阶段会进行合并，将最后一次合并的结果作为 Reduce 的输入而非写入到磁盘中。

（3）Reduce 阶段：将合并后的结果作为输入传入 Reduce 任务中。在这个过程中产生了最终的输出结果，Reducer 将其写到 HDFS 上。

### 3. YARN 架构概述

YARN 通常是由四部分组成。

（1）ResourceManager（RM）主要作用如下：

- 处理客户端请求。
- 监控制 NodeManager。

- 启动或监控 ApplicationMaster。
- 资源的分配与调度。

（2）NodeManager（NM）主要作用如下：

- 管理单个节点上的资源。
- 处理来自 ResourceManager 的命令。
- 处理来自 ApplicationMaster 的命令。

（3）ApplicationMaster（AM）作用如下：

- 负责数据的切分。
- 为应用程序申请资源并分配给内部的任务。
- 任务的监控与容错。

（4）Container：Container 是 YARN 中的资源抽象，它封装了某个节点上的多维度资源，如内存、CPU、磁盘、网络等。

其架构概述如图 3-47 所示。

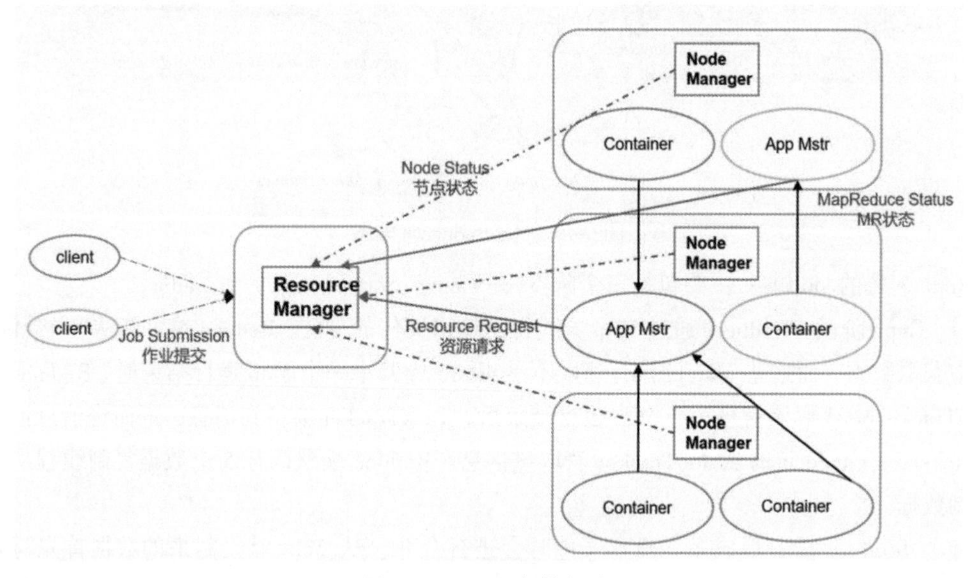


图3-47　YARN架构概述

Apache Hadoop YARN（Yet Another Resource Negotiator，另一种资源协调者）是一种新的 Hadoop 资源管理器，它是一个通用资源管理系统，可为上层应用提供统一的资源管理和调度，它的引入为集群在利用率、资源统一管理和数据共享等方面带来了巨大好处。

MapReduce 的第一个版本既有优点也有缺点。MRv1 是目前使用的标准的大数据处理系统。但这种架构存在不足，主要表现在大型集群上。当集群包含的节点超过 4 000 个时（其中每个节点可能是多核的），就会表现出一定的不可预测性。其中最大的问题是级联故障，由于要尝试复制数据和重载活动的节点，一个故障会通过网络泛洪形式导致整个集群严重恶化。

但 MRv1 最大的问题是多租户。随着集群规模的增加，一种可取的方式是为这些集群采用各种不同的模型。MRv1 的节点专用于 Hadoop，所以可以改变它们的用途以用于其他应用程序和工作负载。当大数据和 Hadoop 成为云部署中一个更重要的使用模型时，这种能力也会增强，因为它允许在服务器上对 Hadoop 进行物理化，而无须虚拟化，且不会增加管理、计算和输入/输出开销。

YARN 大大减小了 JobTracker（也就是现在的 ResourceManager）的资源消耗，并且让监测每一个 Job 子任务（Tasks）状态的程序分布式化，更安全、更优美。

在新的 YARN 中，ApplicationMaster 是一个可变更的部分，用户可以对不同的编程模型编写自己的 AppMst，让更多类型的编程模型能够运行在 Hadoop 集群中，可以参考 Hadoop YARN 官方配置模板中的 mapred-site.xml 配置。

对于资源的表示以内存为单位（在目前版本的 YARN 中，没有考虑 CPU 的占用），比之前以剩余 Slot 数目为单位更合理。

在老的框架中，JobTracker 一个很大的负担就是监控 Job 下 Tasks 的运行状况，如今，这部分已经交给 ApplicationMaster 来做。而 ResourceManager 中的 ApplicationsMasters 模块（注意：不是 ApplicationMaster）就用于监测 ApplicationMaster 的运行状况，如果出问题，会将其在其他机器上重启。

Container 是 YARN 为将来作资源隔离而提出的一个框架。这一点应该借鉴了 Mesos 的工作，目前是一个框架，仅用于提供 Java 虚拟机内存的隔离。Hadoop 团队的设计思路在后续应该能支持更多的资源调度和控制，既然资源表示为内存量，那么就消除了之前的 Map Slot/Reduce Slot 分开所造成的集群资源闲置的尴尬情况。

YARN 的核心思想是将 JobTracker 和 TaskTracker 进行分离，它由下面几大组件构成：

- 一个全局的资源管理器 ResourceManager。
- ResourceManager 的每个节点代理 NodeManager。
- 表示每个应用的 ApplicationMaster。
- 每一 ApplicationMaster 拥有多个 Container，在 NodeManager 上运行。

进而由这些组件协同完成资源管理。

## 3.2.2 Hadoop运行模式

Hadoop 运行模式包括本地模式、伪分布式模式及完全分布式模式。本地模式不需启动单独进程，直接可以运行；伪分布式模式类似于完全分布式，不同之处为只有一个节点；完全分布式模式需要多个节点同时运行。以下为三种模式的具体介绍：

### 1. 本地模式

该模式也称为单机模式，Hadoop 的默认模式。该模式不需要任何的集群配置，且不会启动 NameNode、DataNode、JobTracker、TaskTracker 等守护进程，直接可以运行。该模式使用本地文件系统，而非分布式文件系统。该模式通常在测试和开发时使用，用于对 MapReduce 程序的逻辑进行测试，以确保程序的正确性和可运行性。本地模式下存在官方 grep 案例，感兴趣的读者可以访问 Hadoop 官网进行查看，以更好地理解本地运行模式，此处不进行赘述。

### 2. 伪分布式模式

以伪分布模式的方式运行在单节点上，即以一台主机模拟多主机。该模式需要一定的分布式设置（修改 3 个配置文件：core-site.xml、hdfs-site.xml、mapred-site.xml），Hadoop 的 NameNode、DataNode、JobTracker、TaskTracker 等守护进程都在同一台机器上运行。该模式使用分布式文件系统，即 HDFS，由 JobTraker 来管理各个作业的进程。该模式在单机模式的基础上增加了代码调试功能，允许检查内存使用情况、HDFS 的输入/输出以及其他的守护进程交互，类似于完全分布式模式。该模式在实际生产中不常使用，但可以用于测试 Hadoop 程序的正确执行，让我们更好地理解 Hadoop。

### 3. 完全分布式模式

该模式节点数量多，Hadoop 的守护进程运行在由多台主机搭建的集群上。该模式需要在所有主机上安装 JDK 和 Hadoop；需要分布式设置（修改 3 个配置文件：core-site.xml、hdfs-site.xml、mapred-site.xml），指定 NameNode 和 JobTraker 的位置和端口，设置文件的副本等参数；在主机间设置 SSH 免密登录，把各从节点生成的公钥添加到主节点的信任列表。该模式使用分布式文件系统，即 HDFS，同样由 JobTraker 来管理各个作业的进程。该模式是实际生产过程中最常用的环境。

## 3.2.3 HDFS文件存取方式与实现

HDFS 是一个主从架构的分布式文件系统，由元数据节点 NameNode 和数据节点 DataNode 组成，NameNode 只有一个，而 DataNode 可以有多个。NameNode 是 HDFS 的主节点，用来管理文件元数据、处理来自客户端的文件访问请求；DataNode 是 HDFS 的从节点，用来管理对应节点的数据存储。

当客户端需要读文件时，首先向 NameNode 发起读请求，收到请求后的 NameNode 会将文件所在数据块在 DataNode 中的具体位置返回给客户端，客户端根据该位置找到相应的 DataNode 发起读请求。

当客户端需要写文件时，首先向 NameNode 发起写请求，NameNode 会将需要写入的文件名等信息记录到本地，同时验证客户端的写入权限，验证通过后，会向客户端返回文件数据块能够存放在 DataNode 上的存储位置信息，客户端直接在 DataNode 的相应位置写入数据块。

常用命令：

```
Ls      文件名/目录名                  //查看HDFS中的目录和文件
        选项：-R                       //递归列出子目录和文件
put     文件名目标路径                 //将本地文件上传至HDFS指定路径
get     路径+文件名目标路径+文件名     //将HDFS中的文件下载到本地
rm      文件名/目录名                  //删除HDFS中的文件或目录
        选项：-r                       //递归删除文件夹和子文件夹
mkdir   文件名/目录名                  //创建文件或目录
        选项：-p                       //创建多级目录
mv      路径+文件名目标路径+文件名     //将HDFS中的文件移动到另一个文件夹
cat     文件名                         //查看并输出文件的内容
```

### 3.2.4 Hadoop集群的环境配置

Hadoop 主要依赖于 Java 环境，因此在搭建集群前需要安装好 JDK；为方便各节点间无须输入密钥而相互访问，在集群环境配置部分需要提前配置各节点间的 SSH 免密登录，具体操作如下：

#### 1. 安装 JDK

1）上传并解压 JDK 安装包

（1）借助 FinalShell 等工具将 JDK 安装包导入 Linux 系统的/opt/softwares 目录下。

（2）在/opt/softwares 目录下查看是否导入成功，具体命令如下：

```
[hadoop@centos01 ~]$ cd /opt/softwares/
[hadoop@centos01 softwares]$ ll
```

（3）解压 JDK 安装包到/opt/modules 目录下，具体命令如下：

```
[hadoop@centos01  softwares]$  tar  -zxf  jdk-8u144-linux-x64.tar.gz  -C
/opt/modules
```

2）配置 JDK 环境变量

（1）执行如下命令打开/etc/profile 文件：

```
[hadoop@centos01 software]$ sudo vim /etc/profile
```

（2）在/profile 文件末尾添加 JDK 路径，具体内容如下：

```
export JAVA_HOME=/opt/module/jdk1.8.0_144
export PATH=$PATH:$JAVA_HOME/bin
```

（3）保存后退出，执行以下命令，令修改后的文件生效：

```
[hadoop@centos01 jdk1.8.0_144]$ source /etc/profile
```

3）测试 JDK 是否安装成功

执行命令测试 JDK，若出现类似以下内容，则说明 JDK 安装成功：

```
[hadoop@centos01 jdk1.8.0_144]$ java -version
openjdk version "1.8.0_262"
OpenJDK Runtime Environment (build 1.8.0_262-b10)
OpenJDK 64-Bit Server VM (build 25.262-b10, mixed mode)
```

**注意：**若 java -version 命令不可用则需重启，具体命令如下：

```
[hadoop@centos01 jdk1.8.0_144]$ sync
[hadoop@centos01 jdk1.8.0_144]$ sudo reboot
```

#### 2. 配置 SSH 免密登录

1）生成公钥和私钥

（1）执行如下命令，按三次<Enter>键，会生成 id_rsa（私钥）、id_rsa.pub（公钥）两个文件。

```
[hadoop@centos01 ~]$ cd ~/.ssh/
[hadoop@centos01 .ssh]$ ssh-keygen -t rsa
```

（2）查看公钥文件 id_rsa.pub 和私钥文件 id_rsa 是否生成成功，具体命令如下：

```
[hadoop@centos01 .ssh]$ ll
```

2）将公钥复制到需要免密登录的目标机器上

**注意：**需要在 centos01 上使用 root 账号，配置免密登录至 centos01、centos02、centos03。

（1）使用 root 用户在 centos01 节点上执行如下命令，生成密钥文件。

```
[root@centos01 .ssh]# ssh-keygen -t rsa
```

视 频

Hadoop 集群搭建 1

视 频

Hadoop 集群搭建 2

（2）执行如下命令，将公钥复制并追加到所有节点的授权文件 authorized_keys 中。

```
[root@centos01 .ssh]# ssh-copy-id centos01
[root@centos01 .ssh]# ssh-copy-id centos02
[root@centos01 .ssh]# ssh-copy-id centos03
```

（3）同理，在其余节点中重复步骤①和②，配置所有节点间的免密登录。

### 3.2.5 Hadoop集群的搭建

Hadoop 集群搭建的主要步骤包括上传并解压 Hadoop 安装文件、配置环境变量、修改相关配置文件，将配置好的文件发送至 centos02、centos03 节点，格式化 NameNode 后启动 Hadoop 集群。而在 Hadoop 集群搭建之前，需要对三个节点作出规划，集群规划见表 3-1。

表 3-1 集群节点规划表

| 项　　目 | centos01 | centos02 | centos03 |
| --- | --- | --- | --- |
| HDFS | NameNode<br>DataNode | DataNode | SecondaryNameNode<br>DataNode |
| YARN | NodeManager | ResourceManager<br>NodeManager | NodeManager |

#### 1. 编写集群分发脚本 xsync

（1）执行如下命令，在根目录下创建路径 bin/:

```
[hadoop@centos01 ~]$ mkdir bin
```

（2）创建空的脚本文件 xsync，具体命令如下：

```
[hadoop@centos01 bin]$ touch xsync
```

（3）编辑脚本文件，向脚本文件中添加如下配置：

```
[hadoop@centos01 bin]$ vim xsync
#1.获取输入参数个数，如果没有直接退出
pcount=$#
if((pcount==0)); then
echo no args;
exit;
fi
#2.获取文件名称
p1=$1
fname='basename $p1'  # 注意这里不是单引号
echo fname=$fname
#3.获取上级目录到绝对路径
pdir=`cd -P $(dirname $p1); pwd`
echo pdir=$pdir
#4.获取当前用户名
user='whoami'
#5.循环
for((host=1;host<4; host++)); do
```

```
        echo --------------- centos$host ---------------
        rsync -rvl $pdir/$fname $user@centos0$host:$pdir
       # centos后加0，否则将无法识别
done
```

（4）查看脚本文件 xsync 是否配置成功。

```
[hadoop@centos01 bin]$ chmod 777 xsync
```

**注意**：如果将 xsync 放到/home/hadoop/bin 目录下仍然不能实现全局使用，可以将其移动到/usr/local/bin 目录下。

### 2. 上传并解压 Hadoop 安装包

（1）将 Hadoop 安装包 hadoop-2.8.2.tar.gz 上传至 centos01 节点的/opt/softwares 目录下。

（2）进入 Hadoop 安装包所在路径，解压安装文件到/opt/modules 下，具体命令如下：

```
[hadoop@centos01 ~]$ cd /opt/softwares/
[hadoop@centos01 softwares]$ tar -zxf hadoop-2.8.2.tar.gz -C /opt/modules
```

（3）在指定路径下，执行如下命令查看 Hadoop 安装包是否成功解压：

```
[hadoop@centos01 modules]$ ll
```

### 3. 配置 Hadoop 环境变量

（1）执行如下命令打开/etc/profile 文件：

```
[hadoop@centos01 hadoop-2.8.2]$ sudo vim /etc/profile
```

（2）在 profile 文件末尾添加 JDK 路径，具体内容如下：

```
# HADOOP_HOME
export HADOOP_HOME=/opt/modules/hadoop-2.8.2
export PATH=$PATH:$HADOOP_HOME/bin:$HADOOP_HOME/sbin
```

（3）保存后退出，执行以下命令，令修改后的文件生效：

```
[hadoop@centos01 hadoop-2.8.2]$ source /etc/profile
```

（4）测试 Hadoop 是否安装成功，若出现类似以下信息，则说明 Hadoop 系统变量配置成功：

```
[hadoop@centos01 hadoop-2.8.2]$ hadoop version
Hadoop 2.8.2
Subversion https://git-wip-us.apache.org/repos/asf/hadoop.git -r
66c47f2a01ad9637879e95f80c41f798373828fb
Compiled by jdu on 2017-10-19T20: 39z
Compiled with protoc 2.5.0
From source with checksum dce55e5afe30c210816b39b631a53b1d
This command was run using /opt/modules/hadoop-2.8.2 /share/hadoop/common
/hadoop-common-2.8.2.jar
```

**注意**：若 hadoopversion 命令不可用则需重启，具体命令如下。

```
[hadoop@centos01 hadoop-2.8.2]$ sync
[hadoop@centos01 hadoop-2.8.2]$ sudo reboot
```

### 4. 更改集群相关配置文件

（1）编辑核心配置文件 core-site.xml，添加以下配置：

```
[hadoop@centos01 bin]$ cd /opt/modules/hadoop-2.8.2/etc/hadoop
[hadoop@centos01 hadoop]$ vim core-site.xml
<!--指定HDFS中NameNode的地址-->
```

```
<property>
        <name>fs.defaultFS</name>
<value>hdfs://centos01:9000</value>
</property>
<!--指定Hadoop运行时产生文件的存储目录 -->
<property>
        <name>hadoop.tmp.dir</name>
        <value>/opt/modules/hadoop-2.8.2/data/tmp</value>
</property>
```

（2）编辑 HDFS 配置文件 hadoop-env.sh 和 hdfs-site.xml，分别添加以下配置：

```
[hadoop@centos01 hadoop]$ vim hadoop-env.sh
<!-- JAVA  HOME -->
export JAVA_HOME=/opt/modules/jdk1.8.0_144
[hadoop@centos01 hadoop]$ vim hdfs-site.xml
<!--指定Hadoop辅助名称节点主机配置-->
<property>
<name>dfs.namenode.secondary.http-address</name>
<value>centos03:50090</value>
</property>
```

（3）编辑 YARN 配置文件 yarn-env.sh 和 yarn-site.xml，分别添加以下配置：

```
[hadoop@centos01 hadoop]$ vim yarn-env.sh
<!-- JAVA  HOME -->
export JAVA_HOME=/opt/modules/jdk1.8.0_144
[hadoop@centos01 hadoop]$ vim yarn-site.xml
<!--指定YARN的ResourceManager的地址 -->
<property>
        <name>yarn.resourcemanager.hostname</name>
        <value>centos02</value>
</property>
```

（4）编辑 MapReduce 配置文件 mapred-env.sh 和 mapred-site.xml，分别添加以下配置：

```
[hadoop@centos01 hadoop]$ vim mapred-env.sh
<!-- JAVA  HOME -->
export JAVA_HOME=/opt/modules/jdk1.8.0_144
[hadoop@centos01 hadoop]$ vim mapred-site.xml
<!--指定MR运行在YARN上 -->
<property>
        <name>mapreduce.framework.name</name>
        <value>yarn</value>
</property>
```

### 5. 分发配置好的 Hadoop 安装文件

（1）执行如下命令，向集群上其他节点分发 bin/目录：

```
[hadoop@centos01 ~]$ xsync bin/
```

（2）向集群上其他节点分发配置好的 Hadoop 配置文件：

```
[hadoop@centos01 etc]$ xsync hadoop/
```

（3）执行以下命令，查看 core-site.xml 文件中 NameNode 端口是否改变，判断是否分发成功：

```
[hadoop@centos02 hadoop-2.8.2]$ cat etc/hadoop/core-site.xml
[hadoop@centos03 hadoop-2.8.2]$ cat etc/hadoop/core-site.xml
```

## 3.2.6　启动Hadoop集群

### 1. 配置 slaves

（1）执行如下命令，向 slaves 文件中添加以下内容：

```
[hadoop@centos01 hadoop]$ vim slaves
centos01
centos02
centos03
```

**注意：**该文件中添加的内容结尾不允许有空格，文件中不允许有空行。

（2）向集群中其余节点分发该文件，同步所有节点的配置文件。

```
[hadoop@centos01 hadoop]$ xsync slaves
```

### 2. 启动 Hadoop 集群

（1）若集群是首次启动，则需要格式化 NameNode，具体命令如下：

```
[root@centos01 hadoop-2.8.2]# rm -rf data/ logs/
[root@centos01 hadoop-2.8.2]# bin/hdfs namenode -format
```

**注意：**若之前已启动部分进程，在格式化前，一定要停止之前启动的所有 NameNode 和 DataNode 进程，删除 data 和 log 文件数据。

（2）执行以下命令，启动 HDFS：

```
[hadoop@centos01 hadoop-2.8.2]$ sbin/start-dfs.sh
```

（3）执行以下命令，启动 YARN：

```
[hadoop@centos02 hadoop-2.8.2]$ sbin/start-dfs.sh
```

**注意：**NameNode 和 ResourceManger 如果不存在于同一个节点，不能在 NameNode 所在节点上启动 YARN，应在 ResouceManager 所在节点上启动 YARN 服务。

（4）分别在三个节点执行 jps 查看当前进程。

观察结果，判断 NameNode、DataNode、NodeManager 和 ResourceManager 是否成功启动。

```
[hadoop@centos01 hadoop-2.8.2]$jps
[hadoop@centos02 hadoop-2.8.2]$jps
[hadoop@centos03 hadoop-2.8.2]$jps
```

（5）在 Web 端查看 SecondaryNameNode 的状态。

浏览器中输入 http://centos03:50090/status.html，结果如图 3-48 所示。

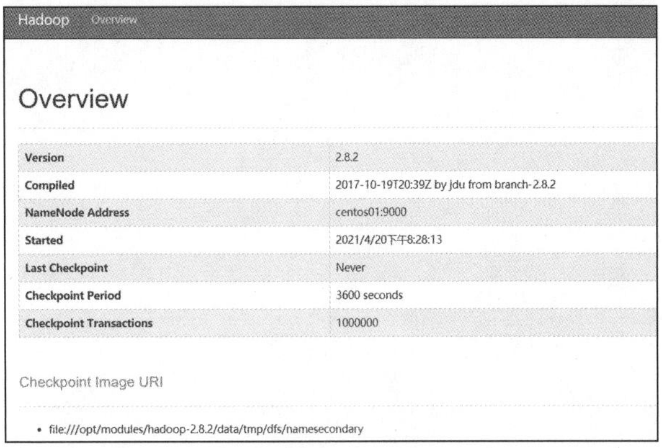

Hadoop　Overview

Overview

| | |
|---|---|
| Version | 2.8.2 |
| Compiled | 2017-10-19T20:39Z by jdu from branch-2.8.2 |
| NameNode Address | centos01:9000 |
| Started | 2021/4/20下午8:28:13 |
| Last Checkpoint | Never |
| Checkpoint Period | 3600 seconds |
| Checkpoint Transactions | 1000000 |

Checkpoint Image URI

- file:///opt/modules/hadoop-2.8.2/data/tmp/dfs/namesecondary

图3-48　Web方式查看SecondaryNameNode信息

# 3.3 ZooKeeper技术基础及部署

本节讲解 ZooKeeper 的简介及其优势、leader 选举的工作原理和意义，着重介绍在搭建好的三个节点上进行 ZooKeeper 集群的安装部署以及命令行操作。

## 3.3.1 ZooKeeper简介

ZooKeeper 是一个分布式协调服务(a service for coordinating processes of distributed applications)。那分布式协调服务又是什么呢？首先，让我们来看看“协调”是什么意思。

说到协调，想到的就是很多十字路口的交通协管，他们手握着小红旗，指挥车辆和行人是否可以通行。如果我们把车辆和行人比喻成运行在计算机中的单元（线程），那么这个协管是干什么的？很多人都会想到，这不就是锁吗？在一个并发的环境里，为了避免多个运行单元对共享数据同时进行修改，造成数据损坏的情况出现，我们就必须依赖像锁这样的协调机制，让有的线程可以先操作这些资源，然后其他线程等待。对于进程内的锁来讲，我们使用的各种语言平台都已经给我们准备了很多种选择。就拿 Java 来说，有最普通不过的同步方法或同步块：

```
public synchronized void sharedMethod(){
//对共享数据进行操作
}
```

使用了这种方式后，多个线程对 sharedMethod 进行操作的时候，就会协调好步骤，不会对 sharedMethod 里的资源进行破坏，产生不一致的情况。这个最简单的协调方法，有的时候却可能需要更复杂的协调。比如，我们常常为了提高性能而使用读写锁。因为大部分时候我们对资源读取多而修改少，如果全部使用排他的写锁，那么它的性能有可能就会受到影响。还是用 Java 举例：

```
public class SharedSource{
    private ReadWriteLock rwlock = new ReentrantReadWriteLock();
    private Lock rlock = rwlock.readLock();
    private Lock wlock = rwlock.writeLock();

    public void read(){
        rlock.lock();
        try{
//读取资源
}finally{
            rlock.unlock();
}
}

    public void write(){
       wlock.lock();
       try{
//写资源
}finally{
            wlock.unlock();
}
}
}
```

我们在进程内还有各种各样的协调机制（一般称之为同步机制），上面介绍的协调都是在进程内进行协调。在进程内进行协调可以使用语言、平台、操作系统等为我们提供的机制。那如果在一个分布式环境中呢？也就是程序运行在不同的机器上，这些机器可能位于同一个机架、同一个机房或不同的数据中心。在这样的环境中，要实现协调该怎么办？这就需要分布式协调服务。

在同一个进程内，对一个方法的调用如果成功，那就是成功（当然，如果代码有 bug 那就另说了），如果调用失败，比如抛出异常，那就是调用失败。在同一个进程内，如果这个方法先调用先执行，那就是先执行。但是在分布式环境中呢？由于网络的不可靠，对一个服务的调用失败了并不表示一定是失败的，可能是执行成功了，但是响应返回的时候失败了。又如，A 和 B 都去调用 C 服务，在时间上 A 还先调用一些，B 后调用，那么最后的结果是不是一定 A 的请求就先于 B 到达呢？这些本来在同一个进程内的种种假设都需要我们重新思考，我们还要思考这些问题给我们的设计和编码带来了哪些影响。

除此之外，在分布式环境中为了提升可靠性，我们往往会部署多套服务，但是如何在多套服务中达到一致性，这在同一个进程内很容易解决的问题，但在分布式环境中确是一个大难题。所以分布式协调远远比同一个进程里的协调复杂得多，所以类似 ZooKeeper 这类基础服务就应运而生。这些系统都在各个系统久经考验，它的可靠性、可用性都是经过理论和实践验证的。所以我们在构建一些分布式系统的时候，就可以以这类系统为起点来构建我们的系统，这将节省不少成本，而且 bug 也将更少。

ZooKeeper 的主要功能：配置管理，名字服务，分布式锁及集群管理。

### 1. 配置管理

在应用中除了代码外，还有一些就是各种配置，比如数据库连接等。一般都使用配置文件的方式在代码中引入这些配置文件。当我们只有一种配置、只有一台服务器，并且不经常修改的时候，使用配置文件是一个很好的做法，但是如果我们配置非常多，有很多服务器都需要这个配置，而且还可能是动态的，这时往往需要寻找一种集中管理配置的方法，我们在这个集中的地方修改了配置，所有对这个配置感兴趣的都可以获得变更。比如可以把配置放在数据库里，然后所有需要配置的服务都去这个数据库读取配置。但是，因为很多服务的正常运行都非常依赖这个配置，所以需要这个集中提供配置服务的服务具备很高的可靠性。

一般我们可以用一个集群来提供这个配置服务，但是用集群提升可靠性，如何保证配置在集群中的一致性呢？这个时候就需要使用一种实现了一致性协议的服务了。ZooKeeper 就是这种服务，它使用 Zab 这种一致性协议来提供一致性。

现在有很多开源项目使用 ZooKeeper 来维护配置，比如在 HBase 中，客户端就是连接一个 ZooKeeper，获得必要的 HBase 集群的配置信息，然后才可以进一步操作。另外，在开源的消息队列 Kafka 中，也使用 ZooKeeper 来维护 Broker 的信息；在 Alibaba 开源的 SOA 框架 Dubbo 中，也广泛使用 ZooKeeper 来管理一些配置以实现服务治理。

**2. 名字服务**

要通过网络访问一个系统，需要知道对方的 IP 地址，但是 IP 地址非常不友好，这个时候就需要使用域名来访问。但是计算机是不能识别域名的。如果每台机器里都备有一份域名到 IP 地址的映射，倒是能解决一部分问题，但是如果域名对应的 IP 发生变化了又该怎么办呢？于是我们有了 DNS。我们只需访问一个大家熟知的点，它就会告诉你这个域名对应的 IP。在应用中也会存在这类问题，特别是在服务特别多的时候，在本地保存服务的地址非常不方便，我们只需要访问一个大家都熟知的访问点，这里提供统一的入口，维护起来就方便多了。

**3. 分布式锁**

前面已经介绍了 ZooKeeper 是一个分布式协调服务，这样就可以利用 ZooKeeper 来协调多个分布式进程之间的活动。比如在一个分布式环境中，为了提高可靠性，集群的每台服务器上都部署着同样的服务。但是，对于一件事情如果集群中每个服务器都要进行，那么相互之间就要协调，编程时将非常复杂。而如果只让一个服务进行操作，那又存在单点。通常还有一种做法就是使用分布式锁，在某个时刻只让一个服务去工作，当这台服务出问题的时候锁释放，立即切换到另外的服务。这在很多分布式系统中都广泛使用，这种设计也称 Leader Election（Leader 选举）。比如 HBase 的 Master 就是采用这种机制。但要注意的是，分布式锁跟同一个进程的锁还是有区别的，所以使用的时候要比同一个进程里的锁更谨慎地使用。

**4. 集群管理**

在分布式的集群中，经常会由于各种原因，比如硬件故障、软件故障、网络问题等，有新的节点加入进来，也有老的节点退出集群。这个时候，集群中其他机器需要感知到这种变化，并且根据这种变化做出对应的决策。比如一个分布式存储系统，有一个中央控制节点负责存储的分配，当有新的存储进来时，要根据集群目前的状态来分配存储节点。这个时候就需要动态感知集群目前的状态。又如，一个分布式的 SOA 架构中，服务是一个集群提供的，当消费者访问某个服务时，就需要采用某种机制发现目前有哪些节点可以提供该服务（这也称之为服务发现，比如 Alibaba 开源的 SOA 框架 Dubbo 就采用了 ZooKeeper 作为服务发现的底层机制）。除此之外，开源的 Kafka 队列也采用了 ZooKeeper 作为 Cosnumer 的上下线管理。

视 频

ZooKeeper 的安装部署

### 3.3.2 ZooKeeper的安装部署

介绍了 ZooKeeper 的相关概念，接下来安装部署 ZooKeeper。

**1. 集群规划**

在 centos01、centos02 和 centos03 三个节点上部署 ZooKeeper。

**2. 上传安装文件并解压安装**

在 centos01 中，上传安装文件 zookeeper-3.4.10.tar.gz 到目录/opt/softwares/中，并将其解压到/opt/modules/目录下，具体命令如下：

```
[hadoop@centos01 softwares]$ tar -zxvfzookeeper-3.4.10.tar.gz -C/opt/modules/
```

### 3. 创建配置文件

（1）在/opt/modules/zookeeper-3.4.10/目录下创建名为 zkData 的目录：

```
[hadoop@centos01 zookeeper-3.4.10]$ mkdir -p zkData
```

（2）在/opt/modules/zookeeper-3.4.10/zkData 目录下创建一名为 myid 的文件：

```
[hadoop@centos01 zkData]$ touch myid
```

**注意**：添加 myid 文件时，一定要在 Linux 系统中创建，在 notepad++里面很可能乱码。

（3）查看 myid 文件是否创建成功：

```
[hadoop@centos01 zkData]$ ll
```

### 4. 配置 zoo.cfg 文件

（1）将/opt/modules/zookeeper-3.4.10/conf 目录下的 zoo_sample.cfg 重命名为 zoo.cfg：

```
[hadoop@centos01 conf]$ mv zoo_sample.cfg zoo.cfg
```

（2）打开 zoo.cfg 文件：

```
[hadoop@centos01 conf]$ vim zoo.cfg
```

（3）修改数据存储路径配置：

```
dataDir=/opt/modules/zookeeper-3.4.10/zkData
clientPort=2181
```

（4）向 zoo.cfg 文件中增加如下配置：

```
server.1=centos01:2888:3888
server.2=centos02:2888:3888
server.3=centos03:2888:3888
```

（5）将修改好的 ZooKeeper 配置文件复制到 centos02、centos03 节点上：

```
    [hadoop@centos01 modules]$ scp -r/opt/modules/zookeeper-3.4.10/hadoop @centos02:
/opt/modules/
    [hadoop@centos01 modules]$ scp -r/opt/modules/zookeeper-3.4.10/hadoop@centos03:
/opt/modules/
```

### 5. 配置服务器编号

（1）编辑 myid 文件，添加与 Server 对应的编号 1：

```
[hadoop@centos01 zkData]$ vim myid
```

（2）分别在 centos02、centos03 节点上修改 myid 文件，文件内容依次为 2、3：

```
[hadoop@centos02 zkData]$ vim myid
[hadoop@centos03 zkData]$ vim myid
```

### 6. 集群操作

（1）分别在三个节点上执行以下命令，启动 ZooKeeper 集群：

```
[root@centos01 zookeeper-3.4.10]# bin/zkServer.sh start
[root@centos02 zookeeper-3.4.10]# bin/zkServer.sh start
[root@centos03 zookeeper-3.4.10]# bin/zkServer.sh start
```

（2）分别在三个节点上执行以下命令，查看 ZooKeeper 服务的状态：

```
[root@centos01 zookeeper-3.4.10]# bin/zkServer.sh status
[root@centos02 zookeeper-3.4.10]# bin/zkServer.sh status
[root@centos03 zookeeper-3.4.10]# bin/zkServer.sh status
```

（3）分别在三个节点上执行 jps，若出现 QuorumPeerMain 进程，说明 ZooKeeper 启动成功：

```
[root@centos01 zookeeper-3.4.10]# jps
```

```
[root@centos02 zookeeper-3.4.10]# jps
[root@centos03 zookeeper-3.4.10]# jps
```

### 3.3.3 Leader选举机制

在 ZooKeeper 的启动过程中，Leader 选举是非常重要且最复杂的一个环节。那么什么是 Leader 选举呢？ZooKeeper 为什么要进行 Leader 选举呢？ZooKeeper 的 Leader 选举过程又是什么样的？本节的目的就是解决这三个问题。

首先来看看什么是 Leader 选举。在 ZooKeeper 集群中，每个节点都会投票，如果某个节点获得超过半数以上节点的投票，则该节点就是 Leader 节点了。

ZooKeeper 集群选举的目的是什么呢？简单来说，我们有一个 ZooKeeper 集群，集群中有多个节点，每个节点都可以接收请求、处理请求。如果此时分别有两个客户端向两个节点发起请求，请求的内容是修改同一个数据。比如客户端 c1，请求节点 n1，请求是 set a = 1；而客户端 c2，请求节点 n2，请求内容是 set a = 2；那么，最后 a 是等于 1 还是等于 2 呢？这在一个分布式环境里是很难确定的。解决这个问题有很多办法，而 ZooKeeper 的办法是，先选一个 Leader 节点出来，所有的这类决策全都提交给 Leader 节点，这样的话，之前的问题自然就没有了。

那我们现在的问题就是，怎么来选择这个 Leader 节点呢？

在 QuorumPeer 的 startLeaderElection 方法中包含有 leader 选举的逻辑。ZooKeeper 默认提供了 4 种选举方式，默认是第 4 种：FastLeaderElection。

开始这个选举算法前，先假设这是一个崭新的集群，崭新集群的选举和之前运行过一段时间的选举略有不同；每个节点都会在 zoo.cfg 文件指定的监听端口启动监听（server.1=127.0.0.1:20881:20882），这里的 20882 就是这里用于选举的端口。

每个集群中的节点都有一个初始状态，属于以下四种：LOOKING, FOLLOWING, LEADING, OBSERVING。每个节点启动时都是 LOOKING 状态；若某节点参与选举但最后不是 Leader，则其状态是 FOLLOWING；若节点不参与选举，则其状态是 OBSERVING；Leader 节点的状态是 LEADING。

在 FastLeaderElection 中存在一个 Manager 的内部类，这个类中启动了两个线程：WorkerReceiver，WorkerSender。为什么说选举这部分比较复杂呢？可能就是因为这些线程非常难以理解。顾名思义，这两个线程一个用来处理从别的节点接收到的消息，一个用来向外发送消息。对于外面的接收和发送逻辑都是异步的。

这里配置完成后，QuorumPeer 的 run 方法就开始执行，这里实现的是一个简单的状态机。因为现在是 LOOKING 状态，所以进入 LOOKING 的分支，调用选举算法开始选举：

```
setCurrentVote(makeLEStrategy().lookForLeader());
```

而 lookForLeader 主要是用来干什么呢？首先会更新一个逻辑时钟，这也是在分布式算法中很重要的一个概念；其次决定要将票投给谁。不过 ZooKeeper 的选举较为直白，每个节点都会选自己，进而向其他节点广播这个选举信息。这里实际上并没有发送出去，只是将选举信息放到由 WorkerSender 管理的一个队列中。

```
synchronized(this){
//逻辑时钟
```

```
        logicalclock++;
    //getInitLastLoggedZxid(), getPeerEpoch() 这里先不关心是什么，后面会讨论
        updateProposal(getInitId(), getInitLastLoggedZxid(), getPeerEpoch());
    }
    //getInitId() 即获取投给谁这个信息，id则是myid中指定的数字，因此该数字必须唯一
    private long getInitId(){
if(self.getQuorumVerifier().getVotingMembers().containsKey(self.getId()))
            return self.getId();
        else return Long.MIN_VALUE;
    }
    //发送选举信息，异步发送
    sendNotifications();
```

现在去看看怎么把投票信息投递出去。这个逻辑在 WorkerSender 中，WorkerSender 从 sendqueue 中取出投票，并交给 QuorumCnxManager 发送。由于之前发送投票信息时，是向集群所有节点发送，当然也包括自己这个节点，所以 QuorumCnxManager 的发送逻辑中会进行判断，如果要发送的投票信息是发送给自己的，则不进行发送，直接进入接收队列。

```
    public void toSend(Long sid, ByteBuffer b) {
        if (self.getId() == sid) {
             b.position(0);
             addToRecvQueue(new Message(b.duplicate(), sid));
    } else {
    //发送给别的节点，判断之前是否发送过
             if (!queueSendMap.containsKey(sid)) {
    //SEND_CAPACITY的大小是1，所以如若之前已经有一个信息还在等待发送，则会把之前的一个删除掉，发送新的信息
                 ArrayBlockingQueue<ByteBuffer> bq = new ArrayBlockingQueue
<ByteBuffer>(SEND_CAPACITY);
                 queueSendMap.put(sid, bq);
                 addToSendQueue(bq, b);
    } else {
                 ArrayBlockingQueue<ByteBuffer> bq = queueSendMap.get(sid);
                 if(bq != null){
                     addToSendQueue(bq, b);
    } else {
                     LOG.error("No queue for server " + sid);
    }
    }
    // 这里是真正的发送逻辑
             connectOne(sid);
    }
    }
```

connectOne 即是已真正发送。在发送前它会先把自己的 id 和选举地址发送过去，进而判断要发送节点的 id 是否比自己的 id 大，如果大则不发送。如果要进行发送，则又是启动两个线程：SendWorker，RecvWorker（这种一个进程内有许多不同种类的线程）。发送逻辑比较简单：从刚才放入的 queueSendMap 中取出，然后进行发送，并且发送时要将发送出去的信息放入一个 lastMessageSent 的 Map 中；如果 queueSendMap 中是空的，则发送 lastMessageSent 中的信息，确

保对方一定已经收到。

读完了 SendWorker 的逻辑，再来看看数据接收的逻辑。Listener 在选举端口上启动了监听吗，现在这里应该已经接收到数据了，我们可以看到 receiveConnection 方法。在此处，如果接收到信息中的 id 比自身的 id 小，则断开连接，并尝试发送消息给这个 id 对应的节点（如果已经有 SendWorker 在往这个节点发送数据，则不用发送）。如果接收到的消息的 id 比当前的 id 大，则会有 RecvWorker 接收数据，RecvWorker 会将接收到的数据放入 recvQueue。

而 FastLeaderElection 的 WorkerReceiver 线程会不断地从这个 recvQueue 中读取 Message 处理。WorkerReceiver 会处理一些协议上的事情，比如消息格式等；除此之外，还会检查接收到的消息是否来自投票成员，如果来自投票成员，则会观察这个消息的状态，如果是 LOOKING 状态，并且当前的逻辑时钟比投票消息的逻辑时钟要高，则会发送通知，告知各成员谁是 Leader。在此处，由于是刚刚启动的崭新集群，逻辑时钟基本上都相同，所以还无法判断出谁是 Leader。不过在这里我们注意到，如果当前节点的状态是 LOOKING，接收逻辑会将接收到的消息放到 FastLeaderElection 的 recvQueue 中，而 FastLeaderElection 会从 recvQueue 中读取信息。

此处即为选举的主要逻辑：totalOrderPredicate。

```
    protected boolean totalOrderPredicate(long newId, long newZxid, long
newEpoch,long curId, long curZxid, long curEpoch) {
    return ((newEpoch > curEpoch) || ((newEpoch == curEpoch) && ((newZxid > curZxid)
|| ((newZxid == curZxid) && (newId > curId)))));
    }
```

（1）判断消息中的 Epoch 是否比当前的大，如果大则消息中 id 对应的 Server 就被认为是 Leader；

（2）如果 Epoch 相等，则判断 Zxid。如果消息中的 Zxid 比当前的大，则承认其为 Leader。

（3）如果以上两者都相等，那就比较 Server id。如果消息中的 Server id 大过当前的 Server id，则承认其为 Leader。

关于前面两项，我们暂时不去关注，因为对于新启动的集群这两者都是相等的。

这样，Server id 的大小也是 leader 选举的一环。

最后，让我们来看看“如果超过一半的人说它是 Leader，那它就是 Leader”的逻辑。

```
    private boolean termPredicate {
        HashMap<Long, Vote> votes,  Vote vote){
            HashSet<Long> set = new HashSet<Long>();
    //遍历已经收到的投票集合，将等于当前投票的集合取出放到set中
            for (Map.Entry<Long,Vote> entry : votes.entrySet()) {
                if (self.getQuorumVerifier().getVotingMembers().containsKey(entry.
getKey())
    && vote.equals(entry.getValue())){
                    set.add(entry.getKey());
    }
    }
    //统计set，也就是投某个id的票数是否超过一半
            return self.getQuorumVerifier().containsQuorum(set);
    }
```

```
    public boolean containsQuorum(Set<Long> ackSet) {
        return (ackSet.size() > half);
    }
}
```

最后一关：如果选的是自己，则将自己的状态更新为 LEADING，否则根据 type，要么是 FOLLOWING，要么是 OBSERVING。

到这里选举就结束了。这里介绍的是一个新集群启动时的选举过程。启动时就是根据 zoo.cfg 中的配置，向各节点广播投票，一般都是选择投给自己，在收到投票后则会进行判断。如果某节点收到的投票数超过一半，那么它就是 Leader。

了解了这个过程后，来看看另外一个问题：一个集群有 3 台机器，挂了一台后的影响是什么？挂了两台呢？

挂了一台：挂了一台后将收不到其中一台的投票，但其余两台仍可以参与投票。按照上面的逻辑，它们开始都会投给自己，之后按照选举的原则，两个节点都投票给其中的一个，那么就有一个节点获得的票等于 2，2>1（3/2），超过了半数，故此时是能选出 leader 的。

挂了两台：挂了两台后，怎么投也只能获得一张票，1 不大于 1（3/2），这样则无法选出 Leader。

在前面介绍时，假设的是一个崭新的刚刚启动的集群，这样的集群与工作一段时间后的集群有什么不同呢？不同的就是 Epoch 和 Zxid 这两个参数。在刚启动的集群中，两者一般是相等的，而工作一段时间后，二者有可能存在有的节点落后于其他节点的情况。

总之，务必牢记 ZooKeeper 的选举所遵循的三个核心原则：ZooKeeper 集群中只有超过半数以上的服务器启动，集群才能正常工作；在集群正常工作之前，myid 小的服务器给 myid 大的服务器投票，直到集群正常工作，选出 Leader 节点；选出 Leader 之后，之前的服务器状态由 Looking 改变为 Following，之后的服务器都是 Follower。

下面，通过一个实例进行论证。这里有三台服务器，分别为 centos01、centos02、centos03，这三台服务器上 ZooKeeper 的 myid 依次为 1、2、3，同时三台服务器上的 zoo.cfg 文件配置如下：

```
tickTime=2000
initLimit=5
syncLimit=2
dataDir=/opt/modules/zookeeper-3.4.10/dataDir
clientPort=2181
server.1=centos01:2888:3888
server.2=centos02:2888:3888
server.3=centos03:2888:3888
```

这里的 id 需要和每台服务器的 myid 相同，hostName 是服务器的名称或 IP 地址；第一个端口（port1，这里为 2888）是 Leader 端口，即该服务器作为 Leader 时供 Follower 连接的端口；第二个端口（port2，这里为 3888）是选举端口，即选举 Leader 服务器时供其他 Follower 连接的端口。

接下来进行演示（注意看 SSH 命令切换到其他服务器进行的操作）：

```
C:\Users\16965)ssh hadoop@centos01 hadoop@centos01's password:
Last login:Tue Mar 30 10:13:52 2021 from 192.168.213.1
Last login:Tue Mar 30 10:13:52 2021 from 192.168.213.1
```

```
[hadoop@ centos01~]$ /opt/modules/zookeeper-3.4.10/bin/zkServer.sh start
ZooKeeper JMX enabled by default
Using config:/opt/modules/zookeeper-3.4.10/bin/../conf/zoo.cfg
Starting zookeeper ... STARTED
[hadoop@centos01~]$ /opt/modules/zookeeper-3.4.10/bin/zkServer.sh status
ZooKeeper JMX enabled by default
Using config:/opt/modules/zookeeper-3.4.10/bin/../conf/zoo.cfg
Error contacting service. It is probably  not running.
[hadoop@centos01~]$ ssh centos02
Last login:Tue Mar 30 10:15:27 2021 from centos01
[hadoop@centos02~]$ /opt/modules/zookeeper-3.4.10/bin/zkServer.sh start
ZooKeeper JMX enabled by default
Using config:/opt/modules/zookeeper-3.4.10/bin/../conf/zoo.cfg
Starting zookeeper ... STARTED
[hadoop@centos02~]$ /opt/modules/zookeeper-3.4.10/bin/zkServer.sh status
ZooKeeper JMX enabled by default
Using config:/opt/modules/zookeeper-3.4.10/bin/../conf/zoo.cfg
Mode:leader
[hadoop@centos02~]$ exit
//登出
Connection to centos02 closed.
[hadoop@centos01~]$ /opt/modules/zookeeper-3.4.10/bin/zkServer.sh status
ZooKeeper JMX enabled by default
Using config:/opt/modules/zookeeper-3.4.10/bin/../conf/zoo.cfg
Mode:follower
[hadoop@centos01~]$ ssh centos03
Last login:Tue Mar 30 09:34:45 2021 from 192.168.213.1
[hadoop@centos03~]$ /opt/modules/zookeeper-3.4.10/bin/zkServer.sh start
ZooKeeper JMX enabled by default
Using config:/opt/modules/zookeeper-3.4.10/bin/../conf/zoo.cfg
Starting zookeeper ... STARTED
[hadoop@centos03~]$ /opt/modules/zookeeper-3.4.10/bin/zkServer.sh status
ZooKeeper JMX enabled by default
Using config:/opt/modules/zookeeper-3.4.10/bin/../conf/zoo.cfg
Mode:follower
[hadoop@centos03~]$ exit
//登出
Connection to centos03 closed.
[hadoop@centos01~]$ ssh centos02
Last login:Tue Mar 30 10:16:20 2021 from centos01
[hadoop@centos02~]$ /opt/modules/zookeeper-3.4.10/bin/zkServer.sh status
ZooKeeper JMX enabled by default
Using config:/opt/modules/zookeeper-3.4.10/bin/../conf/zoo.cfg
Mode:leader
[hadoop@centos02~]$ /opt/modules/zookeeper-3.4.10/bin/zkServer.sh stop
ZooKeeper JMX enabled by default
Using config:/opt/modules/zookeeper-3.4.10/bin/../conf/zoo.cfg
Stopping zookeeper ... STOPPED
```

```
[hadoop@centos02~]$ exit
//登出
Connection to centos02 closed.
[hadoop@centos01~]$ /opt/modules/zookeeper-3.4.10/bin/zkServer.sh status
ZooKeeper JMX enabled by default
Using config:/opt/modules/zookeeper-3.4.10/bin/../conf/zoo.cfg
Mode:follower
[hadoop@centos01~]$ ssh centos03
Last login:Tue Mar 30 10:16:47 2021 from centos01
[hadoop@ centos03~]$ /opt/modules/zookeeper-3.4.10/bin/zkServer.sh status
ZooKeeper JMX enabled by default
Using config:/opt/modules/zookeeper-3.4.10/bin/../conf/zoo.cfg
Mode:leader
[hadoop@centos03~]$ exit
//登出
Connection to centos03 closed.
[hadoop@centos01~]$ /opt/modules/zookeeper-3.4.10/bin/zkServer.sh status
ZooKeeper JMX enabled by default
Using config:/opt/modules/zookeeper-3.4.10/bin/../conf/zoo.cfg
Mode:follower
[hadoop@ centos01~]$ /opt/modules/zookeeper-3.4.10/bin/zkServer.sh stop
ZooKeeper JMX enabled by default
Using config:/opt/modules/zookeeper-3.4.10/bin/../conf/zoo.cfg
Stopping zookeeper ... STOPPED
[hadoop@centos01~]$ ssh centos03
Last login:Tue Mar 30 10:17:59 2021 from centos01
[hadoop@centos03~]$ /opt/modules/zookeeper-3.4.10/bin/zkServer.sh status
ZooKeeper JMX enabled by default
Using config:/opt/modules/zookeeper-3.4.10/bin/../conf/zoo.cfg
Error contacting service.It is probably not running.
[hadoop@centos03~]$ exit
//登出
Connection to centos03 closed.
[hadoop@centos01~]$
```

接下来解释原因：

首先启动 myid 为 1 的 centos01 上的 ZooKeeper，发起一次选举，centos01 先投自己一票，但是由于此时只有一台服务器启动，centos01 票数为 1，不够半数（这里为 2 票），选举无法完成；centos01 的状态为 Looking，如果此时用 status 命令检查 centos01 的 zk 的状态，会返回一条信息“Error contacting service. It is probably not running.”。

其次启动 myid 为 2 的 centos02 上的 ZooKeeper，发起一次选举，centos01 和 centos02 都会先分别投自己一票，接着 centos01 发现 centos02 的 myid 比自己的大，于是更改自己的选票，改投给 centos02；此时 centos02 就有了 2 票，达到了集群的半数要求，centos02 此时直接变为 Leader，centos01 的状态也由 Looking 转换为了 Following。

接着启动 myid 为 3 的 centos03 上的 ZooKeeper，即便 centos03 上的 myid 大于 centos02 上的

myid,但是由于 centos02 已经确定为 Leader,因此不会再次举行选举,centos03 直接变为 follower。

接下来停掉作为 Leader 的 centos02，由于 Leader 消失，ZooKeeper 集群会进行重新选举，存活的 centos01 和 centos03 分别投给自己一票,接着 centos01 发现 centos03 的 myid 比自己的大，于是更改自己的选票，改投给 centos03，此时 centos03 就有了 2 票，达到了集群的半数要求，centos03 因此变为 Leader，centos01 依旧为 Follower。

此时如果再停掉作为 Follower 的 centos01，整个集群只剩下一台 centos03，由于此时集群只有一台服务器存活,达不到集群正常工作的半数要求,centos03 自动失去 Leader 地位变为 Looking 状态，此时用 status 命令检查 centos03 的 zk 的状态，也会返回 “Error contacting service. It is probably not running.”。

如何自己指定 Leader 呢？在上面的例子中，无论怎么启动停止随便切换，myid 值为 1 的 centos01 都几乎不可能成为 Leader，因为它的 myid 最小。即便当前集群的 Leader 断掉，另外一个 Follower 也会成为 Leader，因为二次选举时它的 myid 值也比 centos01 大，centos01 只得把票投给“对手”。若想要 centos01 当上 Leader，那就需要更改它们的 myid 值以及 zoo.cfg 配置文件的 server.id 值。

当前三台服务器和 myid 的对应关系如下：

| 服务器 | myid |
| --- | --- |
| centos01 | 1 |
| centos02 | 2 |
| centos03 | 3 |

三台服务器的 zoo.cfg 文件配置如下：

```
tickTime=2000
initLimit=5
syncLimit=2
dataDir=/opt/modules/zookeeper-3.4.10/dataDir
clientPort=2181
server.1=centos01:2888:3888
server.2=centos02:2888:3888
server.3=centos03:2888:3888
```

接下来将三台服务器的 myid 进行对调：

| 服务器 | myid |
| --- | --- |
| centos01 | 3 |
| centos02 | 2 |
| centos03 | 1 |

并修改三台服务器上的 zoo.cfg 配置文件：

```
tickTime=2000
initLimit=5
syncLimit=2
dataDir=/opt/modules/zookeeper-3.4.10/dataDir
clientPort=2181
server.3=centos01:2888:3888
```

```
server.2=centos02:2888:3888
server.1=centos03:2888:3888
```

结果可想而知：centos03 将几乎永远无法成为 Leader。

此时按顺序依次启动 centos01，centos02，centos03，再查看它们的状态，如图 3-49 所示。

```
[hadoop@centos01 zookeeper-3.4.10]$ bin/zkServer.sh status
ZooKeeper JMX enabled by default
Using config: /opt/modules/zookeeper-3.4.10/bin/../conf/zoo.cfg
Mode: leader
```

```
[hadoop@centos02 zookeeper-3.4.10]$ bin/zkServer.sh status
ZooKeeper JMX enabled by default
Using config: /opt/modules/zookeeper-3.4.10/bin/../conf/zoo.cfg
Mode: follower
```

```
[hadoop@centos03 zookeeper-3.4.10]$ bin/zkServer.sh status
ZooKeeper JMX enabled by default
Using config: /opt/modules/zookeeper-3.4.10/bin/../conf/zoo.cfg
Mode: follower
```

图3-49 centos01、centos02和centos03的状态

可以看到，centos01 已经成功变成了 Leader。这就是 Leader 的选举机制。

### 3.3.4 ZooKeeper客户端访问集群（命令行操作方式）

ZooKeeper 的命令行工具与 Linux Shell 类似，当 ZooKeeper 集群服务启动后，可以在任意一台机器上启动客户端，以下是命令行操作方式中的一些示例。

（1）启动客户端：

```
[hadoop@centos02 zookeeper-3.4.10]$ bin/zkCli.sh
```

（2）查看所有命令及其用法：

```
[zk: localhost:2181(CONNECTED) 0] help
```

（3）查看当前 znode 中所包含的内容：

```
[zk: localhost: 2181(CONNECTED) 1] ls /
```

（4）查看当前节点详细数据：

```
[zk: localhost: 2181(CONNECTED) 2] ls2 /
```

（5）创建两个普通节点：

使用 create 命令，创建普通节点/sanguo 及子节点/shuguo，其值分别为“jinlian”和“liubei”。

```
[zk: localhost: 2181(CONNECTED) 6] create /sanguo "jinlian"
[zk: localhost: 2181(CONNECTED) 7] create /sanguo/shuguo "liubei"
```

（6）获得节点的值：

使用 get 命令，获取/sanguo 及其子节点/shuguo 的值。

```
[zk: localhost: 2181(CONNECTED) 8] get /sanguo
[zk: localhost: 2181(CONNECTED) 9] get /sanguo/shuguo
```

（7）创建短暂节点：

使用 create -e 命令，创建短暂节点/wuguo（/sanguo 子节点），其值为“zhouyu”。

```
[zk: localhost: 2181(CONNECTED) 10] create -e /sanguo/wuguo "zhouyu"
```

① 在当前客户端查看短暂节点是否创建成功。

```
[zk: localhost: 2181(CONNECTED) 11] ls /sanguo
```

② 退出当前客户端然后再重启客户端。

```
[zk: localhost: 2181(CONNECTED) 12] quit
[hadoop@centos02 zookeeper-3.4.10]$ bin/zkCli.sh
```

③ 再次查看根目录，发现短暂节点已经删除。

```
[zk: localhost: 2181(CONNECTED) 0] ls /sanguo
```

（8）创建带序号的节点：

① 先创建一个普通的根节点/sanguo/weiguo。

```
[zk: localhost: 2181(CONNECTED) 1] create /sanguo/weiguo "caocao"
```

② 创建多个带序号的节点。

```
[zk: localhost: 2181(CONNECTED) 2] create -s /sanguo/weiguo/xiaoqiao "jinlian"
[zk: localhost: 2181(CONNECTED) 3] create -s /sanguo/weiguo/daqiao "jinlian"
[zk: localhost: 2181(CONNECTED) 4] create -s /sanguo/weiguo/diaocan "jinlian"
```

（9）修改节点数据值：

使用 set 命令，将/weiguo 节点的值由“caocao”改为“simayi”。

```
[zk: localhost: 2181(CONNECTED) 5] set /sanguo/weiguo "simayi"
```

（10）监听节点值变化：

① 在 centos03 节点上启动客户端。

```
[hadoop@centos03 zookeeper.3.4.10]$ bin/zkCli.sh
```

② 在 centos03 主机上注册监听/sanguo 节点数据变化。

```
[zk: localhost: 2181(CONNECTED) 0] get /sanguo watch
```

③ 在 centos02 主机上修改/sanguo 节点的数据。

```
[zk: localhost: 2181(CONNECTED) 0] set /sanguo "xisi"
```

④ 观察 centos03 主机收到数据变化的监听。

```
[zk: localhost: 2181(CONNECTED) 1]
WATCHER: :
WatchedEvent state:SyncConnected type:NodeDataChanged path:/sanguo
```

（11）监听子节点变化：

① 在 centos03 主机上注册监听/sanguo 节点的子节点变化。

```
[zk: localhost: 2181(CONNECTED) 2] ls /sanguo watch
```

② 在 centos02 主机/sanguo 节点上创建子节点。

```
[zk: localhost: 2181(CONNECTED) 1] create /sanguo/jin "simayi"
```

③ 观察 centos03 主机收到子节点变化的监听。

```
[zk: localhost: 2181(CONNECTED) 3]
WATCHER: :
WatchedEvent state:SyncConnected type:NodeChildrenChanged path:/sanguo
```

（12）删除节点：

```
[zk: localhost: 2181(CONNECTED) 2] delete /sanguo/jin
```

（13）递归删除节点：

```
[zk: localhost: 2181(CONNECTED) 4] rmr /sanguo/shuguo
```

（14）查看节点状态：

```
[zk: localhost: 2181(CONNECTED) 7] stat /sanguo
```

## 3.4 HDFS与YARN高可用技术基础

所谓 HA（High Available），即高可用（7×24 小时不中断服务）。实现高可用最关键的策略是消除单点故障。严格来说，HA 应分为各个组件的 HA 机制：HDFS 的 HA 和 YARN 的 HA。本节将对 HDFS HA 和 YARN HA 的工作原理和配置进行详细讲解。

### 3.4.1 HDFS高可用的工作机制

Hadoop 2.0 之前，在 HDFS 集群中 NameNode 存在单点故障（SPOF）。而 NameNode 主要从以下两方面影响 HDFS 集群：

- NameNode 机器发生意外，如宕机、集群将无法使用，直至管理员重启。
- NameNode 机器需要升级，包括软件、硬件升级，此时集群也将无法使用。

这就促成了 HA 功能的产生。HDFS HA 功能通过配置 active/standby 两个 NameNodes，实现在集群中对 NameNode 的热备，从而解决上述问题。若出现故障，如机器崩溃或机器需要升级维护，这时可通过此种方式将 NameNode 很快切换到另外一台机器，消除单点故障。

前面学习了使用命令 hdfs haadmin -failover 手动进行故障转移，在该模式下，即使现役 NameNode 已经失效，系统也不会自动从现役 NameNode 转移到待机 NameNode。下面学习如何配置部署 HA 自动进行故障转移。自动故障转移为 HDFS 部署增加了两个新组件：ZooKeeper 和 ZKFailoverController（ZKFC）进程。ZooKeeper 是维护少量协调数据，通知客户端这些数据的改变和监视客户端故障的高可用服务。HA 的自动故障转移依赖于 ZooKeeper 的以下功能：

（1）故障检测：集群中的每个 NameNode 在 ZooKeeper 中维护了一个持久会话，如果机器崩溃，ZooKeeper 中的会话将终止，ZooKeeper 通知另一个 NameNode 需要触发故障转移。

（2）现役 NameNode 选择：ZooKeeper 提供了一个简单的机制，用于唯一地选择一个节点为 active 状态。如果目前现役 NameNode 崩溃，另一个节点可能从 ZooKeeper 获得特殊的排外锁以表明它应该成为现役 NameNode。

ZKFC 是自动故障转移中的另一个新组件，是 ZooKeeper 的客户端，也用来监视和管理 NameNode 的状态。每个运行 NameNode 的主机也运行了一个 ZKFC 进程，ZKFC 负责：

（1）健康监测：ZKFC 使用一个健康检查命令定期地 ping 与之在相同主机的 NameNode，只要该 NameNode 及时地恢复健康状态，ZKFC 就认为该节点是健康的。如果该节点崩溃、冻结或进入不健康状态，健康监测器则标识该节点为非健康状态。

（2）ZooKeeper 会话管理：当本地 NameNode 是健康的，ZKFC 保持一个在 ZooKeeper 中打开的会话。如果本地 NameNode 处于 active 状态，ZKFC 也保持一个特殊的 znode 锁，该锁使用了 ZooKeeper 对短暂节点的支持，如果会话终止，锁节点将自动删除。

（3）基于 ZooKeeper 的选择：如果本地 NameNode 是健康的，且 ZKFC 发现没有其他的节点当前持有 znode 锁，它将为自己获取该锁。如果成功，则它已经赢得了选择，并负责运行故障转移进程，以使它本地的 NameNode 为 active。故障转移进程与前面描述的手动故障转移相似，首先保护之前的现役 NameNode，其次，本地 NameNode 将转换为 active 状态。

### 3.4.2 HDFS高可用配置

配置 HDFS 高可用首先需要对集群进行规划，集群规划表见表 3-2。

表 3-2 集群规划表

| centos01 | centos02 | centos03 |
|---|---|---|
| NameNode | NameNode | — |
| JournalNode | JournalNode | JournalNode |
| DataNode | DataNode | DataNode |
| ZK | ZK | ZK |
| — | ResourceManager | — |
| NodeManager | NodeManager | NodeManager |

#### 1. 配置集群

1）创建 ha 文件夹

（1）执行如下命令，在 centos01 节点的/opt 目录下创建 ha 文件夹：

```
[hadoop@centos01 opt]$ su root
[root@centos01 opt]# mkdir ha
```

（2）同理，在 centos02 和 centos03 节点的/opt 目录下创建 ha 文件夹：

```
[root@centos02 opt]# mkdir ha
[root@centos03 opt]# mkdir ha
```

（3）修改 ha 文件夹的所有者为 hadoop：

```
[hadoop@centos01 opt]# chown -R hadoop:hadoop ha
```

2）复制 hadoop-2.8.2 目录

（1）在 centos01 节点上将/opt/modules/下的 hadoop-2.8.2 复制到/opt/ha 目录下：

```
[root@centos01 modules]# cp -r hadoop-2.8.2/ /opt/ha/
```

（2）同理，在 centos02 和 centos03 上将/opt/modules/下的 hadoop-2.8.2 复制到/opt/ha 目录下：

```
[root@centos02 modules]# cp -r hadoop-2.8.2/ /opt/ha/
[root@centos03 modules]# cp -r hadoop-2.8.2/ /opt/ha/
```

3）更改集群相关配置文件

（1）向 hadoop-env.sh 配置文件中添加以下内容：

```
[root@centos01 hadoop]# vim hadoop-env.sh
export JAVA_HOME=/opt/modules/jdk1.8.0_144
```

（2）向 core-site.xml 配置文件中添加以下内容：

```
[root@centos01 hadoop]# vim core-site.xml
```

添加如下配置：

```
<configuration>
<!--把两个NameNode的地址组装成一个集群mycluster -->
```

```
        <property>
            <name>fs.defaultFS</name>
    <value>hdfs://mycluster</value>
        </property>
        <!--指定hadoop运行时产生文件的存储目录-->
        <property>
            <name>hadoop.tmp.dir</name>
            <value>/opt/ha/hadoop-2.8.2/tmp</value>
        </property>
        <!-- HA所使用的ZooKeeper的地址-->
        <property>
            <name>ha.zookeeper.quorum</name>
            <value>centos01:2181,centos02:2181,centos03:2181</value>
        </property>
</configuration>
```

（3）向 hdfs-site.xml 配置文件中添加以下内容：

```
[root@centos01 hadoop]# vim hdfs-site.xml
```

添加如下配置：

```
<configuration>
    <!--完全分布式集群名称-->
    <property>
        <name>dfs.nameservices</name>
        <value>mycluster</value>
    </property>
    <!--配置两个NameNode的标识符-->
    <property>
        <name>dfs.ha.namenodes.mycluster</name>
        <value>nn1,nn2</value>
    </property>
    <!-- nn1的RPC通信地址-->
    <property>
        <name>dfs.namenode.rpc-address.mycluster.nn1</name>
        <value>centos01:8020</value>
    </property>
    <!-- nn2的RPC通信地址-->
    <property>
        <name>dfs.namenode.rpc-address.mycluster.nn2</name>
        <value>centos02:8020</value>
    </property>
    <!-- nn1的http通信地址-->
    <property>
        <name>dfs.namenode.http-address.mycluster.nn1</name>
        <value>centos01:50070</value>
    </property>
    <!-- nn2的http通信地址-->
```

```
        <property>
            <name>dfs.namenode.http-address.mycluster.nn2</name>
            <value>centos02:50070</value>
        </property>
        <!--指定NameNode元数据在JournalNode上的存放位置-->
        <property>
            <name>dfs.namenode.shared.edits.dir</name>
        <value>qjournal://centos01:8485;centos02:8485;centos03:8485/mycluster
</value>
        </property>
        <!--配置隔离机制，即同一时刻只能有一台服务器对外响应-->
        <property>
            <name>dfs.ha.fencing.methods</name>
            <value>sshfence</value>
        </property>
        <!--使用隔离机制时需要ssh无秘钥登录-->
        <property>
            <name>dfs.ha.fencing.ssh.private-key-files</name>
            <value>/home/hadoop/.ssh/id_rsa</value><!-- hadoop为当前用户名-->
        </property>
        <!--声明journalnode服务器存储目录-->
        <property>
            <name>dfs.journalnode.edits.dir</name>
            <value>/opt/ha/hadoop-2.8.2/data/jn</value>
        </property>
        <!--关闭权限检查-->
        <property>
            <name>dfs.permissions.enable</name>
            <value>false</value>
        </property>
        <!--访问代理类：client，mycluster，active配置失败自动切换实现方式-->
        <property>
            <name>dfs.client.failover.proxy.provider.mycluster</name>
        <value>org.apache.hadoop.hdfs.server.namenode.ha.ConfiguredFailover
ProxyProvider</value>
        <!--配置自动故障转移-->
        <property>
            <name>dfs.ha.automatic-failover.enabled</name>
            <value>true</value>
        </property>
    </configuration>
```

4）分发配置好的 Hadoop 配置文件

在 centos01 节点上执行以下命令，向集群上其他节点分发配置好的 Hadoop 配置文件：

```
[root@centos01 hadoop]# scp -r hdfs-site.xml hadoop@centos02:/opt/ha/hadoop
-2.8.2/etc/hadoop/
```

```
[root@centos01 hadoop]# scp -r core-site.xml hadoop@centos02:/opt/ha/hadoop-2.8.2/etc/hadoop/
```

**2. 启动集群并测试手动故障转移**

1）启动 journalnode

执行以下命令，启动 journalnode 进程：

```
[root@centos01 hadoop-2.8.2]# sbin/hadoop-daemon.sh start journalnode
```

2）格式化并启动[nn1]

（1)在 centos01 节点上执行如下命令，删除之前生成的 data 和 logs 文件，并格式化 NameNode。

```
[root@centos01 hadoop-2.8.2]# rm -rf data/ logs/
[root@centos01 hadoop-2.8.2]# bin/hdfs namenode -format
```

出现 common.Storage:Storage directory... has been successfully formatted.则说明格式化成功。

（2）执行以下命令，启动 NameNode1，启动后会生成 images 元数据。

```
[root@centos01 hadoop-2.8.2]# sbin/hadoop-daemon.sh start namenode
```

3）同步[nn1]的元数据信息

在 centos02 节点上执行如下命令，复制 centos01 上的 NameNode 元数据：

```
[root@centos02 hadoop-2.8.2]# bin/hdfs namenode -bootstrapStandby
```

4）启动[nn2]

在 centos02 节点的 Hadoop 安装目录下，执行如下命令，启动 NameNode2：

```
[root@centos02 hadoop-2.8.2]# sbin/hadoop-daemon.sh start namenode
```

5）查看 web 页面显示

浏览器中分别输入 http://centos01:50070/和 http://centos02:50070/，查看两 NameNode 的状态，结果如图 3-50 和图 3-51 所示。

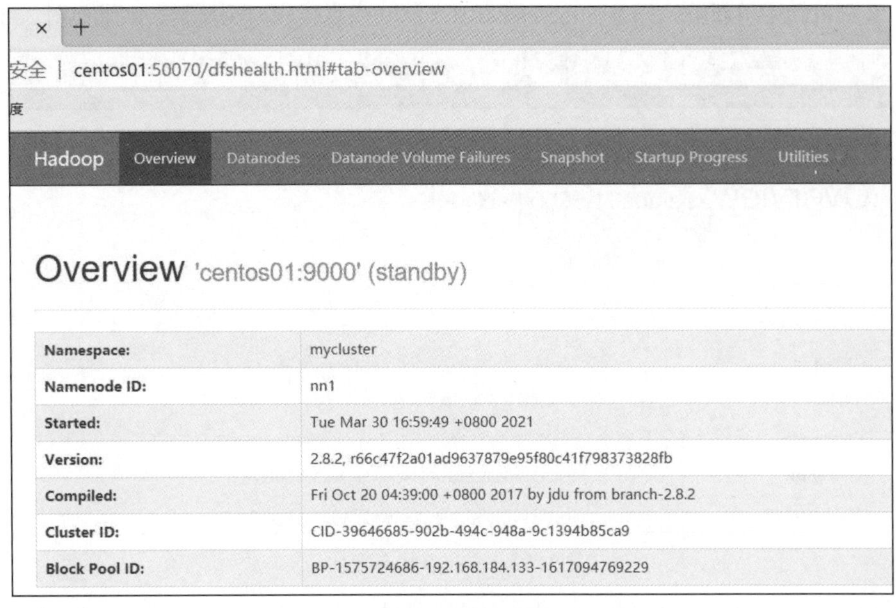


图3-50　主节点信息

Hadoop Overview Datanodes Datanode Volume Failures Snapshot Startup Progress Utilities

Overview 'centos02:9000' (standby)

| | |
|---|---|
| Namespace: | mycluster |
| Namenode ID: | nn2 |
| Started: | Tue Mar 30 17:04:29 +0800 2021 |
| Version: | 2.8.2, r66c47f2a01ad9637879e95f80c41f798373828fb |
| Compiled: | Fri Oct 20 04:39:00 +0800 2017 by jdu from branch-2.8.2 |
| Cluster ID: | CID-39646685-902b-494c-948a-9c1394b85ca9 |
| Block Pool ID: | BP-1575724686-192.168.184.133-1617094769229 |

图3-51　从节点信息

6）启动[nn1]上所有 DataNode

进入 centos01 节点的 Hadoop 安装目录，执行如下命令，启动 DataNode：

```
[root@centos01 hadoop-2.8.2]# sbin/hadoop-daemons.sh start datanode
```

7）将[nn1]手动切换为 active 状态

在 centos01 节点的 Hadoop 安装目录下，执行如下命令，将 NameNode1 状态置为 active。

```
[root@centos01 hadoop-2.8.2]# bin/hdfs haadmin -transitionToActive nn1
```

8）查看目前[nn1]状态

（1）执行如下命令，查看 NameNode1 节点是否已切换为 active 状态：

```
[root@centos01 hadoop-2.8.2]# bin/hdfs haadmin -getServiceState nn1
```

（2）在浏览器中重新输入网址 http://centos01:50070 或直接刷新浏览器，结果如图 3-52 所示。

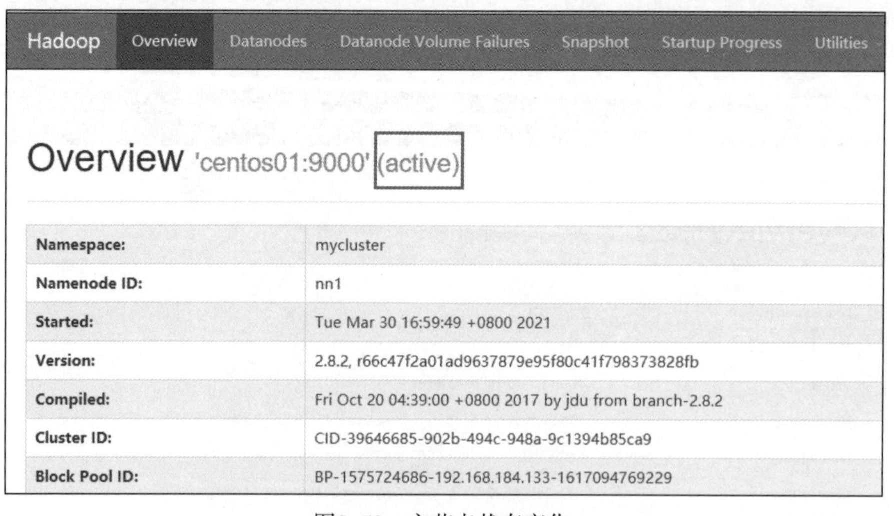


图3-52　主节点状态变化

至此，两个 NameNode 均已启动成功，其中一个为 active 状态，一个为 standby 状态。

### 3. 启动集群并测试自动故障转移

1）启动集群

（1）执行如下命令，关闭所有 HDFS 服务：

```
[root@centos01 hadoop-2.8.2]# sbin/stop-dfs.sh
```

（2）分别在三个节点上执行如下命令，启动 ZooKeeper 集群：

**注意**：启动 ZooKeeper 要切换到 ZooKeeper 安装目录。

```
[root@centos01 ~]# cd /opt/modules/zookeeper-3.4.10
[root@centos01 zookeeper-3.4.10]# bin/zkServer.sh start
[root@centos02 zookeeper-3.4.10]# bin/zkServer.sh start
[root@centos03 zookeeper-3.4.10]# bin/zkServer.sh start
```

（3）初始化 HA 在 ZooKeeper 中的状态，即创建一 znode 节点存储自动故障转移系统的数据。

```
[root@centos01 hadoop-2.8.2]# bin/hdfs zkfc -formatZK
```

（4）执行如下命令，启动 HDFS 服务并查看各节点当前进程：

```
[root@centos01 hadoop-2.8.2]# sbin/start-dfs.sh
[root@centos01 hadoop-2.8.2]# jps
[root@centos02 hadoop-2.8.2]# jps
[root@centos03 hadoop-2.8.2]# jps
```

（5）在各个 NameNode 节点上启动 ZK Failover Controller 进程：

**注意**：ZKFC 守护进程先在哪台机器启动，哪个机器的 NameNode 就是 active NameNode。

```
[root@centos01 hadoop-2.8.2]# sbin/hadoop-daemon.sh start zkfc
```

（6）浏览器中输入 http://centos01:50070/和 http://centos02:50070/，结果如图 3-53 和图 3-54 所示。

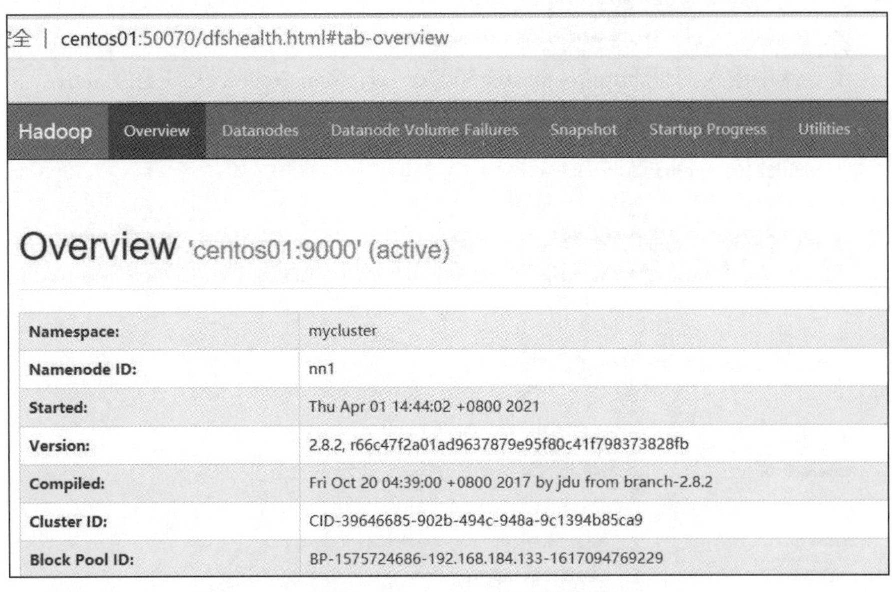


图3-53 centos01节点状态

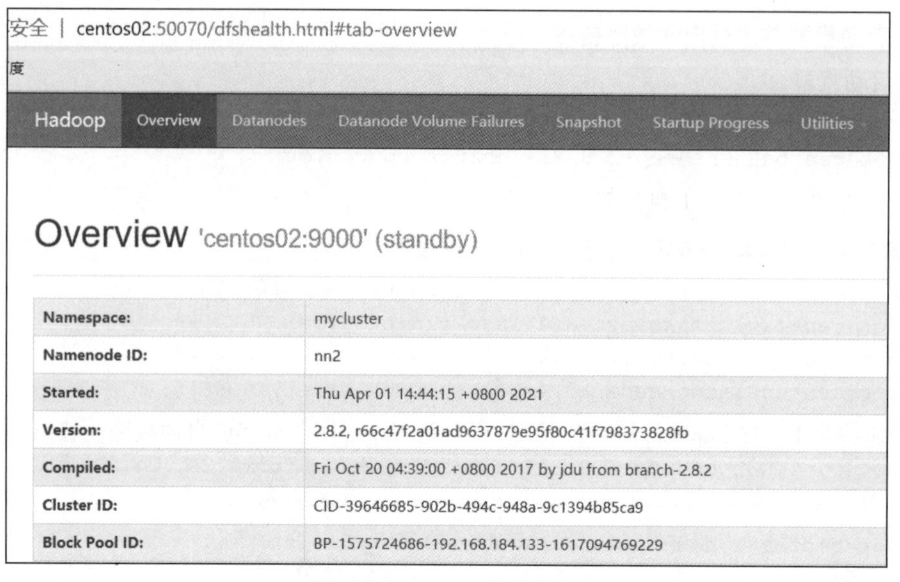


图3-54　centos02节点状态

结果说明，nn1 先启动 ZKFC，此时 centos01 是 active NameNode。

2）测试自动故障转移

（1）将 active NameNode 所在节点（此处为 centos01）的 NameNode 进程杀死（改为自己 active 节点的 NameNode 进程号）。

```
[root@centos01 hadoop-2.8.2]# kill -9 115175
```

（2）执行如下命令，断开 centos01 节点的网络：

```
[root@centos01 ~]$ service network stop
[root@centos01 ~]# service network status
```

（3）在浏览器中输入网址 http://centos02:50070/，若 NameNode2 状态变为 active，则说明自动故障转移配置成功，结果如图 3-55 所示。

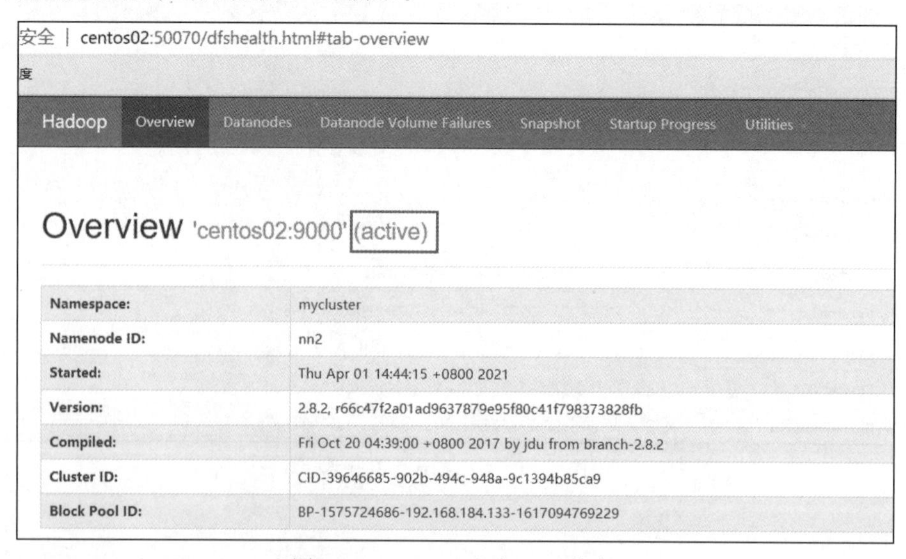


图3-55　centos02变为active状态

### 3.4.3 YARN高可用的工作机制

YARN HA 的工作机制如图 3-56 所示。

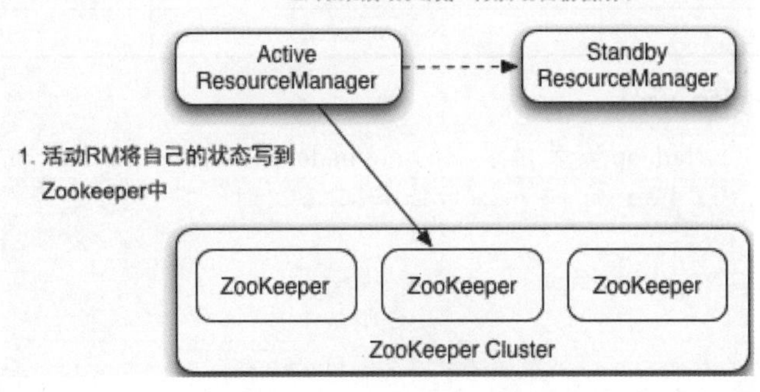


图3-56 YARN HA工作机制

YARN 也是典型的主/从（Master/Slave）架构，Master 称为 ResourceManager（RM），Slave 称为 NodeManager（NM）。RM 称为资源管理器，负责接收用户提交的任务，决定为任务分配多少资源、调度到哪个 NM 去执行；NM 是执行任务的节点，周期性地向 RM 汇报自己的资源使用状况并领取 RM 分配的任务，负责启动和停止任务相关进程等工作。

YARN HA 工作机制具体介绍如下：

首先，用户使用客户端向 RM 提交一个任务，同时指定提交到哪个队列和需要多少资源等信息。用户可以通过每个计算引擎的对应参数设置这些信息。

当 RM 在收到任务提交的请求后，先根据资源和队列是否满足要求选择一个 NM，通知它启动一个特殊的 Container，称为 ApplicationMaster（AM），后续流程由它发起。

AM 向 RM 注册后根据自己任务的需要，向 RM 申请 Container，包括数量、所需资源量、所在位置等因素。如果队列有足够资源，RM 会将 Container 分配给有足够剩余资源的 NM，由 AM 通知 NM 启动 Container。

Container 启动后执行具体的任务，处理分给自己的数据。NM 除了负责启动 Container，还负责监控它的资源使用状况以及是否失败退出等工作，如果 Container 实际使用的内存超过申请时指定的内存，会将其杀死，保证其他 Container 能正常运行。

最终，各个 Container 向 AM 汇报自己的进度，所有 Container 都完成后，AM 向 RM 注销任务并退出，RM 通知 NM 杀死对应的 Container，任务结束。

### 3.4.4 YARN高可用配置

配置 HDFS 高可用，首先需要对集群进行规划，集群规划见表 3-3。

**表 3-3 集群规划表**

| centos01 | centos02 | centos03 |
| --- | --- | --- |
| NameNode | NameNode | — |
| JournalNode | JournalNode | JournalNode |
| DataNode | DataNode | DataNode |

续表

| centos01 | centos02 | centos03 |
| --- | --- | --- |
| ZK | ZK | ZK |
| ResourceManager | ResourceManager | — |
| NodeManager | NodeManager | NodeManager |

### 1. 配置 yarn-site.xml

进入 centos01 节点 Hadoop 安装目录下的 etc/hadoop，编辑 yarn-site.xml，添加如下配置：

```
[hadoop@centos01 hadoop]$ vim yarn-site.xml
<configuration>
<!--指定可以在YARN上运行MapReduce程序-->
    <property>
<name>yarn.nodemanager.aux-services</name>
<value>mapreduce_shuffle</value>
    </property>
    <!--启用resourcemanager ha-->
<property>
<name>yarn.resourcemanager.ha.enabled</name>
<value>true</value>
    </property>
<!--标志resourcemanager-->
<property>
<name>yarn.resourcemanager.cluster-id</name>
<value>cluster-yarn1</value>
    </property>
    <!--集群中ResourceManager的ID列表-->
<property>
<name>yarn.resourcemanager.ha.rm-ids</name>
<value>rm1,rm2</value>
    </property>
    <!--ResourceManager1所在的节点主机名-->
<property>
<name>yarn.resourcemanager.hostname.rm1</name>
<value>centos01</value>
    </property>
    <!--ResourceManager2所在的节点主机名-->
<property>
    <name>yarn.resourcemanager.hostname.rm2</name>
<value>centos02</value>
    </property>
<!--指定ZooKeeper集群的地址-->
<property>
<name>yarn.resourcemanager.zk-address</name>
<value>centos01:2181,centos02:2181,centos03:2181</value>
    </property>
<!--启用自动恢复-->
```

```
    <property>
    <name>yarn.resourcemanager.recovery.enabled</name>
    <value>true</value>
       </property>
    <!--指定resourcemanager的状态信息存储在ZooKeeper集群-->
    <property>
    <name>yarn.resourcemanager.store.class</name>
    <value>org.apache.hadoop.yarn.server.resourcemanager.recovery.ZKRMStateS
tore</value>
       </property>
    </configuration>
```

### 2. 同步更新其他节点的配置信息

执行如下命令或集群分发脚本，将配置好的 yarn-site.xml 文件分发至集群其他节点：

```
[hadoop@centos01 hadoop]$ scp -r yarn-site.xml hadoop@centos02:/opt/ha/
hadoop-2.8.2/etc/hadoop
[hadoop@centos01 hadoop]$ scp -r yarn-site.xml hadoop@centos03:/opt/ha/
hadoop-2.8.2/etc/hadoop
```

### 3. 启动 hdfs

（1）分别在三个 JournalNode 节点上启动 journalnode 服务：

```
[root@centos01 hadoop-2.8.2]$ sbin/hadoop-daemon.sh start journalnode
```

（2）格式化并启动[nn1]：

**注意：**格式化前先删除 data 和 logs。

```
[root@centos01 hadoop-2.8.2]# rm -rf data/ logs/
[root@centos01 hadoop-2.8.2]# bin/hdfs namenode -format
```

出现 common.Storage:Storage directory ... has been successfully formatted.说明格式化成功。

```
[root@centos01 hadoop-2.8.2]# sbin/hadoop-daemon.sh start namenode
```

（3）同步[nn1]的元数据信息至[nn2]：

```
[root@centos02 hadoop-2.8.2]# bin/hdfs namenode -bootstrapStandby
```

（4）启动[nn2]。

```
[root@centos02 hadoop-2.8.2]# sbin/hadoop-daemon.sh start namenode
```

（5）启动所有 DataNode。

```
[root@centos01 hadoop-2.8.2]# sbin/hadoop-daemons.sh start datanode
```

（6）手动将[nn1]切换为 active 状态。

```
[root@centos01 hadoop-2.8.2]# bin/hdfs haadmin -transitionToActive nn1
```

### 4. 启动 YARN 集群

（1）在 centos01 节点上执行如下命令启动 YARN：

```
[root@centos01 hadoop-2.8.2]# sbin/start-yarn.sh
```

（2）利用 util.sh 脚本查看三个节点的所有进程：

```
[root@centos01 hadoop-2.8.2]# util.sh
```

（3）在浏览器中输入网址 http://centos01:8088，查看 YARN 的启动状态，如图 3-57 所示。

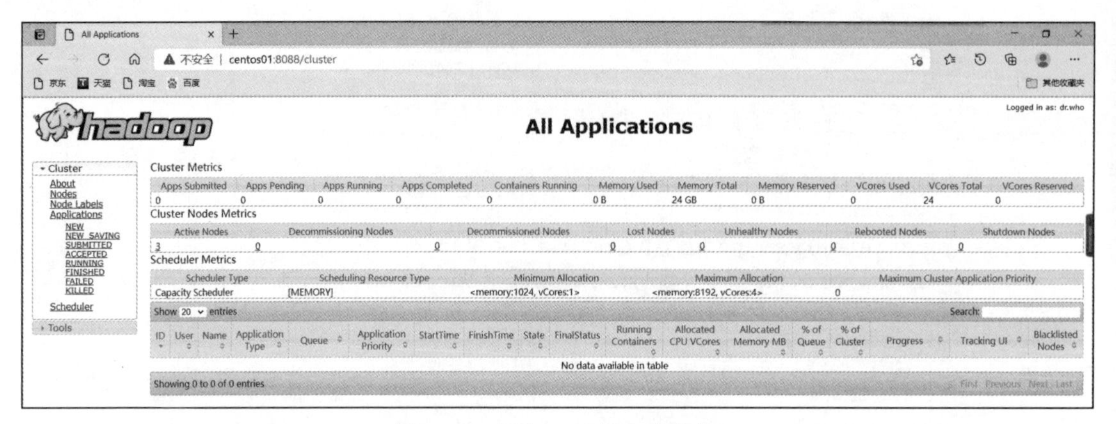


图3-57　查看YARN的启动状态

### 5. 测试自动故障转移

（1）在 HDFS 文件系统中创建文件夹 input，上传文件 README.txt 至 input 文件夹下。

```
[root@centos01 hadoop-2.8.2]# hadoop fs -mkdir /input
[root@centos01 hadoop-2.8.2]# hadoop fs -put README.txt /input
```

（2）浏览器输入网址 http://centos01:50070/，在 HDFS 文件系统中查看文件是否上传成功。

（3）运行自带的 WordCount 单词计数程序。

```
[root@centos01 hadoop-2.8.2]# bin/hadoop jar /opt/modules/hadoop-2.8.2/share/hadoop/mapreduce/hadoop-mapreduce-examples-2.8.2.jar wordcount /input /output
```

（4）程序执行到 Map 任务时，在 FinalShell 打开一个新的 centos01 窗口，杀掉 centos01 的 ResourceManager 进程（需要提前执行 jps 查看 ResourceManager 的进程号）。

（5）此时再在浏览器中查看 YARN 的状态，发现 http://centos01:8088 已无法访问，如图 3-58 所示，但 http://centos02:8088 可以访问并且可以看到 MapReduce 任务，如图 3-59 所示。

图3-58　centos01查看YARN

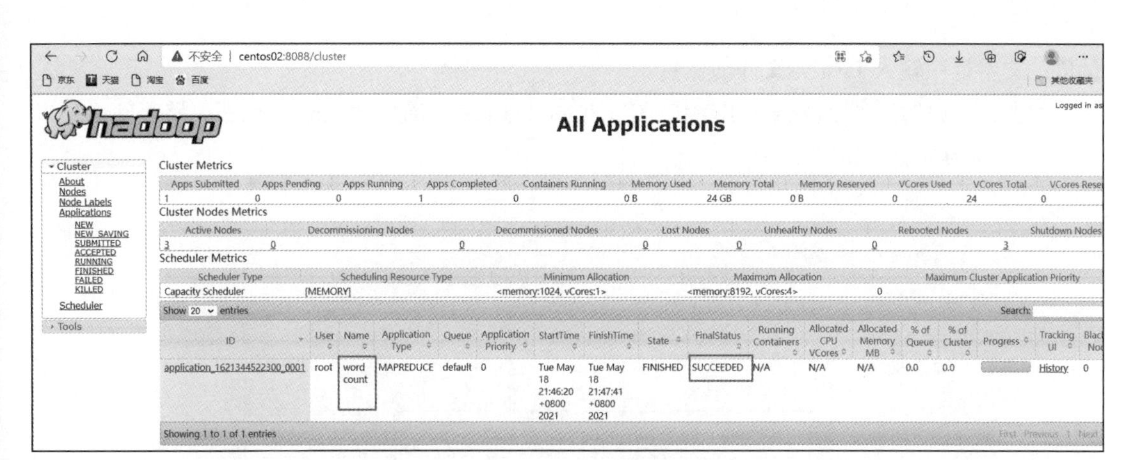


图3-59　centos02查看YARN

（6）执行如下命令，查看 MapReduce 程序的结果。

```
[root@centos01 hadoop-2.8.2]# hadoop fs -cat /output/*
```

结果显示，MapReduce 仍然成功执行，说明 YARNHA 搭建成功，且可以进行故障转移。

# 3.5　实践：HDFS及MapReduce的应用示例

本节的主要目的是学会使用程序对 HDFS 文件系统进行读写操作，并通过几个案例详细讲解 MapReduce 程序的部署及其在集群上的运行。

使用 HDFS 程序可以实现远程对 HDFS 文件系统中的目录、文件等进行创建、读取、删除等操作，首先需要学会新建 Hadoop 项目（Map/Reduce Project），部署 Eclipse Hadoop 插件，编写 HDFS 程序，打包成 jar 文件，最后将 jar 文件提交至集群运行。

Hadoop 提供了便于操作的 Java API 接口开发 MapReduce 程序。本节借助二次排序、计数器和 Join 操作三个案例对 MapReduce 程序的部署、打包及提交进行详细讲解。

## 3.5.1　读写HDFS文件的操作

### 1. Java Classpath

Classpath 设置的目的，在于告诉 Java 执行环境在哪些目录下可以找到用户所要执行的 Java 程序需要的类或者包。

Java 执行环境本身就是一个平台，执行于这个平台上的程序是已编译完成的 Java 程序（Java 程序编译完成后以.class 文件存在）。如果将 Java 执行环境比作操作系统，那么设置 Path 变量则是为了让操作系统找到指定的工具程序（以 Windows 来说就是找到.exe 文件)，设置 Classpath 的目的就是让 Java 执行环境找到指定的 Java 程序（也就是.class 文件）。

事实上，有多种方法可以设置 Classpath。较简单的方法是在系统变量中新增 Classpath 环境变量。以 Windows 10 操作系统为例，右击“计算机”，选择“属性”命令，在弹出窗口中选择“高级系统设置”弹出“系统属性”对话框，单击“环境变量”按钮，在弹出的“环境变量”对话框中，单击“系统变量”下的“新建”按钮，在“变量名”文本框中输入 Classpath，在“变量值”文本框中输入 Java 类文件的位置。

例如，可以输入“.;%JAVA_HOME%\lib\dt.jar; %JAVA_HOME%\lib\toos.jar”，路径间必须以英文“;”作为分隔，如图 3-60 所示。

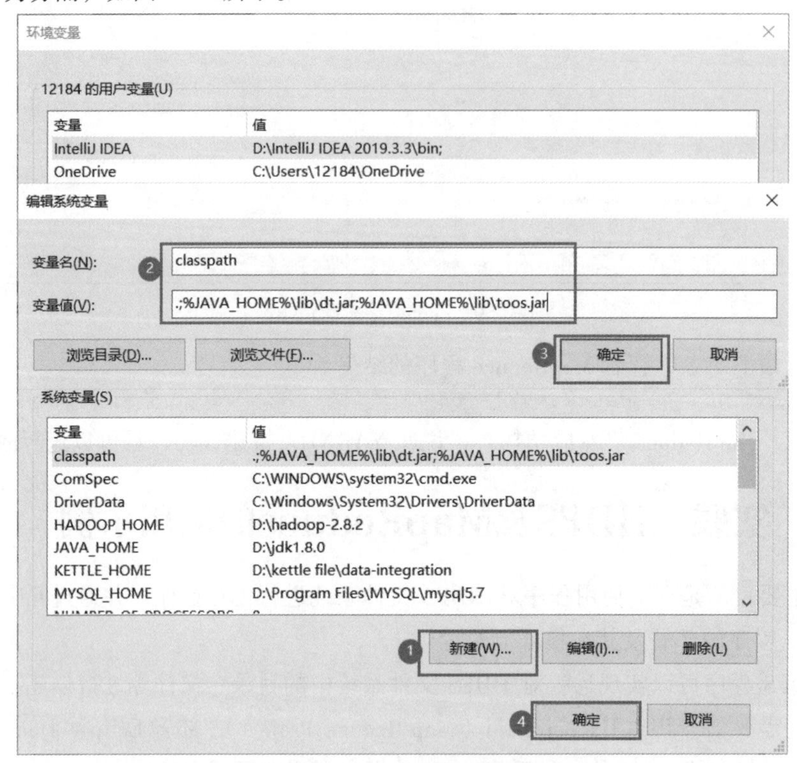


图3-60　Win 10配置Classpath

实际上，JDK 默认会进入当前工作目录以及 JDK 的 lib 目录（这里假设是 D:\jdk1.8.0\lib）中寻找 Java 程序，所以如果 Java 程序是在这两个目录中，则无须设置 Classpath 变量也可以找得到，而如果 Java 程序并非放置在这两个目录中，则可以按上述方法设置 Classpath。

如果所使用的 JDK 工具程序具有 Classpath 命令选项，则可以在执行工具程序时一并指定 Classpath，例如，javac .classpath classpath1;classpath2…，其中 classpath1、classpath 2 代表实际要指定的路径；也可以在命令符模式下执行以下的命令，直接设置环境变量，包括 Classpath 变量（此设置在重新打开命令符模式时不再有效）:

```
set CLASSPATH=%CLASSPATH%;classpath1;classpath2…
```

总而言之，设置 Classpath 的目的，在于告诉 Java 执行环境，在哪些目录下可以找到所要执行的 Java 程序（.class 文件）。

### 2. Eclipse Hadoop 插件

Eclipse 是一个跨平台的自由集成开发环境（IDE）。通过安装不同的插件，Eclipse 可以支持不同的计算机语言，比如 C++、Python 等，亦可以通过 Hadoop 插件来扩展开发 Hadoop 相关程序。

在实际工作中，Eclipse Hadoop 插件需要根据 Hadoop 集群的版本号进行下载并编译。

### 3. 实例

视 频

读写HDFS文件的操作1

视 频

读写HDFS文件的操作2

执行一个实例——读写 HDFS 文件操作，通过运行该实例，熟悉 HDFS 文件操作程序的实现过程。

1）配置 master 服务器 classpath

（1）使用 ssh 工具登录 master 服务器，执行如下命令打开文件：

```
[root@centos01 ~]# vi /etc/profile
```

添加以下配置：

```
export JAVA_HOME=/opt/modules/jdk1.8.0_144
export HADOOP_HOME=/opt/modules/hadoop-2.8.2
export PATH=$PATH:$HADOOP_HOME/bin
export JRE_HOME=/opt/modules/hadoop-2.8.2//jre
export PATH=$PATH:$JAVA_HOME/bin:$JRE_HOME/bin
```

（2）执行如下命令，使刚才的环境变量修改生效：

```
[root@centos01 ~]# source /etc/profile
```

2）在 master 服务器编写 HDFS 写程序

在 master 服务器上执行命令，编写 HDFS 写文件程序：

```
[root@centos01 ~]# vi WriteFile.java
import org.apache.hadoop.conf.Configuration;
import org.apache.hadoop.fs.FSDataOutputStream;
import org.apache.hadoop.fs.FileSystem;
import org.apache.hadoop.fs.Path;

public class WriteFile {
    public static void main(String[] args)throws Exception{
        Configuration conf=new Configuration();
        FileSystem hdfs=FileSystem.get(conf);
        Path dfs=new Path("/weather.txt");
        FSDataOutputStream outputStream=hdfs.create(dfs);
        outputStream.writeUTF("nj 20161009 23\n");
        outputStream.close();
    }
}
```

3）编译并打包 HDFS 写程序

使用 javac 编译刚刚编写的代码，并使用 jar 命令打包为 hdpAction.jar：

```
[root@centos01 ~]# javac WriteFile.java
[root@centos01 ~]# jar -cvf hdpAction.jar WriteFile.class
added manifest
adding: WriteFile.class(in=833) (out=489)(deflated 41%)
```

4）执行 HDFS 写程序

（1）在 master 服务器上使用 hadoop jar 命令执行 hdpAction.jar：

```
[root@centos01 hadoop-2.8.2]# hadoop jar ~/hdpAction.jar WriteFile
```

（2）查看是否已生成 weather.txt 文件，若已生成，则查看文件内容是否正确。

```
[root@centos01 hadoop-2.8.2]# hadoop fs -ls /
```

```
[root@centos01 hadoop-2.8.2]# hadoop fs -cat /weather.txt
nj 20161009 23
```

5）在 master 服务器编写 HDFS 读程序

在 master 服务器上执行命令，编写 HDFS 读文件程序。

```
[root@centos01 ~]# vi ReadFile.java
import java.io.IOException;
import org.apache.hadoop.conf.Configuration;
import org.apache.hadoop.fs.FSDataInputStream;
import org.apache.hadoop.fs.FileSystem;
import org.apache.hadoop.fs.Path;

public class ReadFile {
  public static void main(String[] args) throws IOException {
    Configuration conf = new Configuration();
    Path inFile = new Path("/weather.txt");
    FileSystem hdfs = FileSystem.get(conf);
    FSDataInputStream inputStream = hdfs.open(inFile);
    System.out.println("myfile: " + inputStream.readUTF());
    inputStream.close();
}
}
```

6）编译并打包 HDFS 读程序

使用 javac 编译刚刚编写的代码，并使用 jar 命令打包为 hdpAction.jar。

```
[root@centos01 ~]# javac ReadFile.java
[root@centos01 ~]# jar -cvf hdpAction.jar ReadFile.class
added manifest
adding: ReadFile.class(in=1093) (out=597)(deflated 45%)
```

7）执行 HDFS 读程序

在 master 服务器上使用 hadoop jar 命令执行 hdpAction.jar，查看程序运行结果。

```
[root@centos01 hadoop-2.8.2]# hadoop jar  ~/hdpAction.jar  ReadFile
myfile: nj 20161009 23
```

8）安装并配置 Eclipse Hadoop 插件

（1）关闭 Eclipse 软件，将 hadoop-eclipse-plugin-2.6.0.jar 文件复制至 Eclipse 安装目录的 plugins 文件夹下，如图 3-61 和图 3-62 所示。

图3-61　Eclipse软件的插件文件夹

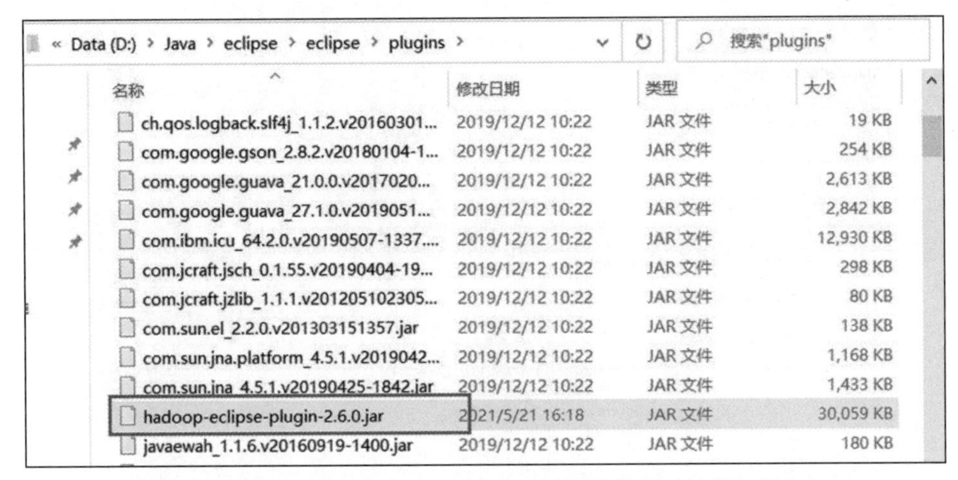

图3-62 将hadoop-eclipse-plugin-2.6.0.jar文件复制至插件文件夹中

（2）打开 Eclipse，在 Open Perspective 窗口即可看到 Map/Reduce 的小象图标，如图 3-63 所示。

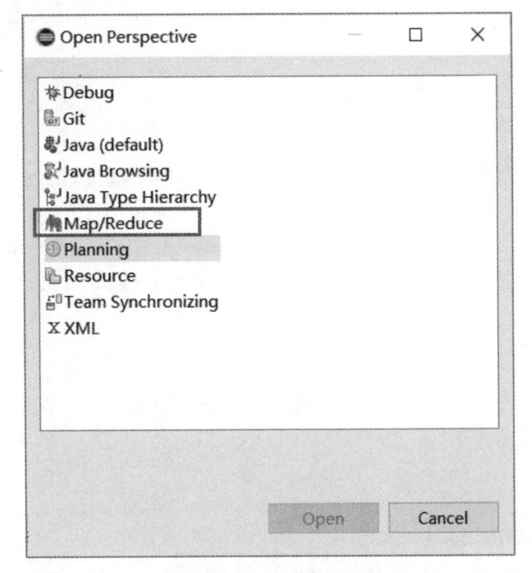

图3-63 配置完成

（3）准备本地 Hadoop 环境，用于加载 Hadoop 目录中的 jar 包，只需解压 hadoop-2.8.2.tar.gz 文件，解压过程中可能会遇到“无法创建符号链接”错误，单击“关闭”忽略即可。

（4）现在，需要验证是否可以用 Eclipse 新建 Hadoop（HDFS）项目。打开 Eclipse，依次单击“File”→“New”→“Other”，查看是否已有 Map/Reduce Project 选项。首次新建 Map/Reduce 项目时，需要指定 Hadoop 解压后的位置，如图 3-64 所示。

9）使用 Eclipse 开发并打包 HDFS 写文件程序

（1）打开 Eclipse，依次单击 File→New→Map/Reduce Project 或 File→New→Other→Map/Reduce Project，新建项目名为 WriteHDFS 的 Map/Reduce 项目。

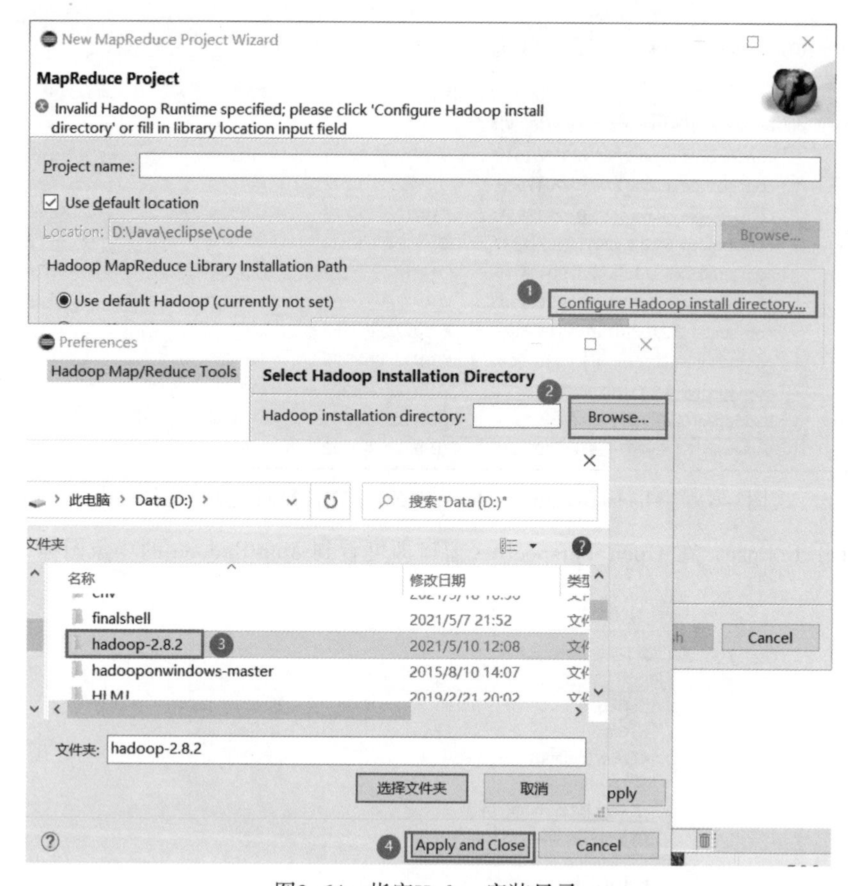


图3-64　指定Hadoop安装目录

（2）新建 WriteFile 类并编写如下代码：

```
import org.apache.hadoop.conf.Configuration;
import org.apache.hadoop.fs.FSDataOutputStream;
import org.apache.hadoop.fs.FileSystem;
import org.apache.hadoop.fs.Path;

public class WriteFile {
    public static void main(String[] args)throws Exception{
        Configuration conf=new Configuration();
        FileSystem hdfs = FileSystem.get(conf);
        Path dfs = new Path("/weather.txt");
        FSDataOutputStream outputStream = hdfs.create(dfs);
        outputStream.writeUTF("nj 20161009 23\n");
        outputStream.close();
    }
}
```

（3）在 Eclipse 左侧的导航栏选中该项目，单击 Export→Java→JAR file，填写导出文件的路径和文件名（本例中设置为 hdpAction.jar），确定导出即可，如图 3-65 和图 3-66 所示。

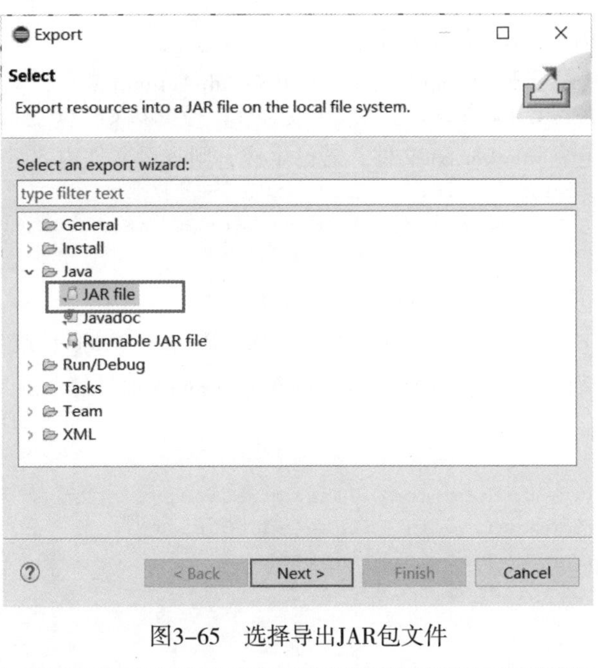


图3-65 选择导出JAR包文件

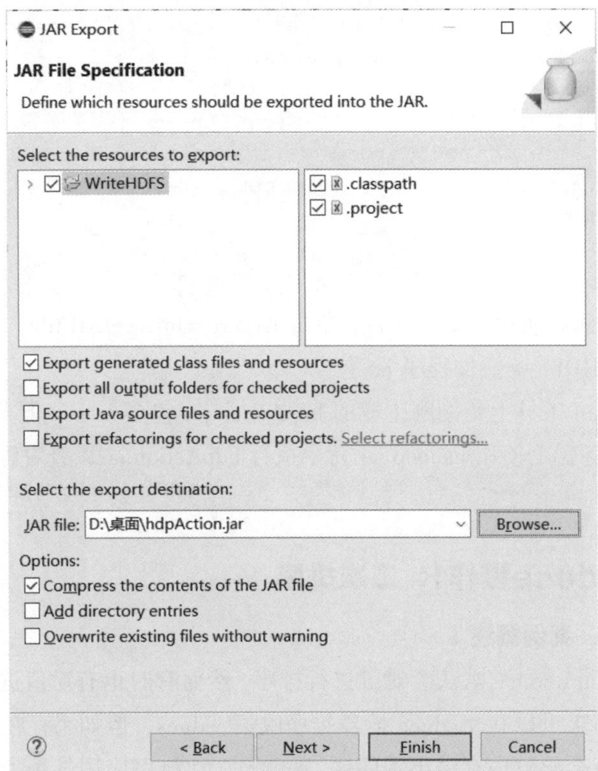


图3-66 指定导出的JAR包文件名

10）上传并执行 HDFS 写文件程序 jar 包

（1）使用 WinSCP、XManager 或其他 SSH 工具的 sftp 工具上传刚刚生成的 hdpAction.jar 包

至 master 服务器，本例中使用 FinalShell。

（2）在 master 服务器上使用 hadoop jar 命令执行 hdpAction.jar。

```
[root@centos01 hadoop-2.8.2]# hadoop jar ~/hdpAction.jar WriteFile
```

（3）查看是否已生成 weather.txt 文件，若已生成，则查看文件内容是否正确。

```
[root@centos01 hadoop-2.8.2]# hadoop fs -ls /
[root@centos01 hadoop-2.8.2]# hadoop fs -cat /weather.txt
nj 20161009 23
```

11）使用 Eclipse 开发并打包 HDFS 读文件程序

（1）打开 Eclipse，依次单击 File→New→Map/Reduce Project 或 File→New→Other→Map/Reduce Project，新建项目名为 ReadHDFS 的 Map/Reduce 项目。

（2）新建 ReadFile 类并编写如下代码：

```
import java.io.IOException;
import org.apache.hadoop.conf.Configuration;
import org.apache.hadoop.fs.FSDataInputStream;
import org.apache.hadoop.fs.FileSystem;
import org.apache.hadoop.fs.Path;

public class ReadFile {
  public static void main(String[] args) throws IOException {
    Configuration conf = new Configuration();
    Path inFile = new Path("/weather.txt");
    FileSystem hdfs = FileSystem.get(conf);
    FSDataInputStream inputStream = hdfs.open(inFile);
    System.out.println("myfile: " + inputStream.readUTF());
    inputStream.close();
  }
}
```

（3）在 Eclipse 左侧导航栏选中该项目，单击 Export→Java→JAR file，导出为 hdpAction.jar。

12）上传并执行 HDFS 读文件程序 jar 包

（1）使用 FinalShell 工具上传刚刚生成的 hdpAction.jar 包至 master 服务器。

（2）在 master 服务器上使用 hadoop jar 命令执行 hdpAction.jar，查看程序执行结果。

```
[root@centos01 hadoop-2.8.2]# hadoop jar  ~/hdpAction.jar  ReadFile
myfile: nj 20161009 23
```

## 3.5.2 MapReduce操作1：二次排序

视 频

MapReduce 操作1：二次排序

### 1. 案例概述

MapReduce 默认会对键进行排序，然而有时也有对值进行排序的需求。满足这种需求可以在 Reduce 阶段排序收集 values，但如果存在数量巨大的 values，可能就会导致内存溢出等问题，这就是二次排序应用的场景——将对值的排序也安排到 MapReduce 计算过程之中，而不是单独来做。

二次排序就是首先按照第一字段排序，然后再对第一字段相同的行按照第二字段排序，注意不能破坏第一次排序的结果。

### 2. 编写程序

程序的主要难点在于排序和聚合。对于排序，我们需要定义一个 IntPair 类用于数据的存储，并在 IntPair 类内部自定义 Comparator 类以实现第一字段和第二字段的比较。对于聚合，我们需要定义一个 FirstPartitioner 类，在 FirstPartitioner 类内部指定聚合规则为第一字段。此外，我们还需要开启 MapReduce 框架自定义 Partitioner 功能和 GroupingComparator 功能。

IntPair 类：

```
package mr;

import java.io.DataInput;
import java.io.DataOutput;
import java.io.IOException;
import org.apache.hadoop.io.IntWritable;
import org.apache.hadoop.io.WritableComparable;

public class IntPair implements WritableComparable {
    private IntWritable first;
    private IntWritable second;
    public void set(IntWritable first, IntWritable second) {
        this.first = first;
        this.second = second;
}
//注意：需要添加无参的构造方法，否则反射时会报错
    public IntPair() {
        set(new IntWritable(), new IntWritable());
}
    public IntPair(int first, int second) {
        set(new IntWritable(first), new IntWritable(second));
}
    public IntPair(IntWritable first, IntWritable second) {
        set(first, second);
}
    public IntWritable getFirst() {
        return first;
}
    public void setFirst(IntWritable first) {
        this.first = first;
}
    public IntWritable getSecond() {
        return second;
}
    public void setSecond(IntWritable second) {
        this.second = second;
}
    public void write(DataOutput out) throws IOException {
        first.write(out);
        second.write(out);
}
```

```
        public void readFields(DataInput in) throws IOException {
            first.readFields(in);
            second.readFields(in);
    }
        public int hashCode() {
            return first.hashCode() * 163 + second.hashCode();
    }
        public boolean equals(Object o) {
            if (o instanceof IntPair) {
                IntPair tp = (IntPair) o;
                return first.equals(tp.first) && second.equals(tp.second);
    }
            return false;
    }
        public String toString() {
            return first + "\t" + second;
    }
        public int compareTo(Object o) {
            IntPair tp = (IntPair) o;
            int cmp = first.compareTo(tp.first);
            if (cmp != 0) {
                return cmp;
    }
            return second.compareTo(tp.second);
    }
    }
```

完整代码：

```
    package mr;

    import java.io.IOException;
    import org.apache.hadoop.conf.Configuration;
    import org.apache.hadoop.fs.Path;
    import org.apache.hadoop.io.LongWritable;
    import org.apache.hadoop.io.NullWritable;
    import org.apache.hadoop.io.Text;
    import org.apache.hadoop.io.WritableComparable;
    import org.apache.hadoop.io.WritableComparator;
    import org.apache.hadoop.mapreduce.Job;
    import org.apache.hadoop.mapreduce.Mapper;
    import org.apache.hadoop.mapreduce.Partitioner;
    import org.apache.hadoop.mapreduce.Reducer;
    import org.apache.hadoop.mapreduce.lib.input.FileInputFormat;
    import org.apache.hadoop.mapreduce.lib.output.FileOutputFormat;

    public class SecondarySort {
        static class TheMapper extends Mapper<LongWritable, Text, IntPair, 
NullWritable>{
            @Override
            protected void map(LongWritable key, Text value, Context context)
```

```
            throws IOException, InterruptedException {
        String[] fields = value.toString().split("\t");
        int field1 = Integer.parseInt(fields[0]);
        int field2 = Integer.parseInt(fields[1]);
        context.write(new IntPair(field1,field2), NullWritable.get());
    }
    }
    static class TheReducer extends Reducer<IntPair, NullWritable,IntPair,
NullWritable>{
    //private static final Text SEPARATOR = new Text("........................
........................");
        @Override
        protected void reduce(IntPair key, Iterable<NullWritable> values,
Context context)
            throws IOException, InterruptedException {
        context.write(key, NullWritable.get());
    }
    }
    public static class FirstPartitioner extends Partitioner<IntPair,
NullWritable>{
        public int getPartition(IntPair key, NullWritable value,
            int numPartitions){
        return Math.abs(key.getFirst().get()) % numPartitions;
    }
    }
    //如果不添加这个类，默认第一列和第二列都是升序排序的
    //这个类的作用是使第一列升序排序，第二列降序排序
    public static class KeyComparator extends WritableComparator {
    //无参构造器必须加上，否则报错
        protected KeyComparator() {
            super(IntPair.class, true);
    }
        public int compare(WritableComparable a, WritableComparable b) {
            IntPair ip1 = (IntPair) a;
            IntPair ip2 = (IntPair) b;
    //第一列按升序排序
            int cmp = ip1.getFirst().compareTo(ip2.getFirst());
            if (cmp != 0) {
                return cmp;
    }
    //在第一列相等的情况下，第二列按倒序排序
            return -ip1.getSecond().compareTo(ip2.getSecond());
    }
    }
    public static void main(String[] args) throws Exception {
        Configuration conf = new Configuration();
        Job job = Job.getInstance(conf);
        job.setJarByClass(SecondarySort.class);
    //设置Mapper的相关属性
        job.setMapperClass(TheMapper.class);
```

```
    //当Mapper中输出的key和value的类型和Reduce输出的key和value的类型相同时，以下两句可以省略
    //job.setMapOutputKeyClass(IntPair.class);
    //job.setMapOutputValueClass(NullWritable.class);
           FileInputFormat.setInputPaths(job, new Path(args[0]));
    //设置分区的相关属性
           job.setPartitionerClass(FirstPartitioner.class);
    //在Map中对key进行排序
           job.setSortComparatorClass(KeyComparator.class);
    //job.setGroupingComparatorClass(GroupComparator.class);
    //设置Reducer的相关属性
           job.setReducerClass(TheReducer.class);
           job.setOutputKeyClass(IntPair.class);
           job.setOutputValueClass(NullWritable.class);
           FileOutputFormat.setOutputPath(job, new Path(args[1]));
    //设置Reducer数量
           int reduceNum = 1;
           if(args.length >= 3 && args[2] != null){
              reduceNum = Integer.parseInt(args[2]);
    }
           job.setNumReduceTasks(reduceNum);
           job.waitForCompletion(true);
    }
    }
```

### 3. 打包提交

使用 Eclipse 开发工具将该代码打包，选择主类为 mr.Secondary。如果没有指定主类，那么在执行时就要指定须执行的类。

假定打包后的文件名为 SecondarySort.jar，主类 SecondarySort 位于包 mr 下，则可使用如下命令向 Hadoop 集群提交本应用：

```
    [root@centos01  hadoop-2.8.2]#  bin/hadoop  jar  ~/SecondarySort.jar  /user/mapreduce/secsort/in/secsortdata.txt  /user/mapreduce/secsort/out  1
```

其中“hadoop”为命令，“jar”为命令参数，后面紧跟打的包（此处将 jar 包放到/root 路径下），/user/mapreduce/secsort/in/secsortdata.txt 为输入文件在 HDFS 中的位置，如果 HDFS 中没有这个文件，则自己自行上传。“/user/mapreduce/secsort/out/”为输出文件在 HDFS 中的位置，“1”为 Reduce 个数。

### 4. 输入数据

输入数据如下：secsortdata.txt（'\t'分割）

```
    7    444
    3    9999
    7    333
    4    22
    3    7777
    7    555
    3    6666
    6    0
```

```
3    8888
4    11
```

**5. 运行结果**

查看 HDFS 上的/user/mapreduce/secsort/out/part-r-00000 文件内容。

```
[root@centos01 hadoop-2.8.2]# bin/hadoop fs -cat /user/mapreduce/secsort/out/p*
```

执行命令，输出结果如图 3-67 所示。结果显示，程序已实现对 secsortdata.txt 文件内容的二次排序。

```
[root@centos01 hadoop-2.8.2]# bin/hadoop fs -cat /user/mapreduce/secsort/out/p*
3       9999
3       8888
3       7777
3       6666
4       22
4       11
6       0
7       555
7       444
7       333
```

图3-67 显示结果

## 3.5.3 MapReduce操作2：计数器

视 频

MapReduce 操作2：计数器

**1. 案例概述**

MapReduce 计数器是用来记录 Job 的执行进度和状态的，它的作用可以理解为日志。我们可以在程序的某个位置插入计数器，记录数据或者进度的变化情况。

该案例要求学生自己实现一个计数器，统计输入的无效数据。说明如下：

假如一个文件，规范的格式是 3 个字段，“\t” 作为分隔符，其中有 2 条异常数据，一条数据是只有 2 个字段，一条数据是有 4 个字段。其内容如下所示：

```
jim     1  28
kate    0  26
tom     1
lily    0  29 22
```

编写代码统计文档中字段不为 3 个的异常数据个数。如果字段超过 3 个视为过长字段，字段少于 3 个视为过短字段。

**2. 编写程序**

具体代码如下：

```
package mr ;

import java.io.IOException;
import org.apache.hadoop.conf.Configuration;
import org.apache.hadoop.fs.Path;
```

```
    import org.apache.hadoop.io.LongWritable;
    import org.apache.hadoop.io.Text;
    import org.apache.hadoop.mapreduce.Counter;
    import org.apache.hadoop.mapreduce.Job;
    import org.apache.hadoop.mapreduce.Mapper;
    import org.apache.hadoop.mapreduce.lib.input.FileInputFormat;
    import org.apache.hadoop.mapreduce.lib.output.FileOutputFormat;
    import org.apache.hadoop.util.GenericOptionsParser;

    public class Counters {
        public static class MyCounterMap extends Mapper<LongWritable, Text, Text,
Text>{
            public static Counter ct = null;
            protected void map(LongWritable key, Text value,org.apache.hadoop.
mapreduce.Mapper<LongWritable, Text, Text, Text>.Context context)
                    throws java.io.IOException, InterruptedException {
                String arr_value[] = value.toString().split("\t");
                if (arr_value.length >3) {
                    ct = context.getCounter("ErrorCounter", "toolong");
    // ErrorCounter为组名，toolong为组员名
                    ct.increment(1); // 计数器加一
                } else if (arr_value.length <3) {
                    ct = context.getCounter("ErrorCounter", "tooshort");
                    ct.increment(1);
                }
            }
    }
        public static void main(String[] args) throws IOException,Interrupted
Exception, ClassNotFoundException {
        Configuration conf = new Configuration();
        String[] otherArgs = new GenericOptionsParser(conf,args).getRemainingArgs();
        if (otherArgs.length != 2) {
            System.err.println("Usage: Counters <in><out>");
            System.exit(2);
        }
            Job job = new Job(conf, "Counter");
            job.setJarByClass(Counters.class);
            job.setMapperClass(MyCounterMap.class);
            FileInputFormat.addInputPath(job, new Path(otherArgs[0]));
            FileOutputFormat.setOutputPath(job, new Path(otherArgs[1]));
            System.exit(job.waitForCompletion(true) ? 0 : 1);
        }
    }
```

### 3. 打包并提交

首先，执行如下命令，创建输入数据的存储路径/usr/counters/in，将数据文件 counters.txt 上传至 HDFS 文件系统。

```
[root@centos01 hadoop-2.8.2]# bin/hadoop fs -mkdir-p /usr/counters/in
[root@centos01 hadoop-2.8.2]# bin/hadoop fs -put ~/counters.txt/usr/counters/in
```

使用 Eclipse 开发工具将该代码打包，选择主类为 mr.Counters。如果没有指定主类，那么在执行时就要指定须执行的类。

假定打包后的文件名为 Counters.jar，主类 Counters 位于包 mr 下，则可使用如下命令向 Hadoop 集群提交本应用：

```
[root@master hadoop]# bin/hadoop jar Counters.jar /usr/counters/in/counters.txt
/usr/counters/out
```

其中“hadoop”为命令，“jar”为命令参数，后面紧跟 jar 包（此处将 jar 包放到/root 路径下）。“/usr/counts/in/counts.txt”为输入文件在 HDFS 中的位置（如果没有，自行上传），“/usr/counts/out”为输出文件在 HDFS 中的位置。

### 4. 输入数据

输入数据如下：counters.txt（'\t'分隔）

```
jim     1  28
kate    0  26
tom     1
lily    0  29 22
```

### 5. 运行结果

执行命令，输出结果如图 3-68 所示。结果显示，字段超过 3 个的过长字段有 1 个，字段少于 3 个的过短字段有 1 个。

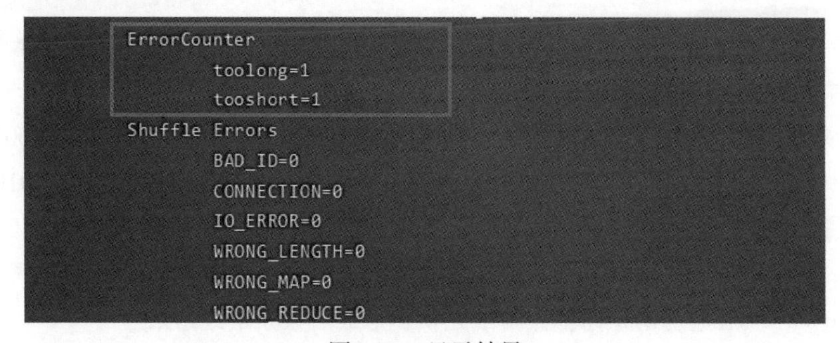
ErrorCounter
toolong=1
tooshort=1
Shuffle Errors
BAD_ID=0
CONNECTION=0
IO_ERROR=0
WRONG_LENGTH=0
WRONG_MAP=0
WRONG_REDUCE=0

图3-68 显示结果

## 3.5.4 MapReduce操作3：Join操作

视 频

MapReduce 操作3：Join 操作

### 1. 案例概述

在 Hadoop 中使用 MapReduce 框架进行 Join 的操作比较耗时，但是由于 Hadoop 的分布式设计理念的特殊性，因此对于 Join 操作同样也具备了一定的特殊性。使用 MapReduce 实现 Join 操作有多种方式：在 Reduce 端连接和在 Map 端连接，在 Reduce 端连接为最为常见的模式。

Map 端的主要工作：为来自不同表或文件的 key/value 对打标签以区别不同来源的记录，然后用连接字段作为 key，其余部分和新加的标志作为 value，最后进行输出。

Reduce 端的主要工作：在 Reduce 端以连接字段作为 key 的分组，我们只需要在每一个分组中将那些来源于不同文件的记录（在 Map 阶段已经打标志）分开，最后进行笛卡儿积。

该案例要求学生基于 MapReduce 思想编写两文件 Join 操作的程序。

### 2. 准备阶段

在这里介绍最为常见的在 Reduce 端连接的代码编写流程。

（1）准备数据，数据分为两个文件，分别为 A 表和 B 表数据，具体内容如下：

```
-----A表数据-----
201001 1003 abc
201002 1005 def
201003 1006 ghi
201004 1003 jkl
201005 1004 mno
201006 1005 pqr
----B表数据----
1003 kaka
1004 da
1005 jue
1006 zhao
```

（2）现在要通过程序得到 A 表第二个字段和 B 表第一个字段一致的数据的 Join 结果。

```
1003  201001 abc  kaka
1003  201004 jkl  kaka
1004  201005 mno  da
1005  201002 def  jue
1005  201006 pqr  jue
1006  201003 ghi  zhao
```

（3）程序分析执行的具体过程如下：

在 Map 阶段，把所有记录标记成<key,value>的形式，其中 key 是 1003/1004/1005/1006 的字段值，value 则根据来源不同取不同的形式：来源于表 A 的记录，value 的值为“201001 abc”等值；来源于表 B 的记录，value 的值为“kaka”之类的值。

在 Reduce 阶段，先把每个 key 下的 value 列表拆分为分别来自表 A 和表 B 的两部分，分别放入两个向量中，然后遍历两个向量做笛卡儿积，形成一条条最终结果。

### 3. 编写程序

完整代码如下：

```
package mr;

import java.io.DataInput;
import java.io.DataOutput;
import java.io.IOException;
import org.apache.hadoop.conf.Configuration;
import org.apache.hadoop.fs.Path;
import org.apache.hadoop.io.LongWritable;
import org.apache.hadoop.io.Text;
import org.apache.hadoop.io.WritableComparable;
import org.apache.hadoop.io.WritableComparator;
import org.apache.hadoop.mapreduce.Job;
import org.apache.hadoop.mapreduce.Mapper;
import org.apache.hadoop.mapreduce.Partitioner;
```

```
    import org.apache.hadoop.mapreduce.Reducer;
    import org.apache.hadoop.mapreduce.lib.input.FileInputFormat;
    import org.apache.hadoop.mapreduce.lib.output.FileOutputFormat;
    import org.apache.hadoop.mapreduce.lib.input.FileSplit;
    import org.apache.hadoop.util.GenericOptionsParser;

    public class MRJoin {
        public static class MR_Join_Mapper extends Mapper<LongWritable, Text,
TextPair, Text>{
            @Override
            protected void map(LongWritable key, Text value, Context context)
                                    throws IOException, InterruptedException {
                // 获取输入文件的全路径和名称
                String pathName = ((FileSplit) context.getInputSplit()).getPath().
toString();
                if (pathName.contains("data.txt")) {
                    String values[] = value.toString().split("\t");
                    if (values.length < 3) {
                        // data数据格式不规范，字段小于3，抛弃数据
                        return;
                    } else {
                        // 数据格式规范，区分标识为1
                        TextPair tp = new TextPair(new Text(values[1]), new
Text("1"));
                        context.write(tp, new Text(values[0] + "\t" + values[2]));
                    }
                }
                if (pathName.contains("info.txt")) {
                    String values[] = value.toString().split("\t");
                    if (values.length < 2) {
                        // data数据格式不规范，字段小于2，抛弃数据
                    return;
                    } else {
                        // 数据格式规范，区分标识为0
                        TextPair tp = new TextPair(new Text(values[0]), new
Text("0"));
                        context.write(tp, new Text(values[1]));
                    }
                }
            }
        }
        public static class MR_Join_Partitioner extends Partitioner<TextPair,
Text>{
            @Override
            public int getPartition(TextPair key, Text value, int numParititon) {
                return Math.abs(key.getFirst().hashCode() * 127) % numParititon;
            }
        }
        public static class MR_Join_Comparator extends WritableComparator {
            public MR_Join_Comparator() {
```

```
            super(TextPair.class, true);
        }
        public int compare(WritableComparable a, WritableComparable b) {
            TextPair t1 = (TextPair) a;
            TextPair t2 = (TextPair) b;
            return t1.getFirst().compareTo(t2.getFirst());
        }
    }
    public static class MR_Join_Reduce extends Reducer<TextPair, Text, Text,
Text>{
        protected void reduce(TextPair key, Iterable<Text> values, Context
context)
                throws IOException, InterruptedException {
            Text pid = key.getFirst();
            String desc = values.iterator().next().toString();
            while (values.iterator().hasNext()) {
                context.write(pid, new Text(values.iterator().next().toString()
+ "\t" + desc));
            }
        }
    }
    public static void main(String agrs[]) throws IOException, InterruptedException,
ClassNotFoundException {
        Configuration conf = new Configuration();
        GenericOptionsParser parser = new GenericOptionsParser(conf, agrs);
        String[] otherArgs = parser.getRemainingArgs();
        if (agrs.length < 3) {
            System.err.println("Usage:  MRJoin  <in_path_one><in_path_two>
<output>");
            System.exit(2);
        }
        Job job = new Job(conf, "MRJoin");
        // 设置运行的job
        job.setJarByClass(MRJoin.class);
        // 设置Map相关内容
        job.setMapperClass(MR_Join_Mapper.class);
        // 设置Map的输出
        job.setMapOutputKeyClass(TextPair.class);
        job.setMapOutputValueClass(Text.class);
        // 设置partition
        job.setPartitionerClass(MR_Join_Partitioner.class);
        // 在分区之后按照指定的条件分组
        job.setGroupingComparatorClass(MR_Join_Comparator.class);
        // 设置Reduce
        job.setReducerClass(MR_Join_Reduce.class);
        // 设置Reduce的输出
        job.setOutputKeyClass(Text.class);
        job.setOutputValueClass(Text.class);
        // 设置输入和输出的目录
        FileInputFormat.addInputPath(job, new Path(otherArgs[0]));
```

```
        FileInputFormat.addInputPath(job, new Path(otherArgs[1]));
        FileOutputFormat.setOutputPath(job, new Path(otherArgs[2]));
        // 执行，直到结束就退出
        System.exit(job.waitForCompletion(true) ? 0 : 1);
    }
}
class TextPair implements WritableComparable<TextPair>{
    private Text first;
    private Text second;
    public TextPair() {
        set(new Text(), new Text());
    }
    public TextPair(String first, String second) {
        set(new Text(first), new Text(second));
    }
    public TextPair(Text first, Text second) {
        set(first, second);
    }
    public void set(Text first, Text second) {
        this.first = first;
        this.second = second;
    }
    public Text getFirst() {
        return first;
    }
    public Text getSecond() {
        return second;
    }
    public void write(DataOutput out) throws IOException {
        first.write(out);
        second.write(out);
    }
    public void readFields(DataInput in) throws IOException {
        first.readFields(in);
        second.readFields(in);
    }
    public int compareTo(TextPair tp) {
        int cmp = first.compareTo(tp.first);
        if (cmp != 0) {
            return cmp;
        }
        return second.compareTo(tp.second);
    }
}
```

**4. 打包并提交**

首先，执行如下命令在 HDFS 系统中创建/usr/MRJoin/in 路径，并将两个数据文件上传至 HDFS 系统。

```
[root@centos01 hadoop-2.8.2]# bin/hadoop fs -mkdir -p /usr/MRJoin/in
[root@centos01 hadoop-2.8.2]# bin/hadoop fs -put ~/info.txt /usr/MRJoin/in
```

```
[root@centos01 hadoop-2.8.2]# bin/hadoop fs -put ~/data.txt /usr/MRJoin/in
```

使用 Eclipse 开发工具将该代码打包，假定打包后的文件名为 MRJoin.jar，主类 MRJoin 位于包 mr 下，则可使用如下命令向 Hadoop 集群提交本应用。

```
[root@centos01 hadoop-2.8.2]# bin/hadoop jar ~/MRJoin.jar
/usr/MRJoin/in/data.txt /usr/MRJoin/in/info.txt /usr/MRJoin/out
```

其中“hadoop”为命令，“jar”为命令参数，后面紧跟 jar 包（此处将 jar 包放到/root 路径下）。“/usr/MRJoin/in/data.txt”和“/usr/MRJoin/in/info.txt”为输入文件在 HDFS 中的位置，“/usr/MRJoin/out”为输出文件在 HDFS 中的位置。

### 5. 输入数据

输入数据如下：data.txt（'\t'分隔）

```
201001  1003  abc
201002  1005  def
201003  1006  ghi
201004  1003  jkl
201005  1004  mno
201006  1005  pqr
```

输入数据如下：info.txt（'\t'分隔）

```
1003    kaka
1004    da
1005    jue
1006    zhao
```

**注意：**两数据文件内容不可颠倒。若颠倒，结果将为空，详情见代码。

### 6. 输出显示

在 master 节点上，查看 HDFS 上的/usr/MRJoin/out/part-r-00000 文件内容。

```
[root@master hadoop]# bin/hadoop fs -cat /usr/MRJoin/out/p*
```

执行命令，输出结果如图 3-69 所示。由图可知，通过程序已得到 data.txt 第二个字段和 info.txt 第一个字段一致的数据的 Join 结果。

```
[root@centos01 hadoop-2.8.2]# bin/hadoop fs -cat /usr/MRJoin/out/p*
1003    201004  jkl     kaka
1003    201001  abc     kaka
1004    201005  mno     da
1005    201006  pqr     jue
1005    201002  def     jue
1006    201003  ghi     zhao
```

图3-69 执行结果

## 小 结

本章主要介绍了 ZooKeeper 集群的搭建以及 HDFS 和 YARN 高可用集群的配置，并且在集群搭建成功的基础上进行了简单的应用。本章的重点是了解分布式文件系统 HDFS 的具体操作，掌握 MapReduce 程序运行原理，读者能够自行动手搭建集群并成功运行 MapReduce 程序。

# 第4章 Spark技术基础

本章首先讲解 Spark 的核心机制，然后介绍 Hive、HBase、Kafka、Flume 的原理及实践，并继续讲解这些组件的安装部署流程，最后借助两个案例讲解 SparkStreaming 和 SparkMLlib 的实际应用。

**学习目标**

- 了解 Spark 的核心机制，熟悉 SparkShell 操作。
- 熟悉 Hive、HBase、Kafka、Flume 组件的原理及架构。
- 掌握 Spark 集群搭建的方法以及其他组件的部署方法。
- 学会编写 Spark Streaming 代码，整合其他组件解决实际问题。

## 4.1 Spark核心机制

本节介绍 Spark 的概念及主要构成组件、运行时的系统架构，并通过开发单词计数实例讲解 SparkShell 的操作。

### 4.1.1 Spark基本原理

Spark 是加州大学伯克利分校 AMP 实验室（Algorithms, Machines, and People Lab）开发的通用内存并行计算框架。

Spark 提供了一个快速的计算、写入以及交互式查询的框架。Spark 使用 in-memory 的计算方式，以此避免一个 MapReduce 工作流中的多个任务对同一个数据集进行计算时的 I/O 瓶颈。在保留 MapReduce 容错性、可扩展性等特性的同时，Spark 还能保证高性能，避免磁盘 I/O 繁忙，主要原因是 RDD（Resilient Distributed Dataset）内存抽象结构的创建。

Spark 使用 Scala 语言实现，它是一种面向对象、函数式编程语言，能够像操作本地集合对象一样轻松地操作分布式数据集，具有以下特点：

（1）运行速度快：Spark 拥有 DAG 执行引擎，支持在内存中对数据进行迭代计算。官方提供的数据表明，如果数据由磁盘读取，速度是 Hadoop MapReduce 的 10 倍以上，如果数据从内存中读取，速度可以高达 Hadoop MapReduce 的 100 多倍。

（2）易用性好：Spark 不仅支持 Scala 编写应用程序，而且支持 Java、Python 等语言进行编写，特别地，Scala 是一种高效、可拓展的语言，能够用简洁的代码处理较为复杂的工作。

（3）通用性强：Spark 生态圈即 BDAS（伯克利数据分析栈），包含了 Spark Core、Spark SQL、Spark Streaming、MLLib 和 GraphX 等组件，这些组件分别用于处理 Spark Core 提供的内存计算框架、SparkStreaming 的实时处理应用、Spark SQL 的即席查询、MLlib 或 MLbase 的机器学习和 GraphX 的图处理。

（4）随处运行：Spark 具有很强的适应性，能够读取 HDFS、Cassandra、HBase、S3 和 Techyon，为持久层读写原生数据，能够以 Mesos、YARN 和自身携带的 Standalone 作为资源管理器调度 Job，以完成 Spark 应用程序的计算。

除此之外，Spark 有一些常用术语，如下所示：

- RDD：弹性分布式数据集（Resilient Distributed Dataset）的简称，是分布式内存的抽象结构，提供了一种高度受限的共享内存模型。
- DAG：有向无环图，反映 RDD 之间的依赖关系。
- Application：Spark 上的应用，即用户编写的 Spark 应用程序。一个 Application 包含一个驱动器（Driver）和多个执行器（Executor）。
- Driver Program：驱动器，即控制程序，负责运行 main 方法及创建 SparkContext 进程。
- Worker Node：工作节点，负责完成集群上应用程序的具体计算。
- Executor：执行器，即运行在工作节点（Worker Node）上的一个进程。负责运行计算任务，并为应用程序存储数据。
- Task：任务，运行在执行器（Executor）上的工作单元，是其中的一个线程。
- Cluster Manager：集群资源管理中心，负责分配计算资源。
- Job：并行计算作业。由一组任务（Task）组成，一个 Job 可以包含多个 RDD 及作用于相应 RDD 上的各种操作。
- Stage：阶段，即作业的基本调度单位。每个作业（Job）会划分为多组任务（Task），每组任务即阶段（Stage）。

### 4.1.2 Spark系统架构

Spark 架构采用分布式计算中的 Master-Slave 模型，Master 对应集群中含有 Master 进程的节点，Slave 对应集群中含有 Worker 进程的节点。Master 作为整个集群的控制器，负责整个集群的正常运行；Worker 则相当于计算节点，接收主节点命令并创建执行器（Executor）并行处理任务（Task）；Driver 负责应用的执行，即作业（Job）调度、任务（Task）分发；集群资源管理中心（Cluster Manager）负责分配整个集群的计算资源，架构如图 4-1 所示。

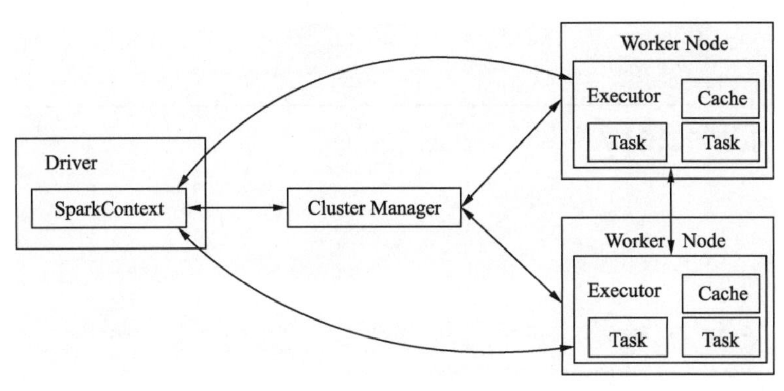


图4-1　Spark系统架构

### 4.1.3 Spark-Shell操作

Spark-Shell 是一个强大的交互式数据分析工具，初学者可以很好地使用它来学习相关 API，用户可以在命令行下使用 Scala 编写 Spark 程序，并且每当输入一条语句，Spark-Shell 就会立即执行并返回结果，Spark-Shell 支持 Scala 和 Python，如果需要进入 Python 语言的交互式执行环节，只需要执行"pyspark"命令即可。

首先，启动 Hadoop 和 Spark 集群，运行 Spark-Shell 应先切换到 Spark 安装目录的 bin 目录下，执行命令：

```
bin/spark-shell-master<master-url>
```

上述命令中，"--master"表示指定当前连接的 Master 节点，<master-url>用于指定 Spark 的运行模式，可以省略。

如需查询 Spark-shell 的更多使用方式，可以执行"--help"命令获取帮助选项列表。

下面，运行一个实例开发单词计数程序：

（1）准备数据文件 words.txt，文件内容如下：

```
hello hadoop
hello spark
hello itcast
```

读者需要在本地创建文件并上传至 HDFS 指定路径/spark/test 下，如图 4-2 所示。

（2）执行 start-dfs.sh 命令启动 Hadoop 集群。

（3）整合 Spark 与 HDFSSpark，加载 HDFS 上的文件，需要修改 spark-env.sh 配置文件，添加 HADOOP_CONF_DIR 配置参数，指定 Hadoop 配置文件的目录。

```
#指定HDFS配置文件目录
exportHADOOP_CONF_DIR=/opt/modules/hadoop-2.8.2/etc/hadoop
```

（4）重新启动 Hadoop 集群和 Spark 集群服务，使配置文件生效。

（5）启动 Spark-Shell 编写程序，启动 Spark-Shell 交互式界面，执行命令如下：

```
bin/spark-shell -master local[2]//local表示本地模式运行，[2]表示启动两个工种线程
```

Spark-Shell 本身就是一个 Driver，它会初始化一个 SparkContext 对象为"sc"，用户可以直接调用。下面编写 Scala 代码实现单词计数，具体代码如下：

```
scala>sc.textFile("/spark/test/words.txt").flatMap(_.split("")).map((_,1
)).reduceByKey(_+_).collect
```

```
    res0: Array[(String, Int)] = Array((itcast,1), (hello,3) , (spark,1),
(hadoop,1))
```

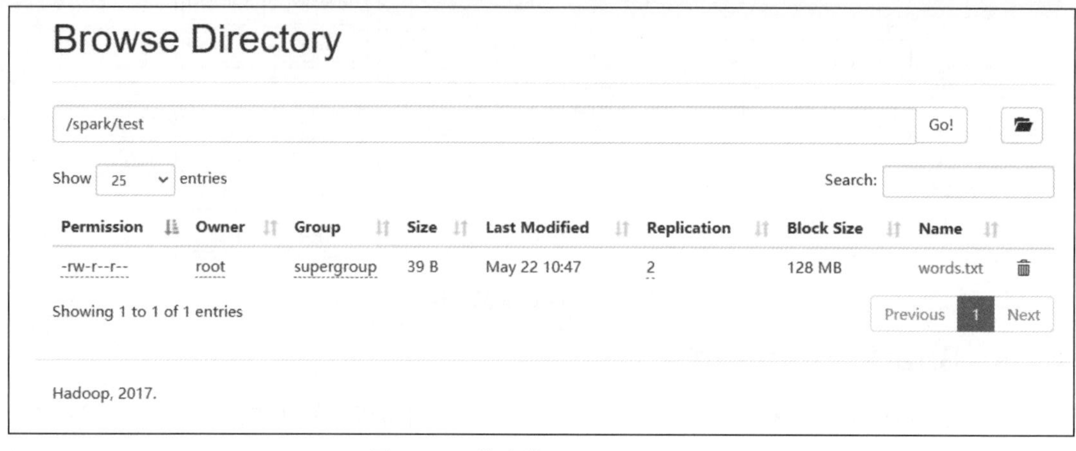


图4-2 上传文件words.txt至HDFS

上述代码中，res0 表示返回的结果对象，该对象中是一个 Array[](String, Int)类型的集合，(hello，3)则表示"hello"单词总计为 3 个。

（6）退出 Spark-Shell 客户端：

```
scala> :quit
```

也可以使用组合键<Ctrl+D>。

## 4.2 Hive原理及实践

本节介绍 Hive 的基本概念、架构体系以及具体的架构组件，并对常见的表分类和表操作进行讲解。

### 4.2.1 Hive定义

Hive 是基于 Hadoop 的一个数据仓库工具，用于解决海量结构化日志的数据统计问题。Hive 可以将结构化的数据文件映射为一张表，并提供类 SQL 查询功能。其本质是将 HQL 转化成 MapReduce 程序，体现在：

- Hive 处理的数据存储在 HDFS。
- Hive 分析数据底层的实现是 MapReduce。
- 执行程序运行在 YARN 上。

### 4.2.2 Hive架构

Hive 架构主要包括 Client、Metastore 和 Hadoop，Hive 运行于 YARN 之上，其数据存储在 HDFS 上，架构原理图如图 4-3 所示。

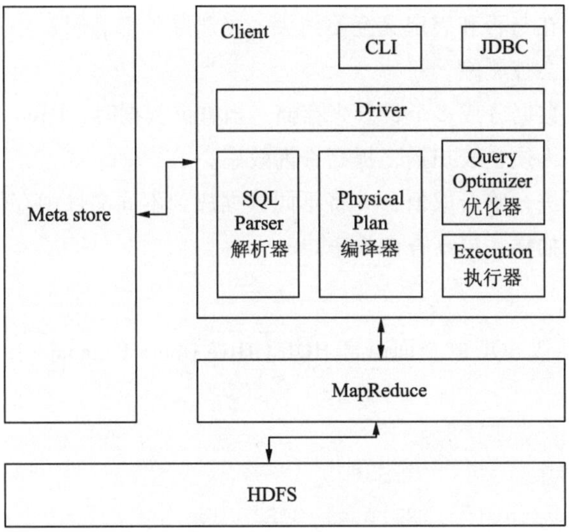

图 4-3 Hive 架构图

（1）用户接口：Client。CLI（Hive Shell）、JDBC/ODBC（Java 访问 Hive）、WEBUI（浏览器访问 Hive）

（2）元数据：Meta store。元数据包括：表名、表所属的数据库（默认是 default）、表的拥有者、列/分区字段、表的类型（是否是外部表）、表的数据所在目录等。默认存储在自带的 derby 数据库中，推荐使用 MySQL 存储 Metastore。

（3）Hadoop。使用 HDFS 进行存储，使用 MapReduce 进行计算。

（4）驱动器：Driver。

① 解析器（SQL Parser）：将 SQL 字符串转换成抽象语法树 AST，这一步一般都用第三方工具库完成，比如 antlr；对 AST 进行语法分析，比如表是否存在、字段是否存在、SQL 语义是否有误。

② 编译器（Physical Plan）：将 AST 编译生成逻辑执行计划。

③ 优化器（Query Optimizer）：对逻辑执行计划进行优化。

④ 执行器（Execution）：把逻辑执行计划转换成可以运行的物理计划。对于 Hive 来说，就是 MR/Spark。

Hive 通过给用户提供的一系列交互接口，接收到用户的指令（SQL），使用自己的 Driver 并结合元数据（MetaStore），将这些指令翻译成 MapReduce，提交到 Hadoop 中执行，最后，将执行返回的结果输出到用户交互接口。

## 4.2.3 Hive表分类及查询操作

### 1. 表分类

Hive 的表由实际存储的数据和元数据组成。实际数据一般存储于 HDFS 中，元数据一般存储于关系型数据库中。Hive 表有内部表、外部表、分区表、分桶表四种。

- 内部表：又叫受控表，当表定义被删除时，HDFS 上的数据以及元数据都会被删除。

- 外部表：数据存在与否和表定义互不约束。当删除外部表时，HDFS 上的数据不会被删除，但是元数据会被删除。
- 分区表：将一批数据分成多个目录来存储。当查询数据时，Hive 可以根据条件只查询指定分区的数据而无须全表扫描，提高查询效率。
- 分桶表：对数据进行哈希取值，并将不同数据放到不同文件中存储，每个文件对应一个桶。可用于数据抽样，提高查询效率。

### 2. 表操作

由于 Hive 采用了类似 SQL 的查询语言 HQL（Hive Query Language），因此很容易将 Hive 理解为数据库。

1）内部表

（1）创建表，命令为：

```
CREATE TABLE student(id INT,name STRING);
```

执行上述命令，创建表 student，其中字段 id 为整型，字段 name 为字符串。在数据仓库目录中的 test_db.db 文件夹下会生成一个名为 student 的文件夹，即表“student”的数据存储目录。

（2）查看表结构，命令为：

```
DESC student;
```

执行上述命令，查看新创建的表 student 的表结构。

```
DESC FORMATTED student;
```

执行带有 FORMATTED 的语句将显示详细表结构，包括表类型及在数据仓库的位置。

（3）插入数据，命令为：

```
INSERT INTO student VALUES(1000,'xiaoming');
```

Hive 会将 INSERT 插入语句转成 MapReduce 任务执行。执行完成后，表中会多一条数据。

（4）查询表中数据，命令为：

```
SELECT * FROM student;
```

（5）删除表，命令为：

```
DROP TABLE IF EXISTS test_db.student;
```

执行上述命令，删除 test_db 数据库中的学生表 student，数据仓库目录中的 student 目录也被删除。

2）外部表

（1）创建表，命令为：

```
CREATE EXTERNAL TABLE test_db.emp(id INT,name STRING);
```

执行上述命令，在数据库 test_db 中创建外部表 emp。在数据仓库目录中的 test_db.db 文件夹下会生成一个名为 emp 的文件夹，即表“emp”的数据存储目录。不指定 LOCATION，则默认创建于数据仓库目录中。若指定 LOCATION 关键字，则创建于指定的 HDFS 位置，如下所示：

```
CREATE EXTERNAL TABLE test_db.emp2 (id int,name STRING )
ROW FORMAT DELIMITED FIELDS
TERMINATED BY '\t' LOCATION '/input/hive';
```

执行上述命令，在数据库 test_db 中创建外部表 emp2，并指定在 HDFS 中的存储目录为

/input/hive。

在本地目录/home/hadoop 下创建文件 emp.txt（字段之间以<Tab>键隔开）：

```
1    xiaoming
2    zhangsan
3    wangqiang
```

执行以下命令，将该文件导入表 emp2：

```
LOAD DATA LOCAL INPATH '/home/hadoop/emp.txt' INTO TABLE test_db.emp2;
```

导入成功后，可查看 HDFS 目录/input/hive 下是否已存在 emp.txt 文件。

（2）查询表中数据，命令为：

```
SELECT * FROM test_db.emp2;
```

（3）删除表，命令为：

```
DROP TABLE test_db. emp2;
```

执行上述命令，删除 test_db 数据库中的表 emp2，数据仓库中的 emp2 目录仍存在。删除外部表时，不会删除实际数据，但元数据会被删除。

3）分区表

Hive 可以使用关键字 PARTITIONED BY 对表进行分区操作，可以根据某一列的值将表分为多个分区，每一个分区对应数据仓库中的一个目录。查询数据时，根据 WHERE 条件，Hive 只查询指定的分区而无须全表扫描，从而加快查询速度。

（1）创建表，具体示例如下：

在数据库 test_db 中创建分区表“student”，表“student”包含四列——id（学号）、name（姓名）、age（年龄）和 gender（性别），将年龄 age 作为分区列。

```
CREATE TABLE test_db.student(id INT,name STRING,gender STRING)
PARTITIONED BY (age INT)
ROW FORMAT DELIMITED FIELDS TERMINATED BY '\t';
```

**注意**：创建表时指定表列中不应包含分区列，分区列需使用关键字 PARTITIONED BY 在后面单独指定。

在本地目录/home/hadoop 下创建文件 file1.txt（字段之间以<Tab>键隔开）：

```
1    zhangsan male
2    zhanghua female
3    wanglulu female
4    liuxiaojie male
```

执行以下命令，将该文件导入表 student，此处指定分区值 age=17：

```
LOAD DATA LOCAL INPATH '/home/hadoop/file1.txt'
INTO TABLE test_db.student
PARTITION(age=17);
```

**注意**：导入数据时必须指定分区值。若不指定，Hive 会将数据文件最后一列替换为分区列。

（2）查询分区表数据，具体命令如下：

```
SELECT name,age FROM student WHERE age=17;
```

（3）增加分区，具体命令如下：

```
ALTER TABLE student ADD PARTITION(age=21) PARTITION(age=22);
```

执行上述命令，在表“student”中增加两个分区 age=21 和 age=22。注意，该命令只是为现有的分区列增加一个或多个分区目录，并不是增加其他的分区列。

（4）删除分区，具体命令如下：

```
ALTER TABLE test_db.student DROP PARTITION (age=17),PARTITION (age=21);
```

执行上述命令，删除两个分区 age=21 和 age=17。删除分区将删除分区目录及目录下的所有数据文件。

（5）查看分区，具体命令为：

```
show partitions test_db.student;
```

4）分桶表

Hive 可以将表或分区进一步细分成桶，以便获得更高的查询效率。一个分区会存储为一个目录，数据文件存储于该目录中，而一个桶将存储为一个文件，数据内容存储于该文件中。

（1）创建分桶表，具体示例如下：

```
#创建用户表“user_info”，并根据user id进行分桶，指定桶的数量为6
CREATE TABLE user_info (user_id INT, name STRING)
CLUSTERED BY(user_id)
INTO 6 BUCKETS
ROW FORMAT DELIMITED FIELDS TERMINATED BY '\t';
```

（2）查看表结构，具体命令为：

```
DESC FORMATTED user_info;
```

（3）将数据导入分桶表，具体步骤是：先创建中间表，再向中间表导入数据，最后将中间表的数据导入到分桶表。

```
#在本地目录/home/hadoop下创建数据文件user_info.txt（列之间以<Tab>键分隔）：
1001    zhangsan
1002    liugang
1003    lihong
1004    xiaoming
1005    zhaolong
1006    wangwu
1007    sundong
1008    jiangdashan
1009    zhanghao
1010    lisi1001
```

创建中间表：

```
CREATE TABLE user_info_tmp (user_id INT, name STRING)
ROW FORMAT DELIMITED FIELDS TERMINATED BY '\t';
```

向中间表导入数据：

```
LOAD DATA LOCAL INPATH '/home/hadoop/user_info.txt'
INTO TABLE user_info_tmp;
```

将中间表的数据导入到分桶表：

```
INSERT INTO TABLE user_info
SELECT user_id,name FROM user_info_tmp;
```

（4）数据抽样，具体示例如下：

使用抽样查询需要用到语法：

```
TABLESAMPLE(BUCKET x OUT OF y)
```

其中 y 必须是分桶数的倍数或因子，Hive 会根据 y 的大小决定抽样的比例。例如，总共分 4 个桶，当 y=2 时，则抽取 2（4/2=2）个桶的数据；当 y=8 时，则抽取 1/2（4/8=1/2）个桶的数据。而 x 则表示从第几个桶开始抽取，也是抽取的下一个桶与上一个桶的编号间隔数。例如，表分桶数为 4，TABLESAMPLE(BUCKET 1 OUT OF 2)表示总共抽取 2（4/2=2）个桶的数据，分别为第 1 个和第 3（1+2=3）个桶。命令如下：

```
select * from user_info tablesample(bucket 1 out of 2);
```

已知表"userinfo"的分桶数为 6，上述命令中抽取的桶的个数为 3，抽取的桶的编号分别为第 1 个、第 3 个和第 5 个。

# 4.3 HBase原理及实践

本节首先介绍 HBase 的概念和集群架构，然后对 HBase 的原理、存储方式和数据模型组成部分进行着重讲解。

## 4.3.1 HBase定义

HBase 是一种分布式、可扩展、支持海量数据存储的 NoSQL 数据库。

HBase 是一个分布式面向列的开源数据库，它的思想来源于一篇名为 *BigTable* 的论文。BigTable 是基于 GFS（Google File System）的分布式列式数据库，与 BigTable 类似，HBase 是基于 HDFS（Hadoop Distributed File System）的分布式列式数据库。BigTable 认为世界上所有数据库的表结构通过三个列即可实现，行键、列名、列值表示。

## 4.3.2 HBase集群架构

HBase 采用分布式计算中的 Master-Slave 架构，其底层数据存储于 HDFS 中，集群架构如图 4-4 所示。

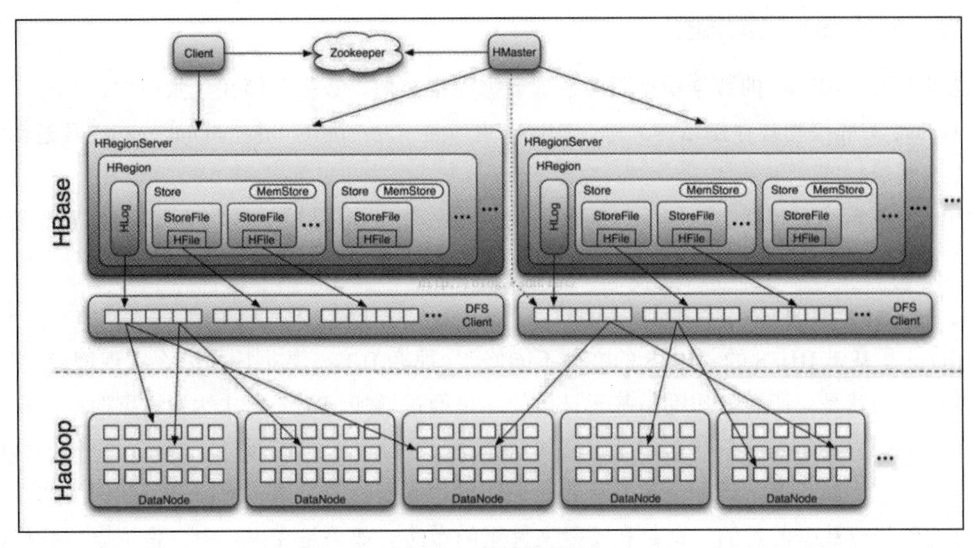


图4-4　存储结构图

HRegionServer 负责打开 Region，并创建 HRegion 实例，它会为每个表的 HColumnFamily（用户创建表时定义的）创建一个 Store 实例，每个 Store 实例包含一个或多个 StoreFile 实例；它是实际数据存储文件 HFile 的轻量级封装，每个 Store 会对应一个 MemStore。写入数据时数据会先写入 Hlog 中，成功后再写入 MemStore 中。MemStore 中的数据因为空间有限，所以需要定期 Flush 到文件 StoreFile 中，每次 Flush 都生成新的 StoreFile。HRegionServer 在处理 Flush 请求时，将数据写成 HFile 文件永久存储到 HDFS 上，并且会存储最后写入的数据序列号。

（1）Client：整合 HBase 集群的入口；使用 HBase RPC 机制与 HMaster 和 HRegionserver 通信；与 HMaster 通信进行管理类的操作；与 HRegionserver 通信进行读写类的操作，包含访问 HBase 的接口；Client 维护着一些 Cache 来加快对 HBase 的访问，比如 Region 的位置信息。

（2）ZooKeeper：保证任何时候，集群中只有一个 running master，Master 与 RegionServers 启动时会向 ZooKeeper 注册。默认情况下，HBase 管理 ZooKeeper 实例，比如，启动或者停止 ZooKeeper 的引入使得 Master 不再是单点故障；存储所有 Region 的寻址入口；实时监控 RegionServer 的状态，将 Regionserver 的上线和下线信息实时通知给 Master；存储 HBase 的 schema 和 table 元数据。

（3）Master：管理用户对 Table 的增删改查操作；在 RegionSplit 后，负责新 Region 的分配；负责 RegionServer 的负载均衡，调整 Region 分布；在 RegionServer 停机后，负责失效 RegionServer 上 Region 的重新分配。

（4）HMaster 失效仅会导致所有元数据无法修改，表达数据读写仍可以正常运行。

（5）RegionServer：RegionServer 负责维护 Region，处理这些 Region 的 I/O 请求；并负责切分在运行过程中变得过大的 Region。

由图 4-4 可以看出，Client 访问 HBase 上数据的过程并不需要 master 参与，寻址访问先 ZooKeeper 再 RegionServer，数据读写访问 RegioneServer。HRegionServer 主要负责响应用户 I/O 请求，向 HDFS 文件系统中读写数据，是 HBase 中最核心的模块。

## 4.3.3 HBase数据模型

逻辑上讲，HBase 的数据模型同关系型数据库很类似，数据存储在一张表中，有行有列。但从 HBase 的底层物理存储结构来看，HBase 更像是一个 multi-dimensional map，其逻辑结构如图 4-5 所示。

HBase 逻辑模型包括：行键、时间戳、列族（一个列族可以包含多个列，列族需要预先定义好，不能随意添加，而列族中的列不需要预先定义，可以根据需求增加）。

### 1. HBase 原理

HBase 是基于 HDFS 的，HDFS 的文件不能修改，那么 HBase 数据库是怎么实现增删改的呢？这里要讲到的就是，所有操作都是基于日志的，是通过增加记录的形式达到增删改的效果。如插入新记录，直接写入一条数据即可，那如何修改和删除呢？可以通过新增一个操作内容的记录达到目的，比如新增一条标记为删除的记录即可达到删除的目的，增加一条标记为修改的记录即可达到修改数据的目的，这是在硬盘文件里的做法。如果是在内存中，是可以执行修改内容的操作的，只有当内存达到一定大小的时候才能再写入文件，那写入文件的删除记录是不是就一直保留在那里呢？不是的，当文件数量增加到一定阈值时，会将小文件合并成大文件，在这个过程中就会把删除的记录去掉。

store
列
personal_info
office_info
列族
Row Key
name
city
phone
tel
address
Row key
Region
row_key1 张三 北京 131******** 010-11111111 atguigu
row_key11 李四 上海 132******** 010-11111111 atguigu
row_key2 王五 广州 159******** 010-11111111 atguigu
row_key3 赵六 深圳 187******** 010-11111111 atguigu
row_key4 横七 大连 134******** 010-11111111 atguigu
row_key5 竖八 重庆 139******** 010-11111111 atguigu
row_key6 金九 武汉 177******** 010-11111111 atguigu
row_key7 银十 保定 158******** 010-11111111 atguigu

图4-5　逻辑结构图

## 2. 键值存储

在整个 HBase 中是按列族进行存储的，如图 4-6 所示，其中键长度和值长度区分当前存储数据键所在范围和值所在范围，行长度和行信息说明属于哪个行，列族长度和列族信息说明属于哪个列族，列信息说明是哪个列，时间戳说明是哪个版本，键类型说明键的类型，后面值信息就是值的内容。

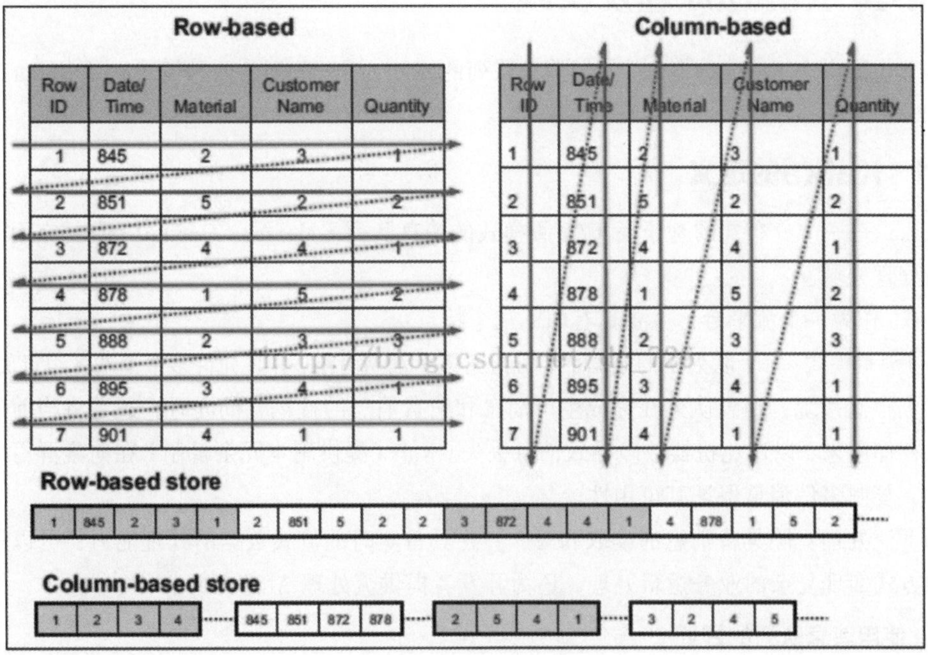
Row-based
Column-based
Row ID
Date/ Time
Material
Customer Name
Quantity
Row-based store
Column-based store

图4-6　行式存储与列式存储

#### 3. 数据模型组成部分

（1）行键：作为数据在 HBase 里的唯一标识，用来作为检索记录的索引，访问表中的行只有三种方式：

① 单行键索引，只通过一个行键进行精确匹配获取数据，虽然只有一个行键，但往往不止一条记录，而是有多条记录，每一个行键可以带有多个不同的版本时间戳。

② 给定行键范围索引，这里是指给出行键的范围。如给定行键范围 AAAAA ~ ZZZZZ，HBase 会把这个区间内的记录都匹配查询获取出来。

③ 全表扫描，可以看作是行键最大值和最小值之间的范围访问，是行键范围索引的一个特例。

（2）列族：列的表示形式为“<列族>：<限定符>”，列族需要在建表时事先设定好，但是列不需要事先设定。列族中的列最后都有相同的读写方式（如等长的字符串），以提高性能，比如说读写，又或者因为有相同结构能进行高性能压缩，不仅提高了存储效率，也利于数据在 I/O 中的传输。

（3）时间戳：每次数据提交的时间可由系统自动生成，也可以由用户显式赋值。HBase 保存数据的机制就是跟时间戳有关的，有两种方式：

① 根据时间戳由新到旧的次序排序，取一定数量的时间戳进行保留，比如说有 1 000 个时间戳，那么按从新到旧的时间戳排序，第 1 000 个以后的就会被丢弃掉。

② 根据时间戳由新到旧的次序排序，取一定时间内的时间戳进行保留，比如说 7 天的时间戳，那么超过 7 天的时间戳就会被丢弃掉。

## 4.4 Kafka原理及实践

本节主要讲解 Kafka 的概念、使用消息队列的好处、消息队列的两种模式以及 Kafka 的架构体系。

### 4.4.1 Kafka的定义

Kafka 是一个分布式的基于发布/订阅模式的消息队列（Message Queue），主要应用于大数据实时处理领域。

Kafka 作为一个流平台，主要具有如下三个特点：

（1）消费模式：一个队列中的数据平均分配给多个消费者组，并且允许多个消费者组订阅消息。

（2）存储系统：消息队列在完成生产消息和消费消息的接耦合的同时，还需将当前未消费的消息存储起来，以避免机器故障导致消息丢失。Kafka 提供副本冗余机制，在向集群写入数据的同时，复制多份消息保证其可用性。

（3）流处理：除具备消息的读取和写入，还具备实时的流式数据的处理能力，可以采取流处理的方式实现复杂的业务逻辑处理，还为开发者提供流处理 API。

#### 1. 使用消息队列的好处

在实际应用中，当消息队列的吞吐量不断增加，整个系统的响应速度、稳定性等性能指标也会大大提升，使用消息队列主要有以下好处：

1）解耦

允许用户独立地扩展或修改两边的处理过程，只要确保它们遵守同样的接口约束。

2）可恢复性

系统的一部分组件失效时，不会影响整个系统。消息队列降低了进程间的耦合度，所以即使一个处理消息的进程挂掉，加入队列中的消息仍然可以在系统恢复后被处理。

3）缓冲

缓冲有助于控制和优化数据流经过系统的速度，解决生产消息和消费消息的处理速度不一致的情况。

4）灵活性&峰值处理能力

在访问量剧增的情况下，应用仍然需要继续发挥作用，但是这样的突发流量并不常见。如果以能处理这类峰值访问为标准而投入资源随时待命，这无疑会是巨大的浪费。使用消息队列能够使关键组件顶住突发的访问压力，而不会因为突发的超负荷请求而完全崩溃。

5）异步通信

很多时候，用户不想也不需要立即处理消息。消息队列提供了异步处理机制，允许用户把一个消息放入队列，但并不立即处理它。想向队列中放入多少消息就放多少，然后在需要的时候再去处理它们。

**2. 消息队列的两种模式**

目前消息队列支持两种模式，即点对点模式和发布/订阅模式，具体介绍如下：

1）点对点模式

点对点模式是一对一的，消费者主动拉取数据，消息收到后消息清除。消息生产者生产消息发送到 Queue 中，随后消息消费者从 Queue 中取出并消费消息。消息被消费以后，Queue 中不再有存储，所以消息消费者不可能消费到已经被消费的消息。Queue 支持存在多个消费者，但是对一个消息而言，只有一个消费者可以消费，流程如图 4-7 所示。

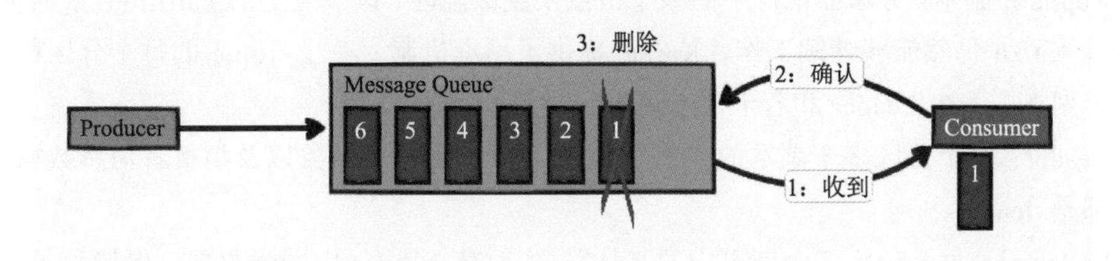


图4-7 点对点模式

2）发布/订阅模式

发布/订阅模式是一对多的，消费者消费数据之后不会清除消息。消息生产者（发布）将消息发布到 topic 中，同时有多个消息消费者（订阅）消费该消息。和点对点方式不同，发布到 topic 的消息会被所有订阅者消费，流程如图 4-8 所示。

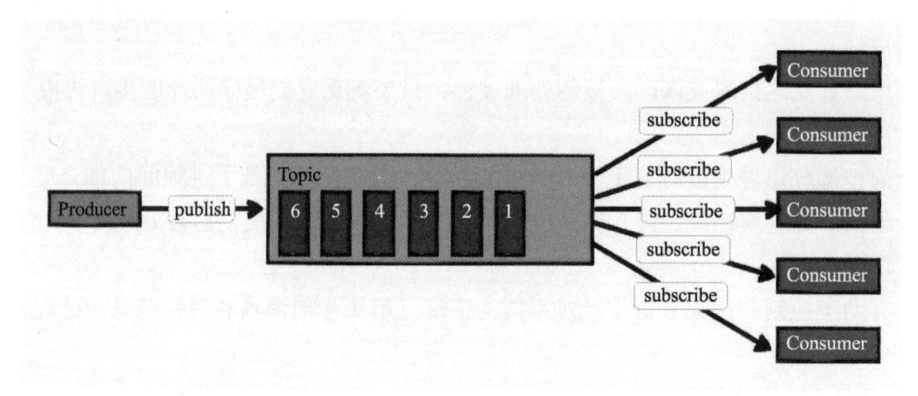


图4-8　发布订阅模式

### 4.4.2 Kafka的基础架构

Kafka 的基础架构主要包含多个 Producer，多个 Broker，多个 Consumer Group 以及 ZooKeeper 集群，通过分布式协调服务 ZooKeeper 管理集群配置。

- Producer：消息生产者，即向 Kafka Broker 发消息的客户端。
- Consumer：消息消费者，即向 Kafka Broker 取消息的客户端。
- Consumer Group（CG）：消费者组，由多个 Consumer 组成。消费者组内每个消费者负责消费不同分区的数据，一个分区只能由一个组内消费者消费；消费者组之间互不影响。所有的消费者都属于某个消费者组，即消费者组是逻辑上的一个订阅者。
- Broker：一台 Kafka 服务器就是一个 Broker。一个集群由多个 Broker 组成，一个 Broker 可以容纳多个 Topic。
- Topic ：可以理解为一个队列，生产者和消费者面向的都是一个 Topic。
- Partition：为了实现扩展性，一个非常大的 Topic 可以分布到多个 Broker（即服务器）上，一个 Topic 可以分为多个 Partition，每个 Partition 均为一个有序队列。
- Replica：副本。为保证集群中的某个节点发生故障时，该节点上的 Partition 数据不丢失，且 Kafka 仍然能够继续工作，Kafka 提供了副本机制，一个 Topic 的每个分区都有若干个副本，一个 Leader 和若干个 Follower。
- Leader：每个分区多个副本的“主”，生产者发送数据的对象以及消费者消费数据的对象都是 leader。
- Follower：每个分区多个副本中的“从”，实时从 Leader 中同步数据，保持和 Leader 数据的同步。Leader 发生故障时，某个 Follower 会成为新的 Follower。

## 4.5 Flume原理及实践

本节主要讲解 Flume 的定义、核心概念、架构原理以及常用的相关组件。

### 4.5.1 Flume简介

Flume 是 Cloudera 提供的一个高可用的，高可靠的，分布式的海量日志采集、聚合和传输的系统，用于收集、聚合和传输大量数据，这些数据来自社交媒体、电商平台、电子邮件等多种不同的数据源。

Flume 基于流式架构，灵活简单，可用于在线分析，支持在各日志系统中定制数据发送方，以实现数据收集。

Flume 中的核心概念有以下几个：

- Agent：一个 Agent 就是一个 JVM 进程，一个 Agent 中包含多个 Sources 和 Sinks。
- Client：生产数据。
- Source：从 Client 收集数据，传递给 Channel。
- Channel：主要提供一个队列的功能，对 Source 中提供的数据进行简单的缓存。
- Sink：从 Channel 收集数据，运行在一个独立线程。

Events：可以是日志记录、avro 对象等。

### 4.5.2 Flume基础架构

Flume 以 Agent 为最小的独立运行单位，以 Event 为单元进行传输。单 Agent 由 Source、Sink 和 Channel 三大组件构成，分别负责源数据采集、聚合数据临时存储、向目标端传输数据，其组成架构如图 4-9 所示。

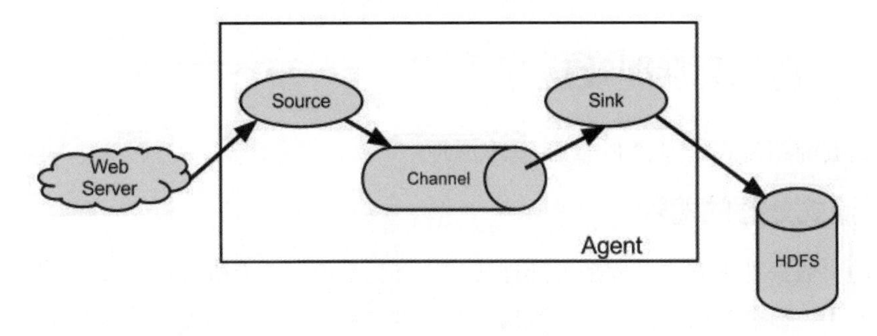


图4-9 Flume组成架构

下面详细介绍一下 Flume 架构中的组件。

#### 1. Agent

Agent 是一个 JVM 进程，它以事件的形式将数据从源头送至目的。Agent 主要由 3 部分组成：Source、Channel、Sink。

#### 2. Source

Source 是负责接收数据到 Flume Agent 的组件。Source 组件可以处理各种类型、各种格式的日志数据，包括 avro、thrift、exec、jms、spooling directory、netcat、sequence generator、syslog、http、legacy。

#### 3. Sink

Sink 不断地轮询 Channel 中的事件且批量移除它们，并将这些事件批量写入到存储或索引系统，或者被发送到另一个 Flume Agent。

Sink 组件的目的地包括 hdfs、logger、avro、thrift、ipc、file、HBase、solr、自定义。

### 4. Channel

Channel 是位于 Source 和 Sink 之间的缓冲区，因此，Channel 允许 Source 和 Sink 运作在不同的速率上。Channel 是线程安全的，可以同时处理几个 Source 的写入操作和几个 Sink 的读取操作。

Flume 自带两种 Channel：Memory Channel 和 File Channel。

Memory Channel 是内存中的队列，在不需要关心数据丢失的情景下适用。如果需要关心数据丢失，Memory Channel 就不应该使用，因为程序死亡、机器宕机或者重启都会导致数据丢失。

File Channel 将所有事件写入到磁盘中,因此,在程序关闭或机器宕机的情况下不会丢失数据。

### 5. Event

Event 是传输单元，Flume 数据以 Event 的形式将数据从源头送至目的地。Event 由 Header 和 Body 两部分组成，Header 用来存放该 Event 的一些属性，为 K.V 结构；Body 用来存放该条数据，形式为字节数组，其数据结构如图 4-10 所示。

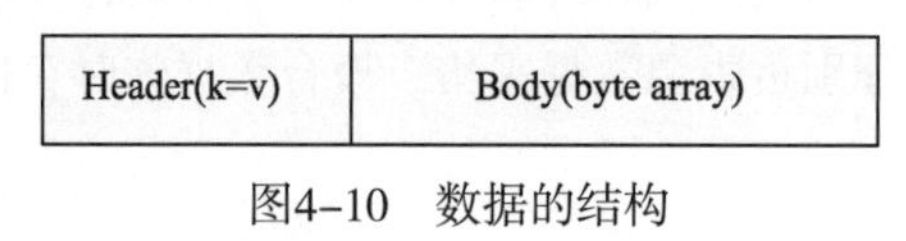


图4-10 数据的结构

## 4.6 Flink原理及应用

本节简要介绍流式处理和 Flink 的基本原理。

### 4.6.1 流式处理的背景

传统的大数据处理方式一般是批处理式的，也就是说，今天所收集的数据，明天再算出来，以供大家使用，但是在很多情况下，数据的时效性对于业务的成败是非常关键的。

流式处理主要分为六个部分：事件生产者、收集、排队系统（其中 Kafka 的主要目的是，在数据高峰时，暂时把它缓存，防止数据丢失。）、数据变换（也就是流式处理过程）、长期存储、陈述/行动。

目前的业界有很多流式处理的框架，在这么多框架中，怎样评价这个流式处理框架的性能呢？一般会从以下方面来考核流式处理框架的能力：数据传输的保障度，处理延迟，吞吐量，状态管理，容错能力、容错负荷、流控和编程复杂性。

- “数据传输的保障度”，是指能不能保证数据被处理并到达目的地。它有三种可能性：保证至少一次、最多一次、精确一次。大多数情况下，“保证至少一次”就能满足业务要求，除要求数据精确度高的特定场景。
- “处理延迟”，在大多数情况下，流式处理的延迟越低越好，但很多情况下，我们的延迟越低，相应付出的代价也越高。
- “吞吐量”与“处理延迟”就是一对矛盾。吞吐量高，相应的延迟就会低，吞吐量低，相应的延迟就会高。

- “状态管理”，在实时变换的过程中，要有与外部的交互，如入侵检测，以此来保护环境和数据的安全。
- “容错能力”和“容错负荷”要求当流式处理在正常进行中，即使有某些机器挂掉，系统仍能正常运行，整个流式处理框架不受影响。
- “流控”，也就是流量控制，在数据传输的过程中，可能数据会突然增多，为了保证系统不至于负荷过重而崩溃，这时候就需要控制数据密度。
- “编程复杂性”，相对而言，API 设计得越高级，编程负担越低。

由此，选择 Flink 的优势有：保证带状态计算下的精确一次语义，事件时间语义支持，灵活的窗口分割机制，高效的容错机制，高吞吐量与低延迟，灵活的部署方式和便捷的 API。

“保证带状态计算下的精确一次语义”，对于某些特定的计算而言非常有必要。

一般在流式处理框架中，数据的处理一般有两种方式：一种是按照处理时间来处理数据；另一种就是按照事件时间来处理数据，“事件时间语义支持”方式更为复杂。

Flink 的 API 非常高级，在处理流式数据的逻辑业务中效率更高。

### 4.6.2 Flink的原理

Flink 的整个组件类似于 Spark，它的核心是一个分布式的流式处理框架，在核心之上，有两套 API，一套应用于批处理——DataSet API，一套应用于流式处理——DataStream API。

Apache Flink 是一个开源的流处理框架，应用于分布式、高性能、高可用的数据流应用程序。可以处理有限数据流和无限数据，即能够处理有边界和无边界的数据流。无边界的数据流就是真正意义上的流数据，所以 Flink 是支持流计算的。有边界的数据流就是批数据，所以也支持批处理。Flink 在流处理上的应用比在批处理上的应用更加广泛，统一批处理和流处理也是 Flink 的目标之一。Flink 可以部署在各种集群环境，可以对各种大小规模的数据进行快速计算。

随着大数据技术在各行各业的广泛应用，要求能对海量数据进行实时处理的需求越来越多，同时，数据处理的业务逻辑也越来越复杂，传统的批处理方式和早期的流式处理框架也越来越难以在延迟性、吞吐量、容错能力以及使用便捷性等方面满足业务日益苛刻的要求。其中，流式计算的典型代表是 Storm 和 Flink 技术。它们数据处理的延迟都是亚秒级低延迟，但是 Flink 相比 Storm 还有其他的一些优势，比如支持 exactly once 语义，确保数据不会重复。Storm 支持 at least once 语义，保证数据不会丢失。保证数据不会重复的代价很高，比如数据下游操作属于幂等操作。另外，从测试结果来看，Flink 在低延迟的基础上还能保证高吞吐，优势明显。

在这种形势下，新型流式处理框架 Flink 创造性地把现代大规模并行处理技术应用到流式处理中来，极大地改善了以前的流式处理框架所存在的问题。

Flink 拥有以下特征：

- 一切皆为流：事件驱动应用。
- 正确性保证：唯一状态一致性，事件-事件处理，高超的最近数据处理。
- 多层 API：基于流式和批量处理的 SQL、流水数据 API、数据集 API、处理函数（时间和状态）。

- 易用性：部署灵活，高可用安装，保存点。
- 可扩展性：可扩展架构，大量状态的支持，增量检查点。
- 高性能：低延迟，高吞吐量，内存计算。

Flink 提供不同级别的抽象来开发流/批处理应用程序。

最低级的抽象接口是状态化的数据流接口（Stateful Streaming）。这个接口是通过 ProcessFunction 集成到 DataStream API 中的。该接口允许用户自由地处理来自一个或多个流中的事件，并使用一致的容错状态。另外，用户也可以通过注册 Event Time 和 Processing Time 处理回调函数的方法来实现复杂的计算。

大部分程序通常会使用以 DataStream API（有界/无界数据流）、DataSet API（有界数据集）为代表的 Core APIs，并不会使用低级抽象接口。这些 API 为数据处理提供了大量的通用模块（Common Building Block），包括用户定义的各种各样的变换（Transformations）、连接（Joins）、聚合（Aggregations）、窗口（Windows）、状态（State），等等。DataStream API 集成了 Low Level 处理函数，使得对一些特定的操作提供更低层次的抽象。此外，DataSet API 也为有界数据集提供了一些补充的编程原语，例如循环（Loops）、迭代（Iterations）等。

Table API 是一种以数据表为核心的声明式 DSL，能够动态地修改表（表示流时）。Table API 的是一种（扩展的）关系型模型：每个都有一个 Schema（类似于关系型数据库中的表结构），API 也提供以下操作：select，project，join，group by，aggregate 等。Table API 程序定义的是应该执行什么样的逻辑操作，而不是直接准确地指定程序代码运行的具体步骤。尽管 Table API 可以通过各式各样的自定义函数进行扩展，但是它在表达能力上仍然比不上 Core APIs，不过在使用上更简练（可以减少很多代码）。此外，Table API 程序在运行之前也会使用一个优化器对程序进行优化。用户可以在 Tables 与 DataStream/DataSet 之间进行无缝切换，程序也可以混合使用 Table API 和 DataStream/DataSet APIs。

Flink 提供的最高级接口是 SQL。这个层次的抽象接口和 Table API 非常相似，包括语法和接口的表现能力，唯一的区别是通过 SQL 查询语言实现程序。SQL 抽象接口和 Table API 的交互非常紧密，而且 SQL 查询也可以在 Table API 中定义的表上执行。

### 4.6.3 Flink的应用

Flink 的应用类型包括：实时 BI，实时数仓，在线模型和实时监控。

#### 1. 实时 BI

对于淘宝和考拉这种电商场景，有着海量的在线交易和用户数据，实时计算不同维度的数据统计数据对于指导运营有很大的帮助。

实时 BI 系统的流程：在线服务系统和数据库会产生大量的日志数据，通过日志收集工具采集到消息队列，如 Kafka，FlinkJob 实时读取处理这些数据，然后将各种统计结果实时写到 MySQL 或者 Hbase 中，通过可视化技术，运营用户可从 DashBoard 中实时看到各个维度的统计分析结果。

最直观的例子就是“双十一”的实时 GMV 成交额，大屏实时显示最新的销售总额，看似一个简单的数据，背后需要 Flink 平稳、精准的计算。

### 2. 实时数仓

离线计算阶段，数据仓库都是非实时的，通常是天级别或者小时级别的 ETL 作业，通过 MapReduce，将数据进行批处理，将数据 Load 到 Hive 分区表。但是离线建立的数据，时间上具有延迟性，按天级别的 ETL 作业，只能到第二天才能对前一天的数据进行查询和计算。如果希望可以查询到实时数据，实时的 ETL 就显的尤为必要。

通过 Flink，可以实时将数据进行处理，Load 到 Hive 表，从而实现实时数仓的搭建，数据实时可查询。

### 3. 在线模型

传统的离线机器学习需要 $T$+1 地分析用户的历史行为，训练模型，第二天上线。但是用户的需求和预期可能在第二天已经发生了改变，因此模型的实时性就显得尤为重要。我们知道，机器学习的特征一般都是通过复杂计算得到的，所以提取特征需要大量的计算任务。FlinkJob 通过实时的日志，根据需求提取需要的特征，并在线上使用最新的特征和结果数据，增量训练模型，从而达到在线机器学习的目的。

在线模型的计算更加密集和复杂，而这些正是 Flink 的优势所在。通过在线学习，模型也会更加实时，可以给用户带来更好的使用体验。

### 4. 实时监控

监控系统一般采集的数据量都是巨大的，通过参数的一些阈值设定，实时报警，Flink 在这类场景中也有应用。通过用户的实时行为数据，可以做到实时监控。

## 4.7 实践：搭建基于Spark的实时大数据平台

本节主要带领读者在系统中安装部署 Spark、MySQL、Hive、HBase、Kafka 和 Flume，最后通过两个典型案例讲解 Spark Streaming 和 SparkMLlib 的应用。

### 4.7.1 Spark安装部署

#### 1. 下载安装包

访问 Spark 官网下载安装包，本书选择版本为 2.4.0，包类型为 Pre-built for Apache Hadoop 2.7 and later。将下载好的安装包上传到 centos01 节点的/opt/softwares 目录下。

#### 2. 解压安装包

（1）执行以下命令，将安装包解压到/opt/modules 目录下：

```
[hadoop@centos01 softwares]$ tar -zxvf spark-2.4.0-bin-hadoop2. 7.tgz -C
/opt/modules/
```

（2）为了便于后面的操作，使用 mv 命令将 spark 的目录重命名为 spark：

```
[hadoop@centos01 modules]$ mv spark-2.4.0-bin-hadoop2.7/ spark
```

#### 3. 修改配置文件

（1）执行以下命令，编辑配置文件 spark-env.sh：

```
[hadoop@centos01 spark]$ cd conf/
```

```
[hadoop@centos01 conf]$ vim spark-env.sh
```

（2）向 spark-env.sh 配置文件中添加如下内容：

```
export JAVA_HOME=/opt/modules/jdk1.8.0_144
export SPARK_MASTER_HOST=centos01
export SPARK_MASTER_PORT=7077
```

（3）执行以下命令，编辑 slaves 文件：

```
[hadoop@centos01 conf]$ cp slaves.template slaves
[hadoop@centos01 conf]$ vim slaves
```

（4）向 slaves 文件中添加如下内容：

```
centos02
centos03
```

### 4. 分发文件

执行以下命令，向 centos02 和 centos03 节点分发配置文件：

```
[hadoop@centos01 conf]$ scp -r /opt/modules/spark/ centos02:/opt/modules/
[hadoop@centos01 conf]$ scp -r /opt/modules/spark/ centos03:/opt/modules/
```

### 5. 启动 Spark 集群

（1）进入 Spark 安装目录，执行以下命令启动 Spark 集群：

```
[hadoop@centos01 spark]$ sbin/start-all.sh
```

（2）分别在三个节点执行以下命令，查看 Spark 集群的启动状态：

```
[hadoop@centos01 spark]$ jps
```

（3）浏览器中输入 centos01:8080，访问 Spark 管理界面，如图 4-11 所示。

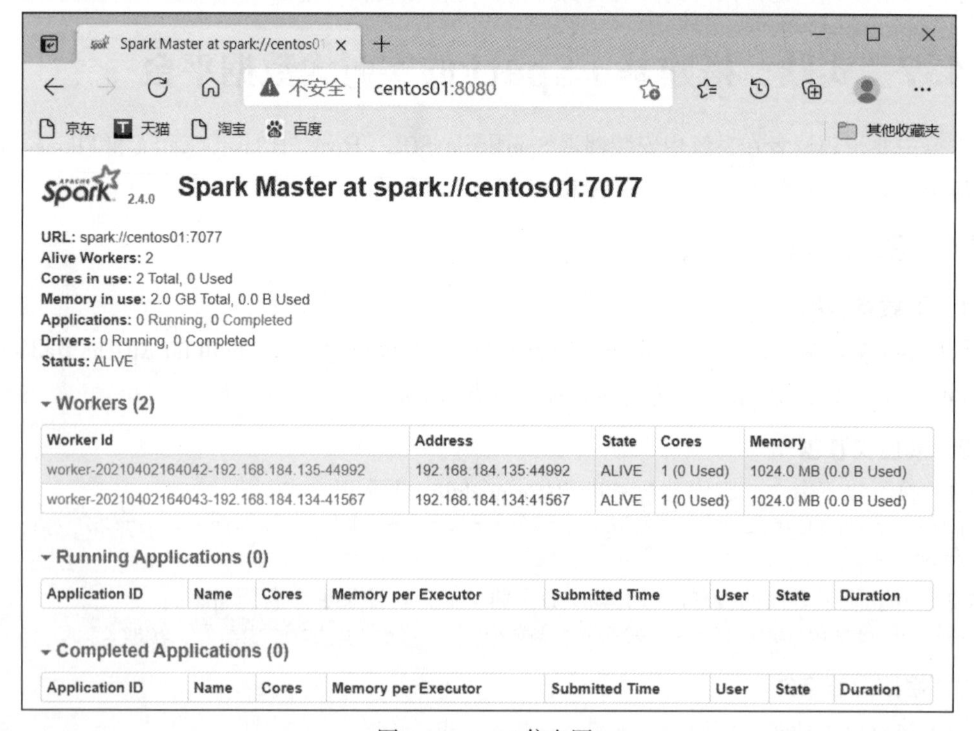


图4-11　Spark信息图

### 6. 启动 spark-shell

（1）执行如下命令，本地模式启动 spark-shell，启动界面如图 4-12 所示。

```
[hadoop@centos01 bin]$ ./spark-shell
```

```
[hadoop@centos01 bin]$ ./spark-shell
2021-04-02 16:46:27 WARN  NativeCodeLoader:62 - Unable to load native-hadoop library for your platform... usin
g builtin-java classes where applicable
Setting default log level to "WARN".
To adjust logging level use sc.setLogLevel(newLevel). For SparkR, use setLogLevel(newLevel).
Spark context Web UI available at http://centos01:4040
Spark context available as 'sc' (master = local[*], app id = local-1617353237634).
Spark session available as 'spark'.
Welcome to
      ____              __
     / __/__  ___ _____/ /__
    _\ \/ _ \/ _ `/ __/  '_/
   /___/ .__/\_,_/_/ /_/\_\   version 2.4.0
      /_/

Using Scala version 2.11.12 (Java HotSpot(TM) 64-Bit Server VM, Java 1.8.0_144)
Type in expressions to have them evaluated.
Type :help for more information.

scala>
```

图4-12 spark-shell本地模式

（2）执行如下命令，以集群模式启动 spark-shell，启动界面如图 4-13 所示。

```
[hadoop@centos01 bin]$ ./spark-shell --master spark://centos01:7077
--executor-memory 512m --total-executor-cores 1
```

在 spark-shell 中，可以使用 Scala 语言或 Python 语言编写程序，本书使用 Scala 语言，关于 Scala 的安装部署，请参见扩展阅读视频。

```
[hadoop@centos01 bin]$ ./spark-shell --master spark://centos01:7077 --executor-memory 512m --total-executor-co
res 1
2021-04-02 16:51:20 WARN  NativeCodeLoader:62 - Unable to load native-hadoop library for your platform... usin
g builtin-java classes where applicable
Setting default log level to "WARN".
To adjust logging level use sc.setLogLevel(newLevel). For SparkR, use setLogLevel(newLevel).
Spark context Web UI available at http://centos01:4040
Spark context available as 'sc' (master = spark://centos01:7077, app id = app-20210402165148-0000).
Spark session available as 'spark'.
Welcome to
      ____              __
     / __/__  ___ _____/ /__
    _\ \/ _ \/ _ `/ __/  '_/
   /___/ .__/\_,_/_/ /_/\_\   version 2.4.0
      /_/

Using Scala version 2.11.12 (Java HotSpot(TM) 64-Bit Server VM, Java 1.8.0_144)
Type in expressions to have them evaluated.
Type :help for more information.

scala> val a=3
a: Int = 3
```

图4-13 spark-shell集群模式

## 4.7.2 MySQL安装部署

### 1. 安装 MySQL 之前的准备工作

1）上传并解压安装包

（1）访问 MySQL 官网，下载安装包 mysql-libs.zip，将其上传到 Linux 系统的/opt/softwares 目录下。

（2）执行以下命令，解压 mysql 安装包。

```
[root@centos01 softwares]# unzip mysql-libs.zip
```

2）删除安装包

执行以下命令，将安装包从/opt/modules 中删除。

```
[root@centos01 softwares]# rm -rf mysql-libs.zip
```

3）查看 hive 中 mysql 安装状态

（1）执行以下命令，查看 Hive 中是否安装 mysql，若已安装，则需卸载。

```
[root@centos01 modules]$ cd hive/
[root@centos01 hive]$ rpm -qa|grep mysql
```

（2）执行以下命令，将 hive 中的 mysql 依次卸载（需要切换到 root 用户）。

```
[hadoop@centos01 hive]$ su root
[root@centos01 /]# rpm -e --nodeps mysql-community-server-5.6.51 -2.el7.x86_64
[root@centos01 /]# rpm -e --nodeps mysql-community-client-5.6.51 -2.el7.x86_64
[root@centos01 /]# rpm -e --nodeps mysql-community-devel-5.6.51 -2.el7.x86_64
[root@centos01 /]# rpm -e --nodeps mysql-community-common-5.6.51 -2.el7.x86_64
[root@centos01 /]# rpm -e --nodeps mysql-community-libs-5.6.51-2.el7.x86_64
[root@centos01 /]# rpm -e --nodeps mysql-community-release-el7-5.noarch
```

### 2. 安装 MySQL 服务端

（1）安装 mysql 服务端：

执行以下命令，进入 mysql 安装目录，安装 mysql 服务端。

```
[root@centos01 mysql-libs]# rpm -ivh MySQL-server-5.6.24-1.el6.x86_64.rpm
```

（2）查看产生的随机密码：

执行以下命令，查看 mysql 产生的随机密码：

```
[root@centos01 mysql-libs]# cat /root/.mysql_secret
```

（3）查看 mysql 状态：

执行以下命令，查看 mysql 是否处于运行状态：

```
[root@centos01 mysql-libs]# service mysql status
```

（4）启动 mysql：

执行以下命令，启动 mysql 服务，启动成功则显示“Starting MySQL..SUCCESS!”。

```
[root@centos01 mysql-libs]# service mysql start
```

### 3. 安装 MySql 客户端

（1）安装 mysql 客户端：

执行以下命令，进入到 mysql 安装目录下，安装 mysql 客户端：

```
[root@centos01 mysql-libs]# rpm -ivh MySQL-client-5.6.24-1.el6.x86_64.rpm
```

（2）连接 mysql：

执行以下命令，连接 mysql：

```
[root@centos01 mysql-libs]# mysql -uroot -p7mAbLa8aKHltD3Dr
```

（3）修改密码：

执行以下命令，修改密码为 root，再次登录使用新密码，即执行命令 mysql –uroot –proot。

```
mysql> SET PASSWORD=PASSWORD('root');
```

（4）退出 mysql：

```
mysql> quit;
```

## 4.7.3 Hive安装部署

### 1. Hive 安装及配置

（1）将 apache-hive-2.3.3-bin.tar.gz 上传到 Linux 系统的/opt/softwares 目录下。

（2）将 apache-hive-2.3.3-bin.tar.gz 解压到/opt/modules 目录下：

```
[root@centos01 softwares]# tar -zxvf apache-hive-2.3.3-bin.tar.gz -C /opt/modules/
```

（3）为便于操作，使用 mv 命令修改 apache-hive-2.3.3-bin.tar.gz 为 hive：

```
[root@centos01 modules]# mv apache-hive-2.3.3-bin/ hive
```

将 opt/modules/hive/conf 目录下的 hive-env.sh.template 名称改为 hive-env.sh：

```
[root@centos01 conf]# mv hive-env.sh.template hive-env.sh
```

（4）修改 hive-env.sh 文件配置：

```
[root@centos01 conf]# vim hive-env.sh
#配置HADOOP_HOME路径和HIVE_CONF_DIR路径
export HADOOP_HOME=/opt/modules/hadoop-2.8.2
export HIVE_CONF_DIR=/opt/modules/hive/conf
```

### 2. Hadoop 集群配置

（1）在不同节点上执行以下命令，启动 HDFS 和 YARN：

```
[root@centos01 hadoop-2.8.2]# sbin/start-dfs.sh
[root@centos02 hadoop-2.8.2]# sbin/start-yarn.sh
```

注：由于本书 ResourceManager 在 centos02 节点上，故 YARN 集群在 centos02 节点启动。

（2）在 HDFS 上创建/tmp 和/user/hive/warehouse 两个目录：

```
[root@centos01 hadoop-2.8.2]# bin/hadoop fs -mkdir /tmp
[root@centos01 hadoop-2.8.2]# bin/hadoop fs -mkdir -p /user/hive/warehouse
```

在 HDFS 上查看目录是否创建成功，如图 4-14 所示。

（3）执行以下命令，赋予上述创建的两文件夹同组可写权限：

```
[root@centos01 hadoop-2.8.2]# bin/hadoop fs -chmod g+w /tmp
[root@centos01 hadoop-2.8.2]# bin/hadoop fs -chmod g+w /user/hive/warehouse
```

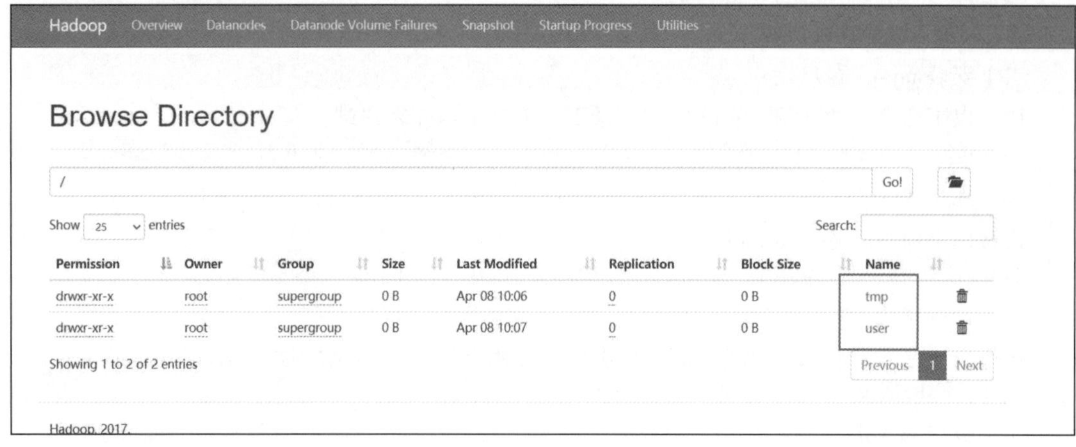


图4-14 HDFS文件系统

## 4.7.4 HBase安装部署

### 1. 安装并配置 HBase

1）上传并解压安装包

（1）将 hbase-1.3.1-bin.tar.gz 上传到 Linux 系统的/opt/softwares 目录下。

（2）执行以下命令，将 HBase 安装包解压至/opt/modules 目录下：

```
[root@centos01 softwares]# tar -zxvf hbase-1.3.1-bin.tar.gz -C /opt/modules
```

2）修改配置文件 hbase-env.sh

（1）执行以下命令，打开 hbase-env.sh 配置文件：

```
[root@centos01 conf]# vim hbase-env.sh
```

（2）向配置文件中添加如下内容：

```
export JAVA_HOME=/opt/modules/jdk1.8.0_144
export HBASE_MANAGES_ZK=false
```

（3）注释掉以下内容：

```
#Configure PermSize. Only needed in JDK7. You can safely remove it for JDK8+
#export HBASE_MASTER_OPTS="$HBASE_MASTER_OPTS-XX:PermSize=128m -XX:MaxPermSize
=128m"
#export  HBASE_REGIONSERVER_OPTS="$HBASE_REGIONSERVER_OPTS  -XX:PermSize=
128m-XX:MaxPermSize=128m"
```

3）修改配置文件 hbase-site.xml

（1）执行以下命令，打开 hbase-site.xml 配置文件：

```
[hadoop@centos01 conf]# vim hbase-site.xml
```

（2）向配置文件中添加如下内容：

```
<configuration>
<property>
<name>hbase.rootdir</name>
<value>hdfs://centos01:9000/HBase</value>
</property>
<property>
```

```
<name>hbase.cluster.distributed</name>
<value>true</value>
</property>
<property>
<name>hbase.master.port</name>
<value>16000</value>
</property>
<property>
<name>hbase.zookeeper.quorum</name>
<value>centos01,centos02,centos03</value>
</property>
<property>
<name>hbase.zookeeper.property.dataDir</name>
<value>/opt/modules/zookeeper-3.4.10/zkData</value>
</property>
</configuration>
```

4）修改配置文件 regionservers

（1）修改 regionservers 和修改 slaves 目的一样，执行以下命令，打开 regionservers 文件：

```
[root@centos01 conf]# vim regionservers
```

（2）向配置文件中添加如下内容。

```
centos01
centos02
centos03
```

5）配置 HBase 环境变量

（1）分别在 centos01、centos02、centos03 节点上进行配置，打开/etc/profile 文件：

```
[root@hadoop ~]# vim /etc/profile
```

（2）向配置文件中添加如下内容：

```
export HBASE_HOME=/opt/modules/hbase-1.3.1
export PATH=$PATH:$HBASE_HOME/bin
```

（3）配置完成后，执行以下命令对环境变量进行刷新：

```
[root@hadoop ~]# source /etc/profile
```

6）软连接

执行以下命令，将 Hadoop 配置文件软连接到 HBase：

```
[root@centos01conf]#ln -s /opt/modules/hadoop-2.8.2/etc/hadoop/core- site.xml /opt/modules/hbase-1.3.1/conf/core-site.xml
[root@centos01 conf]#ln -s /opt/modules/hadoop-2.8.2/etc/hadoop/hdfs-site.xml /opt/modules/hbase-1.3.1/conf/hdfs-site.xml
```

7）将 HBase 远程分发到其他集群

执行以下命令，将 Hbase 相关文件分发至其他节点：

```
[root@centos01conf]#scp -r /opt/modules/hbase-1.3.1 root@centos02:/opt/modules/
[root@centos01conf]#scp -r /opt/modules/hbase-1.3.1 root@centos03:/opt/modules/
```

## 2. 启动 HBase 服务

1）删除.cmd 文件

（1）删除前查看 bin 目录下的.cmd 文件（hbase.cmd、start-hbase.cmd、stop-hbase.cmd）。

```
[root@centos01hbase-1.3.1]#cd bin
[root@centos01 bin]# ll
```

（2）执行以下命令，删除 bin 目录下.cmd 文件：

```
[root@centos01 bin]# rm -rf *.cmd
```

2）启动 Hadoop 和 ZooKeeper 集群

执行下列命令，启动 HDFS，并分别在三个节点上启动 ZooKeeper：

```
[root@centos01 hadoop-2.8.2]# sbin/start-dfs.sh
[root@centos01hadoop-2.8.2]# cd /opt/modules/zookeeper-3.4.10/
[root@centos01 zookeeper-3.4.10]# bin/zkServer.sh start
[root@centos02 zookeeper-3.4.10]# bin/zkServer.sh start
[root@centos03 zookeeper-3.4.10]# bin/zkServer.sh start
```

3）启动 HBase

（1）启动方式一：单节点启动。

① 执行以下命令，启动 master。

```
[root@centos01 hbase-1.3.1]# bin/hbase-daemon.sh start master
```

② 浏览器访问 centos01:16010，查看 HBase 启动状态，如图 4-15 所示。

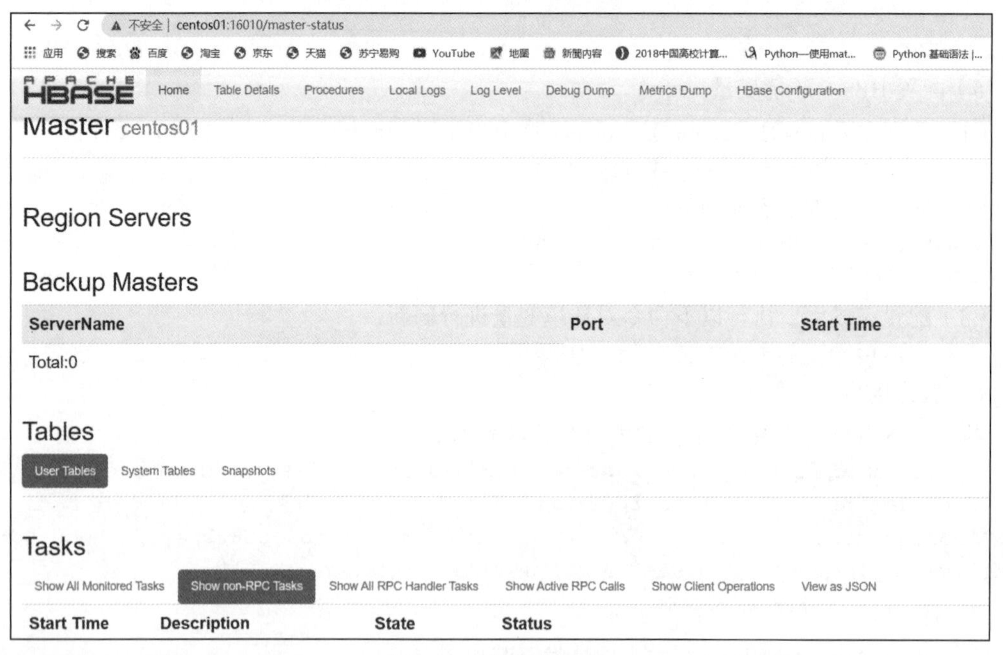


图4-15　单节点启动

③ 执行下列命令，启动一个 regionserver：

```
[root@centos01 hbase-1.3.1]# bin/hbase-daemon.sh start regionserver
```

④ 此时 Web 页面上 Region Servers 出现一条记录，系统 Table 里出现两条记录，分别如图 4-16 和图 4-17 所示。

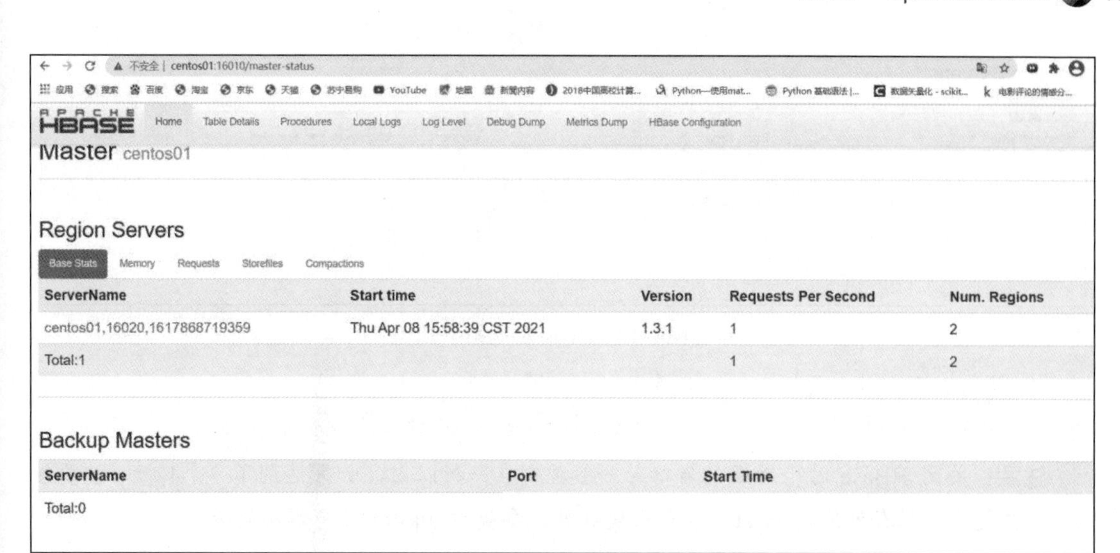


图4-16 Region Servers显示结果1

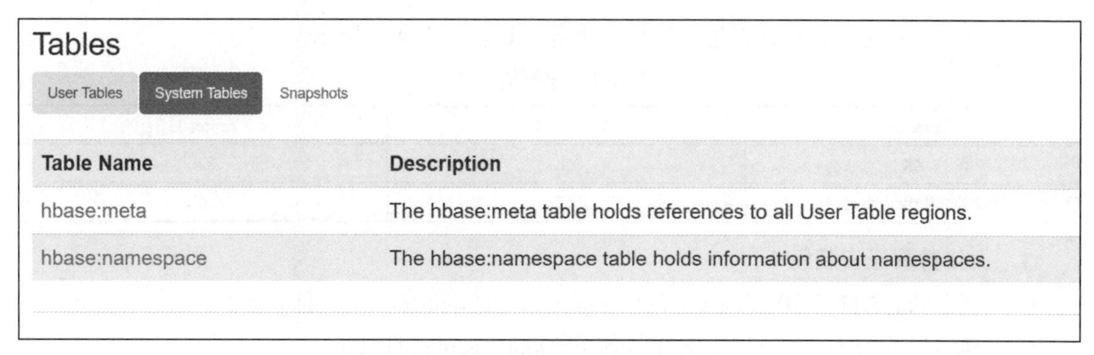


图4-17 系统Table显示结果

⑤ 再在 centos02 上执行以下命令，启动 regionserver。

```
[root@centos02 hbase-1.3.1]# bin/hbase-daemon.sh start regionserver
```

⑥ 刷新，发现 Region Servers 多出一条记录，如图 4-18 所示。

Region Servers

Base Stats Memory Requests Storefiles Compactions

| ServerName | Start time | Version | Requests Per Second | Num. Regions |
|---|---|---|---|---|
| centos01,16020,1617868719359 | Thu Apr 08 15:58:39 CST 2021 | 1.3.1 | 0 | 2 |
| centos02,16020,1617868921073 | Thu Apr 08 16:02:01 CST 2021 | 1.3.1 | 0 | 0 |
| Total:2 | | | 0 | 2 |

图4-18 Region Servers显示结果2

（2）启动方式二：群起 HBase 服务。

**注意：**在启动 HBase 集群之前，必须要保证集群中各个节点的时间是同步的，若不同步会抛出 ClockOutOfSyncException 异常，导致从节点无法启动。

① 执行以下命令，启动 HBase 集群，群起结果如图 4-19 所示。

```
[root@centos01 hbase-1.3.1]# bin/start-hbase.sh
```

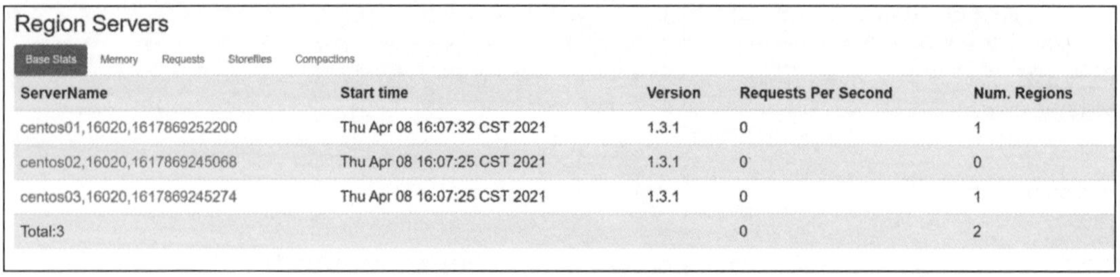

Region Servers

Base Stats　Memory　Requests　Storefiles　Compactions

| ServerName | Start time | Version | Requests Per Second | Num. Regions |
|---|---|---|---|---|
| centos01,16020,1617869252200 | Thu Apr 08 16:07:32 CST 2021 | 1.3.1 | 0 | 1 |
| centos02,16020,1617869245068 | Thu Apr 08 16:07:25 CST 2021 | 1.3.1 | 0 | 0 |
| centos03,16020,1617869245274 | Thu Apr 08 16:07:25 CST 2021 | 1.3.1 | 0 | 1 |
| Total:3 | | | 0 | 2 |

图4-19　HBase群起结果

② 执行以下命令，关闭 HBase 服务。

```
[root@centos01 hbase-1.3.1]# bin/stop-hbase.sh
```

**注意**：关闭 HBase 时，后面的省略号一般控制在一行以内，如果达到了 3、4 行，就要按 <Ctrl+C>退出，很有可能是 master 节点出现故障，要查看 master 日志解决故障。

## 4.7.5　Kafka安装部署

配置 Kafka 首先需要对集群进行规划，集群规划表如表 4-1 所示。

**表 4-1　集群规划表**

| centos01 | centos02 | centos03 |
|---|---|---|
| ZK | ZK | ZK |
| Kafka | Kafka | Kafka |

### 1. 上传并解压安装包

（1）将 kafka_2.11-0.10.2.0.tgz 上传到 Linux 系统的/opt/softwares 目录下。

（2）执行以下命令，将 Kafka 安装包解压至/opt/modules 目录下：

```
[root@centos01softwares]#tar -zxvf kafka_2.11-0.10.2.0.tgz -C /opt/modules/
```

### 2. 修改解压后的文件名称

执行以下命令，将 kafka_2.11-0.10.2.0 文件夹名更改为 kafka：

```
[root@centos01 modules]#mv kafka_2.11-0.10.2.0 kafka
```

### 3. 创建 logs 文件夹

进入/opt/modules/kafka 目录下，执行以下命令，创建 logs 文件夹：

```
[root@centos01 kafka]# mkdir logs
```

### 4. 修改配置文件

（1）执行下列命令，打开 server.properties 文件：

```
[root@centos01 kafka]# cd config/
[root@centos01 config]# vim server.properties
```

（2）在配置文件中修改以下内容：

```
#broker的全局唯一编号，不能重复
broker.id=0
#删除topic功能
delete.topic.enable=true
#处理网络请求的线程数量
```

```
num.network.threads=3
#用来处理磁盘IO的现成数量
num.io.threads=8
#发送套接字的缓冲区大小
socket.send.buffer.bytes=102400
#接收套接字的缓冲区大小
socket.receive.buffer.bytes=102400
#请求套接字的缓冲区大小
socket.request.max.bytes=104857600
#Kafka运行日志存放的路径
log.dirs=/opt/modules/kafka/logs
#topic在当前broker上的分区个数
num.partitions=1
#用来恢复和清理data下数据的线程数量
num.recovery.threads.per.data.dir=1
#segment文件保留的最长时间，超时将被删除 log.retention.hours=168
#配置连接ZooKeeper集群地址
zookeeper.connect=centos01:2181,centos02:2181,centos03:2181
```

### 5. 配置环境变量

（1）执行下列命令，打开/etc/profile 文件：

```
[root@centos01config]# vim /etc/profile
```

添加以下内容：

```
#KAFKA_HOME
export KAFKA_HOME=/opt/modules/kafka
export PATH=$PATH:$KAFKA_HOME/bin
```

（2）刷新/etc/profile 文件，使修改生效：

```
[root@centos01config]# source /etc/profile
```

### 6. 分发安装包

执行下列命令，将 Kafka 相关文件分发至其他节点：

```
[root@centos01 module]$ scp -r /opt/modules/kafka root@centos02:/opt/modules/
[root@centos01 module]$ scp -r /opt/modules/kafka root@centos03:/opt/modules/
```

**注意**：分发之后需要配置其他机器的环境变量，参照第 5 步。

### 7. 修改 Kafka 配置文件

（1）在 centos02 和 centos03 上分别编辑/opt/modules/kafka/config/下的 server.properties。

（2）分别修改配置文件中的 broker.id=1、broker.id=2，注意：broker.id 不得重复。

### 8. 启动 Kafka

（1）启动 Kafka 前要先启动 ZooKeeper 集群。

（2）依次在 centos01、centos02、centos03 节点上启动 Kafka：

```
[root@centos01 kafka]#bin/kafka-server-start.sh -daemon config/server.properties
[root@centos02 kafka]#bin/kafka-server-start.sh -daemon config/server.properties
```

```
[root@centos03 kafka]#bin/kafka-server-start.sh -daemon config/server.
properties
```

### 9. 关闭集群

（1）分别在 centos01、centos02、centos03 节点上停止 Kafka：

```
[root@centos01 kafka]# bin/kafka-server-stop.sh stop
[root@centos02 kafka]# bin/kafka-server-stop.sh stop
[root@centos03 kafka]# bin/kafka-server-stop.sh stop
```

（2）关闭集群后稍等一段时间再查看进程：

```
[root@centos01 kafka]# jps
[root@centos02 kafka]# jps
[root@centos03 kafka]# jps
```

● 视 频

Flume 安装部署

## 4.7.6 Flume安装部署

### 1. 上传并解压安装包

（1）将 apache-flume-1.7.0-bin.tar.gz 上传到 Linux 系统的/opt/softwares/目录下。

（2）将安装包解压到/opt/modules/目录下：

```
[root@centos01 softwares]#tar -zxf apache-flume-1.7.0-bin.tar.
gz -C /opt/ modules/
```

### 2. 更改文件名称

（1）为便于操作，修改 apache-flume-1.7.0-bin 的名称为 flume：

```
[root@centos01 modules]# mv apache-flume-1.7.0-bin flume
```

（2）将 flume/conf 目录下的 flume-env.sh.template 文件名修改为 flume-env.sh：

```
[root@centos01 conf]#mv flume-env.sh.template flume-env.sh
```

### 3. 修改配置文件 flume-env.sh

（1）执行以下命令，打开 flume-env.sh 文件：

```
[root@centos01 conf]# vim flume-env.sh
```

（2）向配置文件中添加如下内容：

```
export JAVA_HOME=/opt/modules/jdk1.8.0_144
```

## 4.7.7 Spark集群典型应用

### 1. Spark Streaming 整合 Kafka

Kafka 作为一个实时的分布式消息队列，实时地生产和消费消息。在大数据计算框架中，可利用 Spark Streaming 实时读取 Kafka 中的数据，再进行相关计算。KafkaUtils 中提供了两个创建 DStream 的方式：一种是 KafkaUtils.createDstream 方式，另一种为 KafkaUtils.createDirectStream 方式。本节使用 KafkaUtils.createDirectStream 方式实现词频统计。

当接收数据时，它会定期地从 Kafka 中 Topic 对应的 Partition 中查询最新的偏移量，再根据偏移量范围在每个 batch 里面处理数据，然后 Spark 通过调用 Kafka 简单的消费者 API（即低级 API）来读取一定范围的数据。

1）创建 Maven 项目并导入依赖

首先创建一个名为 Spark_Kafka 的 Maven 项目，其次，在 pom.xml 文件中添加 Spark Streaming

整合 Kafka 的依赖。具体内容如下：

```
    # 添加Spark Streaming整合Kafka的依赖
    <dependency>
<groupId>org.apache.spark</groupId>
<artifactId>spark-streaming-kafka-0-8_2.11</artifactId>
<version>2.3.2</version>
</dependency>
```

2）创建 Scala 类

在项目的/src/main/scala 目录下，创建 cn.itcast.dstream 包，在包下创建名为“SparkStreaming_Kafka_createDirectStream”的 Scala 类，用来编写 Spark Streaming 应用程序实现词频统计。具体实现代码如下所示：

```
package cn.itcast.dstream
import kafka.serializer.StringDecoder
import org.apache.spark.streaming.dstream.{DStream, InputDStream}
import org.apache.spark.streaming.kafka.KafkaUtils
import org.apache.spark.streaming.{Seconds, StreamingContext}
import org.apache.spark.{SparkConf, SparkContext}
import scala.collection.immutable
object SparkStreaming_Kafka_createDirectStream {
  def main(args: Array[String]): Unit= {
    //1.创建sparkConf,并开启wal预写日志，保存数据源
    val sparkConf: SparkConf = new SparkConf()
      .setAppName("SparkStreaming_Kafka_createDirectStream")
      .setMaster("local[2]")
    //2.创建sparkContext
    val sc = new SparkContext(sparkConf)
    //3.设置日志级别
    sc.setLogLevel("WARN")
    //4.创建StreamingContext
    val ssc = new StreamingContext(sc, Seconds(5))
    //5.设置checkpoint，设置检查点目录
    ssc.checkpoint("./Kafka_Direct")
    //6.定义kafka相关参数
    valkafkaParams = Map("metadata.broker.list"->
"centos01:9092,centos02:9092,centos03:9092","group.id"->"spark_direct")
    //7.定义topic
    val topics = Set("kafka_direct0")
    //8.通过低级api方式将kafka与sparkStreaming进行整合
     val dstream: InputDStream[(String, String)] =
KafkaUtils.createDirectStream[String,String,StringDecoder,StringDecoder]
(ssc,kafkaParams,topics)
    //9.获取topic中的数据
    val topicData: DStream[String] = dstream.map(_._2)
    //10.按空格进行切分每一行,并将切分的单词出现次数记录为1
    val wordAndOne: DStream[(String, Int)] = topicData.flatMap(_.split("
")).map((_, 1))
    //11.统计单词在全局中出现的次数
    val result: DStream[(String, Int)] = wordAndOne.reduceByKey(_ + _)
```

```
    //12.打印输出结果
    result.print()
    //13.开启流式计算
    ssc.start()
    ssc.awaitTermination()
  }
}
```

3）启动 Kafka 集群

（1）启动 Kafka 集群前需要启动 ZooKeeper 集群。

（2）分别在三台机器上执行以下命令，启动 Kafka 集群：

```
[root@centos01 kafka]# bin/kafka-server-start.sh -daemon config/server.properties
[root@centos02 kafka]# bin/kafka-server-start.sh -daemon config/server.properties
[root@centos03 kafka]# bin/kafka-server-start.sh -daemon config/server.properties
```

4）创建 Topic 和生产者

（1）在任意机器上执行上述命令，创建一个名为“kafka_direct0”的 Topic，设置分区数为 3，备份数为 1，指定 ZooKeeper 集群的地址。

```
[root@centos01 kafka]# kafka-topics.sh --create --partitions 3 --replication-factor 1 --zookeeper centos01:2181,centos02:2181,centos03:2181/kafka --topic kafka_direct0
```

（2）运行 2）中的代码，在任意机器上执行以下命令，启动 Kafka 生产者，生产数据。

```
[root@centos01 kafka]# kafka-console-producer.sh --broker-list \
centos01:9092,centos02:9092,centos03:9092 --topic kafka_direct0
>hadoop spark hbase kafka spark
>kafka itcast itcast spark kafka spark kafka
```

**注意**：生产数据的间隔应在 5 s 以内。

（3）打开 IDEA，可以看到控制台输出结果如图 4-20 所示。

```
Run: SparkStreaming_Kafka_createDirectStream
-------------------------------------------
Time: 1621734980000 ms
-------------------------------------------
(itcast,2)
(kafka,4)
(spark,4)
(hadoop,1)
(hbase,1)
```

图4-20 控制台输出结果

### 2. SparkMLlib 数据分析案例——精确营销

1）数据集准备

构建模型的第一步是了解数据，对数据进行解析或转换，以便在 Spark 中作分析。Spark MLlib 的 ALS 算法要求用户和产品的 ID 必须都是数值型，并且是 32 位非负整数，以下准备的数据集完全符合 Spark MLlib 的 ALS 算法要求，不必进行转换，可直接使用。本例中将准备好的数据集存储在本地目录/movie。

（1）用户数据（users.dat）如下所示：

```
用户 ID::   性别::   年龄::   职业编号::   邮编
6031::      F::      18::     0::          45123
6032::      M::      45::     7::          55108
6033::      M::      50::     13::         78232
6034::      M::      25::     14::         94117
6035::      F::      25::     1::          78734
6036::      F::      25::     15::         32603
6037::      F::      45::     1::          76006
6038::      F::      56::     1::          14706
6039::      F::      45::     0::          01060
6040::      M::      25::     6::          11106
```

（2）电影数据（movies.dat）如下所示：

```
电影 ID::   电影名称::                          电影种类
3943::      Bamboozled (2000)::                 Comedy
3944::      Bootmen (2000)::                    Comedy|Drama
3945::      Digimon: The Movie (2000)::         Adventure|Animation|Children's
3946::      Get Carter (2000)::                 Action|Drama|Thriller
3947:       :Get Carter (1971)::                Thriller
3948::      Meet the Parents (2000)::           Comedy
3949::      Requiem for a Dream (2000)::        Drama
3950::      Tigerland (2000)::                  Drama
3951::      Two Family House (2000)::           Drama
3952::      Contender, The (2000)::             Drama|Thriller
```

（3）评分数据（ratings.dat）如下所示：

```
用户 ID::   电影 ID::   评分::   时间
6040::      2022::      5::      956716207
6040::      2028::      5::      956704519
6040::      1080::      4::      957717322
6040::      1089::      4::      956704996
6040::      1090::      3::      956715518
6040::      1091::      1::      956716541
6040::      1094::      5::      956704887
6040::      562::       5::      956704746
6040::      1096::      4::      956715648
6040::      1097::      4::      956715569
```

（4）我的评分数据（test.dat）如下所示：

```
用户 ID::   电影 ID::   评分::   时间
0::         780::       4::      1409495135
0::         590::       3::      1409495135
0::         1210::      4::      1409495135
0::         648::       5::      1409495135
```

```
0::    344::    3::    1409495135
0::    165::    4::    1409495135
0::    153::    5::    1409495135
0::    597::    4::    1409495135
0::    1580::   5::    1409495135
```

2）上传数据集

（1）执行以下命令，将以上数据文件上传至 HDFS 文件系统：

```
[root@centos01 ~]# cd /opt/modules/hadoop-2.8.2/bin
[root@centos01 hadoop-2.8.2]# bin/hdfs dfs -copyFromLocal /movie/ /
```

（2）进入 HDFS 文件系统，查看是否上传成功，如图 4-21 所示。

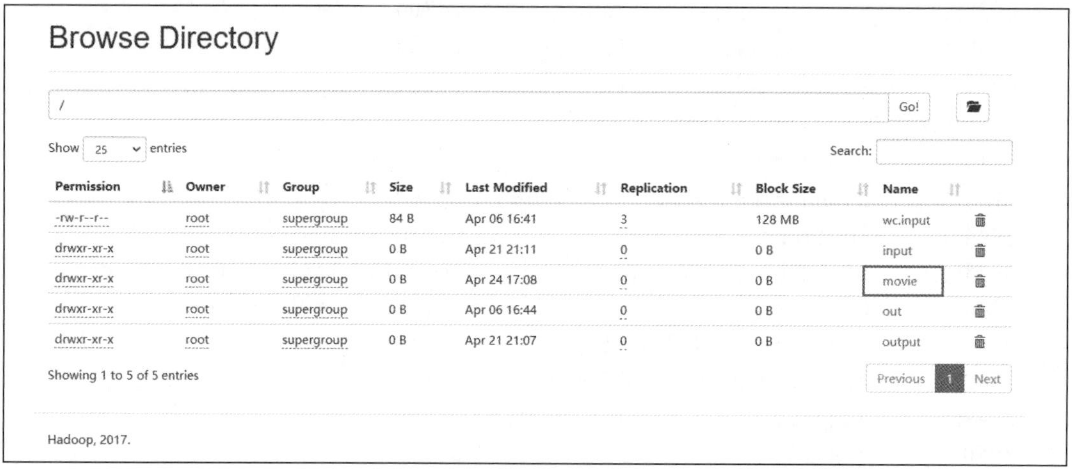

Browse Directory

/ Go!

Show 25 entries Search:

| Permission | Owner | Group | Size | Last Modified | Replication | Block Size | Name |
|---|---|---|---|---|---|---|---|
| -rw-r--r-- | root | supergroup | 84 B | Apr 06 16:41 | 3 | 128 MB | wc.input |
| drwxr-xr-x | root | supergroup | 0 B | Apr 21 21:11 | 0 | 0 B | input |
| drwxr-xr-x | root | supergroup | 0 B | Apr 24 17:08 | 0 | 0 B | movie |
| drwxr-xr-x | root | supergroup | 0 B | Apr 06 16:44 | 0 | 0 B | out |
| drwxr-xr-x | root | supergroup | 0 B | Apr 21 21:07 | 0 | 0 B | output |

Showing 1 to 5 of 5 entries Previous 1 Next

Hadoop, 2017.

图4-21 HDFS文件系统界面

3）代码实现

（1）为防止 shell 端 INFO 日志刷屏，影响查看打印信息，修改打印日志级别。

① 进入/opt/modules/spark/conf 目录，将 log4j.properties.template 文件命名为 log4j.properties。

```
[root@centos01 ~]# cd /opt/modules/spark/conf
[root@centos01 conf]# mv log4j.properties.template log4j.properties
[root@centos01 conf]# vim log4j.properties
```

② 在文件中添加如下配置项：

```
log4j.rootCategory=WARN, console
```

（2）进入/opt/modules/spark/bin 目录，执行以下命令，启动 spark-shell：

```
[root@centos01 bin]# ./spark-shell
```

（3）在 spark-shell 命令行输入代码，具体代码如下：

```
    /** 导入Spark机器学习推荐算法相关包 **/
    import org.apache.spark.mllib.recommendation.{ALS, Rating, MatrixFactorizationModel}
    import org.apache.spark.rdd.RDD
    /** 定义函数，校验集预测数据和实际数据之间的均方根误差，后面会调用此函数 **/
    def computeRmse(model:MatrixFactorizationModel,data:RDD[Rating],n:Long):
Double = {
      val predictions:RDD[Rating] = model.predict((data.map(x => (x.user,x.product))))
      val predictionsAndRatings = predictions.map{ x =>((x.user,x.product),
```

```
x.rating)}
    .join(data.map(x => ((x.user,x.product), x.rating))).values
      math.sqrt(predictionsAndRatings.map( x => (x._1 - x._2) * (x._1 -
x._2)).reduce(_+_)/n)
     }
     /** 加载数据 **/
       //1.我的评分数据(test.dat),转成Rating格式，即用户id，电影id，评分
       val myRatingsRDD = sc.textFile("/movie/test.dat").map {
         line => val fields = line.split("::")
           // format: Rating(userId, movieId, rating)
           Rating(fields(0).toInt, fields(1).toInt, fields(2).toDouble)
       }
       //2.样本评分数据(ratings.dat)，其中最后一列Timestamp取除10的余数作为key，
Rating为值，即(Int，Rating)，以备后续数据切分
       val ratings = sc.textFile("/movie/ratings.dat").map {
         line => val fields = line.split("::")
           // format: (timestamp % 10, Rating(userId, movieId, rating))
           (fields(3).toLong % 10, Rating(fields(0).toInt, fields(1).toInt,
fields(2).toDouble))
       }
       //3.电影数据(movies.dat)(电影ID->电影标题)
       val movies = sc.textFile("/movie/movies.dat").map {
         line => val fields = line.split("::")
           // format: (movieId, movieName)
           (fields(0).toInt, fields(1))
       }.collect().toMap
     /** 统计所有用户数量和电影数量以及用户对电影的评分数目 **/
       val numRatings = ratings.count()
       val numUsers = ratings.map(_._2.user).distinct().count()
       val numMovies = ratings.map(_._2.product).distinct().count()
       println("total number of rating data: " + numRatings)
       println("number of users participating in the score: " + numUsers)
       println("number of participating movie data: " + numMovies)
     /** 将样本评分表以key值切分成3个部分，分别用于训练（60%，并加入我的评分数据）、校验
（20%）以及测试（20%） **/
       //定义分区数，即数据并行度
       val numPartitions = 4
       //因为以下数据在计算过程中要多次应用到，所以cache到内存
       //训练数据集，包含我的评分数据
       val training = ratings.filter(x => x._1 < 6).values.union(myRatingsRDD)
                                        .repartition(numPartitions).persist()
       //验证数据集
       val validation = ratings.filter(x => x._1 >= 6 && x._1 < 8).values
                                        .repartition(numPartitions).persist()
       //测试数据集
       val test = ratings.filter(x => x._1 >= 8).values.persist()
       //统计各数据集数量
       val numTraining = training.count()
       val numValidation = validation.count()
       val numTest = test.count()
```

```
      println("the number of scoring data for training) (including my score data):"
 + numTraining)
      println("number of rating data as validation: " + numValidation)
      println("number of rating data as a test: " + numTest)
    /** 训练不同参数下的模型，获取最佳模型 **/
      //设置训练参数及最佳模型初始化值
      //模型的潜在因素的个数，即U和V矩阵的列数，也叫矩阵的阶
      val ranks = List(8, 12)
      //标准的过拟合参数
      val lambdas = List(0.1, 10.0)
      //矩阵分解迭代次数，次数越多花费时间越长，分解的结果也可能会更好
      val numIters = List(10, 20)
      var bestModel: Option[MatrixFactorizationModel] = None
      var bestValidationRmse = Double.MaxValue
      var bestRank = 0
      var bestLambda = -1.0
      var bestNumIter = -1
      //根据设定的训练参数对训练数据集进行训练
      for (rank <- ranks; lambda <- lambdas; numIter <- numIters) {
        //计算模型
        val model = ALS.train(training, rank, numIter, lambda)
        //计算针对校验集的预测数据和实际数据之间的均方根误差
        val validationRmse = computeRmse(model, validation, numValidation)
        println("Root mean square: " + validationRmse + " Parameter: --rank = "
          + rank + " --lambda = " + lambda + " --numIter = " + numIter + ".")
        //均方根误差最小的为最佳模型
        if (validationRmse < bestValidationRmse) {
          bestModel = Some(model)
          bestValidationRmse = validationRmse
          bestRank = rank
          bestLambda = lambda
          bestNumIter = numIter
        }
      }
    /** 用训练的最佳模型预测评分并评估模型准确度 **/
      //训练完成后，用最佳模型预测测试集的评分，并计算和实际评分之间的均方根误差(RMSE)
      val testRmse = computeRmse(bestModel.get, test, numTest)
      println("Optimal model parameters --rank = " + bestRank + " --lambda = "
+ bestLambda + " --numIter = " + bestNumIter + " \nThe root mean square between
the predicted data and the real data under the optimal model: " + testRmse + ".")
      //创建一个用均值预测的评分，并与最好的模型进行比较，这个mean()方法在
DoubleRDDFunctions中，求平均值
      val meanRating = training.union(validation).map(_.rating).mean
      val baselineRmse = math.sqrt(test.map(x => (meanRating - x.rating) *
(meanRating - x.rating)).reduce(_ + _) / numTest)
    println("Root mean square between mean prediction data and real data: "+
baselineRmse + ".")
      val improvement = (baselineRmse - testRmse) / baselineRmse * 100
      println("The accuracy of the prediction data of the best model with respect
to the mean prediction data: " + "%1.2f".format(improvement) + "%.")
```

```
        //向我推荐十部最感兴趣的电影
        val recommendations = bestModel.get.recommendProducts(0,10)
        //打印推荐结果
        var i = 1
        println("10 films recommended to me:")
        recommendations.foreach { r => println("%2d".format(i) + ": " +
movies(r.product))
          i += 1
        }
```

（4）模型训练时间较长，所以需耐心等待上述代码运行结束，最终运行结果如图 4-22 所示。结果显示，程序已实现十部最感兴趣电影的推荐。

```
scala>     println("10 films recommended to me:")
10 films recommended to me:

scala>     recommendations.foreach { r =>      println("%2d".format(i) + ": " + movies(r.product))

     |       i += 1
     |     }
 1: Chushingura (1962)
 2: Love Serenade (1996)
 3: Inferno (1980)
 4: Raiders of the Lost Ark (1981)
 5: First Love, Last Rites (1997)
 6: Bewegte Mann, Der (1994)
 7: Bandits (1997)
 8: Terminator 2: Judgment Day (1991)
 9: Die Hard (1988)
10: Big Trees, The (1952)
```

图4-22　运行结果

## 小　结

本章主要介绍了 Spark、Hive、HBase、Kafka 及 Flume 组件的核心机制以及实时大数据系统搭建的过程。本章的重点是了解各组件工作机制，掌握各组件架构原理，读者自己动手搭建集群，并能利用任意两组件进行联动。

# 第5章 构建基于 Hadoop 的离线电商大数据分析平台

本章讲解离线电商大数据分析平台案例，该系统从不同维度对电商数据进行分析，并以图表的形式展示出来。首先讲解 Hadoop 离线分析系统的需求和架构，然后讲解数据采集、分析处理、存储和可视化模块的具体实现。

**学习目标**

- 熟悉 Hadoop 离线系统架构以及业务流程。
- 使用爬虫技术对京东/淘宝数据进行爬取。
- 掌握向 Kafka 集群发送数据的方法。
- 结合 Spark SQL 技术将数据处理结果存入 MySQL 数据库。
- 学会使用 Superset 连接数据库对数据进行可视化展示。

## 5.1 系统需求与架构

本节主要从系统背景、功能需求和架构体系三方面进行分析，旨在帮助读者理解 Hadoop 离线分析系统的开发流程。

### 5.1.1 系统背景介绍

大数据时代已经到来，企业迫切希望从已经积累的数据中分析出有价值的东西，而用户行为分析显得尤为重要。利用大数据来分析用户的行为与消费习惯，可以预测商品的发展趋势，提高产品质量，同时提高用户满意度，让自身企业在竞争环境中拥有更加强大的市场竞争力。

本案例通过获取大数据平台中电子产品的评价数据，将数据进行多维度的分析整合，根据用户真实评论数据统计出每一款手机的性能参数，如手机外观、电池续航能力等。从用户角度来为每一款手机作画像，挖掘用户潜在需求，从而进行精准营销定位，完善产品搭建，带来更好的销售量。

## 5.1.2　系统功能需求

本案例旨在实现一个电商大数据分析平台，即实现电商网站手机属性、评论等数据的爬取与存储，结合 Spark 对数据进行离线分析处理，将处理结果存储在 MySQL 数据库中，最终结合 Apache Superset 以图表的形式展示数据，具体的功能需求如下所示：

（1）功能点：从目标网站爬取数据。

功能描述：访问目标网站 https://www.jd.com/。

（2）功能点：查询手机列表信息。

- 功能描述：地址导航：在搜索框中输入手机点击查询。
- 网址入口：https://search.jd.com/Search?keyword=%E6%89%8B%E6%9C%BA&enc=utf-8&wq=%E6%89%8B%E6%9C%BA&pvid=9149a588e66e477dbf9a6c2706faaa22。

目的：统计所抓取数据的电商平台总数、手机品牌数量、系统数据量、商品售后评价来源。

（3）功能点：查询某个手机的详细属性。

功能描述：地址导航——点击手机列表中的任一手机跳转到手机详细信息界面。

网址入口：https://item.jd.com/5089253.html。

目的：获取手机属性——支持国产、通话质量、功能、性价比、电池耐用度、系统流畅度、外观、屏幕尺寸、手机灵敏度，等等。

（4）功能点：查询某个手机的评论信息

功能描述：地址导航——点击手机列表中的任一手机跳转到手机详细信息界面。

网址入口：https://sclub.jd.com/comment/productPageComments.action?callback=fetchJSON_comment98vv112617&productId=5089253&score=0&sortType=5&page=1&pageSize=10&isShadowSku=0&rid=0&fold=1。

目的：通过评论分词展示手机评论的主要情感信息，统计会员等级价格区间销量。

## 5.1.3　系统架构设计

本系统架构采用模块化设计，分为数据采集、数据清洗、数据存储、离线数据分析和结果展示模块。将大数据落实到应用中。采用网络爬虫技术从淘宝和京东两大电商网站爬取手机产品的相关信息。将爬取到的数据发送到 Kafka 中，Storm 从 Kafka 中读取数据进行数据处理，将处理的结果存入分布式文件存储系统 HDFS 中。使用 Spark 进行离线数据分析，将统计结果存入到 MySQL 数据库中。最后集成 ApacheSuperset 图形，从数据可视化、指标可视化、数据关系可视化等角度，通过精准、友好、快速的可视化界面全方位地展示给用户。系统架构如图 5-1 所示。

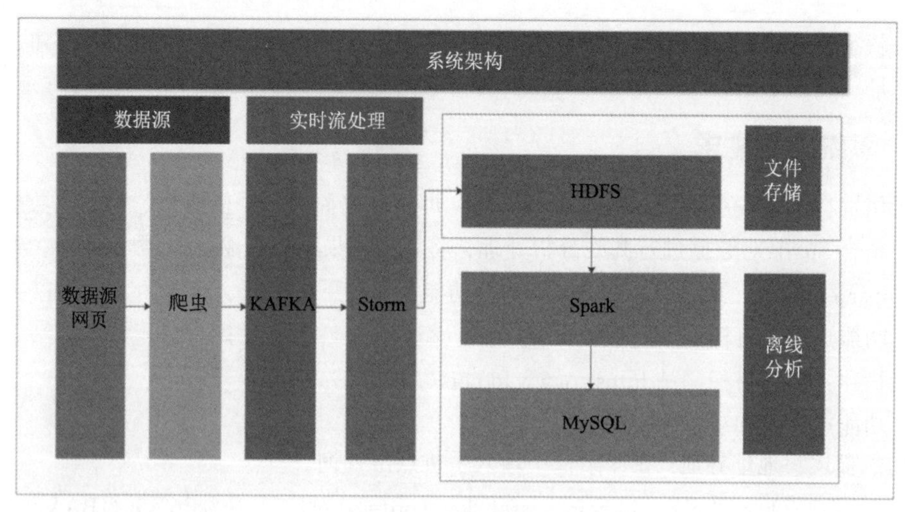


图5-1　系统架构图

## 5.2　数据采集模块实现

视　频

商品信息爬取

本节主要讲解爬取京东网站手机数据的思路和核心实现代码，即首先使用Python爬虫技术爬取京东手机属性信息和用户评论数据，将爬取到的数据存入不同的csv文件，最后进行京东手机信息采集模块的调试分析。

### 5.2.1　商品信息爬取

#### 1. 京东手机列表信息爬取

1）设计思路

使用Python的requests库进行数据爬取。分析京东的手机页面，可以发现一页中有60个手机信息，后30个手机信息是动态加载的，所以前30个手机信息和后30个手机信息要分开获取。

首先获取前30个手机信息，使用Chrome浏览器进行网络抓包，找到包含手机信息的响应，观察不同页数的url，发现规律来构造url。接着构造headers，需要先登录京东，然后在headers中加入cookies、user.agent等的值，这样可以模拟浏览器进行页面访问。浏览器响应的是HTML，所以使用xpath定位，按照id或者class来提取相应标签下的属性或者文本信息，边爬取边处理数据。在爬取完一条手机数据后使用csv库中的writer写入指定的csv文件。如果是将手机信息存储在列表或其他容器中，在全部爬取结束以后一次性写入csv文件，则很容易出现中间出错而导致程序终止、之前的数据全部丢失的情况。

因为每一页的后30个手机信息是动态加载的，只有当鼠标滑动到后30个手机的位置，手机的信息才会被加载出来。依然是使用Chrome浏览器的Network抓包，选中XHR选项，当鼠标滑动到页面的下半部分，就会发现出现一个新的数据响应，通过观察多个页面的url，发现规律，使用规律来构造url。设置headers变量，在里面添加cookie、user.agent等信息模拟浏览器发送请求。响应的是HTML字符串，使用xpath定位，按照id或者class来提取相应标签下的属性或者文本信息，边爬取边处理数据。在爬取完一条手机数据后使用csv库中的writer写入指定的 csv 文件。

在爬取的时候需要爬取评论数，评论数需要请求手机的详情页面进行获取，响应的是 JSON 字符串，将 JSON 字符串处理成 Python 中字典的键值对形式，使用 json.loads 方法转换成字典，提取出评论数的数据。

爬取时京东一共有 50 页数据，相当于 3 000 个左右的手机信息，数量较多，所以在发送请求时使用 time 库的 sleep()函数让程序隔一段时间发送一次请求。

2）核心代码

（1）获取前 30 个手机信息，具体代码如下：

```
    def crow_first(page):
        url =
        "https://search.jd.com/Search?keyword=%E6%89%8B%E6%9C%BA&wq=
%E6%89%8B%E6%9C%BA&page={}&s={}&click=0".format(2 * page - 1, (page - 1) * 60
+ 1)
        response = requests.get(url, headers=headers)
        response.encoding = "utf-8"
        time.sleep(random.randint(1, 5))
        html = etree.HTML(response.text)
        li_list = html.xpath('//div[@id="J_goodsList"]/ul/li')
        id_list = []
        with open("./data/JD_phone.csv", "a", encoding="utf-8", newline="") as f:
            writer = csv.writer(f)
            for li in li_list:
                p_id = li.xpath("@data-sku")[0]
                id_list.append(p_id)
                p_price = li.xpath('div/div[@class="p-price"]/strong/i/text()')[0]
                p_detail = 'https:' + li.xpath('div/div[@class="p-name
p-name-type-2"]/a/@href')[0].replace('https:', '')
                p_comment = comment(p_detail)
                p_name = li.xpath('div/div[@class="p-name p-name-type-2"]/a/em/
text()')[0].strip()
                try:
                    p_shop = li.xpath('div/div[@class="p-shop"]/span/a/text()')[0]
                except:
                    p_shop = 'null'
                try:
                    p_model = li.xpath('div/div[@class="p-icons"]/i[@class= "goods-
icons J-picon-tips J-picon-fix"]/text()')[0]
                except:
                    p_model = 'null'
                writer.writerow([p_name, p_id, p_price, p_comment, p_shop,
p_detail, p_model])
                print("商品名称: " + p_name, "商品ID: " + p_id, "价格: " + p_price,
"评论数: " + p_comment, "店铺名称:" + p_shop, "详情链接:" + p_detail, "是否自营:" +
p_model)
```

（2）获取后 30 个手机信息，具体代码如下：

```
    def crow_last(page):
```

```
        url =
        "https://search.jd.com/s_new.php?keyword=%E6%89%8B%E6%9C%BA&page=
{}&s={}&scrolling=y&log_id={}".format(page * 2, 48 * page - 20, '%.5f' %
time.time())
        r = requests.get(url, headers=headers)
        r.encoding = "utf-8"
        time.sleep(5)
        html = etree.HTML(r.text)
        li_list = html.xpath('//li[@data-sku]')
        with open("./data/JD_phone.csv", "a", encoding="utf-8", newline="") as f:
            writer = csv.writer(f)
            for li in li_list:
                p_id = li.xpath("@data-sku")[0]
                p_price = li.xpath("div/div[@class='p-price']/strong/i/text()")[0]
                p_detail = 'https:' + li.xpath('div/div[@class="p-name p-name-
type-2"]/a/@href')[0].replace('https:', '')
                p_comment = comment(p_detail)
                p_name = li.xpath("div/div[@class='p-name p-name-type-2']/a/em
/text()")[0].strip()
                try:
                p_shop = li.xpath("div/div[@class='p-shop']/span/a/@title")[0]
                except:
                    p_shop = "null"
                try:
                    p_model = li.xpath("div/div[@class='p-icons']/i[@class= 'goods-
icons J-picon-tips J-picon-fix']/text()")[0]
                except:
                    p_model = 'null'
                writer.writerow([p_name, p_id, p_price, p_comment, p_shop,
p_detail, p_model])
                print("商品名称: " + p_name, "商品ID: " + p_id, "价格: " + p_price,
"评论数: " + p_comment, "店铺名称:" + p_shop, "详情链接:" + p_detail, "是否自营:" +
p_model)
```

（3）获取评论数

```
    def comment(p_detail):
        url = "https://club.jd.com/comment/productCommentSummaries.action?referenceIds
={}&_={}" \.format(re.findall('//item.jd.com/(.*?).html', p_detail)[0],('%.3f'%
time.time()).replace('.', ''))
        content = requests.get(url, headers=headers).text.replace('{"CommentsCount":
[', '').replace(']}', '')
        dict_content = json.loads(content)
        return dict_content.get('CommentCountStr', 'null')
```

**2. 京东手机详情信息爬取**

1）设计思路

该部分的设计是建立在已经把手机的基本信息爬取成功并存入 csv 文件的基础上。请求详情页的 url 在爬取手机基本信息的时候已经保存到了 csv 文件中。所以需要使用 csv 库中的 reader

方法读取出相应的列的内容。除了读取出详情页链接那一列的内容之外，还要将商品 ID 那一列读取出来，用来构造 headers 中 path 的值。

使用从 csv 文件中读取出来的 url 和构造的 headers 模拟浏览器发送请求，获取响应，返回的是 HTML 字符串，使用 xpath 定位，按照 id 或者 class 来提取相应标签下的属性或者文本信息。手机的详情信息全部都是在<li>标签下，也没有特别的标记表明这个<li>标签中的内容是运行内存还是屏幕分辨率等，所以需要自己写 if 语句进行判断，再使用 replace()函数把多余部分替换掉，提取出有用的部分写入 csv 文件中。

2）核心代码

（1）读取 csv 文件中的内容，具体代码如下：

```
def read(filename):
    urldata = []
    with open(filename, encoding="utf-8") as f:
        csv_reader = csv.reader(f)
        next(csv_reader)
        for row in csv_reader:
            urldata.append({"productId": row[1], "url": row[5]})
    return urldata
```

（2）提取<li>标签下的内容，具体代码如下：

```
def getResult(patternStr, text):
    result = ""
    try:
        if (patternStr in text):
            result = text.replace(patternStr, "")
    except:
        result = "null"
    if result == "":
        result = "null"
    return result
```

（3）爬取详情页的手机详细信息并存入 csv 文件，具体代码如下：

```
def scrap(urldata, outFilename):
    for index in range(len(urldata)):
        data = urldata[index]
        url = data["url"]
        print("正在爬取第{}个网页,url={}".format(index + 1, url))
        r = requests.get(url, headers=headers)
        r.encoding = "utf-8"
        html = etree.HTML(r.text)
        try:
            brand = html.xpath('//*[@id="parameter-brand"]/li/@title')[0]
        except:
            brand = "null"
        print("brand = ", brand)
        datas = html.xpath('//*[@id="detail"]/div[2]/div[1]/div[1]/ul[3]')
        if len(datas) == 0:
            datas = html.xpath('//*[@id="detail"]/div[2]/div[1]/div[1]/ ul[2]')
```

```
        print(len(datas))
        with open(outFilename, "a", encoding="utf-8",newline="") as f:
            writer = csv.writer(f)
            for data in datas:
                productName = "null"
                productId = "null"
                productWeight = "null"
                productHome = "null"
                system = "null"
                productThickness = "null"
                camera = "null"
                battery = "null"
                screen = "null"
                function = "null"
                runningMemory = "null"
                frontCameraElement = "null"
                backCameraElement = "null"
                systemMemory = "null"
                for lidata in data:
                    txt = lidata.text
                    if productName == "null":
                            productName = getResult("商品名称: ", txt)
                    if productId == "null":
                            productId = getResult("商品编号: ", txt)
                    if productWeight == "null":
                            productWeight = getResult("商品毛重: ", txt)
                    if productHome == "null":
                            productHome = getResult("商品产地: ", txt)
                    if system == "null":
                            system = getResult("操作系统: ", txt)
                    if productThickness == "null":
                            productThickness = getResult("机身厚度: ", txt)
                    if camera == "null":
                            camera = getResult("摄像头数量: ", txt)
                    if battery == "null":
                            battery = getResult("充电器: ", txt)
                    if screen == "null":
                            screen = getResult("分辨率: ", txt)
    if function == "null":
                            function = getResult("热点: ", txt)
                    if runningMemory == "null":
                            runningMemory = getResult("运行内存: ", txt)
                    if frontCameraElement == "null":
                            frontCameraElement = getResult("前摄主摄像素: ", txt)
                    if backCameraElement == "null":
                            backCameraElement = getResult("后摄主摄像素: ", txt)
                    if systemMemory == "null":
                            systemMemory = getResult("机身存储: ", txt)
    data = [brand, productName, productId, productWeight, productHome, system,
productThickness,   camera,   battery,   screen,   function,   runningMemory,
```

```
frontCameraElement, backCameraElement, systemMemory]
                print(data)
                writer.writerow(data)
        f.close()
        time.sleep(random.randint(1,3))
```

### 3. 京东手机评论信息爬取

1）设计思路

该部分的设计是建立在已经把手机的基本信息爬取成功并存入 csv 文件的基础上。请求详情页的 url 在爬取手机基本信息的时候已经保存至 csv 文件中，所以需要使用 csv 库中的 reader 方法读取出相应的列的内容。除了读取出详情页链接那一列的内容之外，还要将商品 ID 一列读取出来，用来构造 headers 中 Referer 的值。

使用从 csv 文件中读取出来的 url 和构造的 headers 模拟浏览器发送请求，获取响应，返回的是 JSON 格式的字符串，对返回结果的首尾处理成 Python 的字典形式，再使用 json.loads 方法将其转变为字典，可以使用键来获取对应的值，并将值处理成指定的形式。每处理完一条评论的内容就写入到指定的 csv 文件。

2）核心代码

（1）读取 csv 文件：

```
    def read(filename):
        urldata = []
        with open(filename, encoding="utf-8") as f:
            csv_reader = csv.reader(f)
            next(csv_reader)
            for row in csv_reader:
                urldata.append({"id": row[0], "url": "https://detail.tmall.com/
item.htm?id={}&ns=1&abbucket=7".format(row[0])})
        return urldata
```

（2）模拟浏览器发送请求，获取响应，并写入 csv 文件：

```
    def scrap(urldata, outFilename):
        for index in range(len(urldata)):
            data = urldata[index]
            url = "https://club.jd.com/comment/productPageComments.action?productId=
{}&score=0&sortType=5&page=0&pageSize=10&isShadowSku=0&fold=1".format(data["
productId"])
            print("正在爬取第{}个网页,url={}".format(index + 1, url))
            r = requests.get(url, headers=headers)
            r.encoding = "gbk"
            r = r.text.replace("fetchJSON_comment98(", "").replace(");", "")
            time.sleep(random.randint(1, 3))
            jsonStr = json.loads(r)
            productId = jsonStr["productCommentSummary"]["productId"]
            print(productId)
            comments = jsonStr["comments"]
            with open(outFilename, 'a', encoding="utf-8", newline="")as f:
                write = csv.writer(f)
```

```
            for comment in comments:
                try:
                    id = comment["id"]
                except:
                    id = "null"
                try:
                    guid = comment["guid"].replace("\n", "").replace("\r", "").
replace(",", ", ")
                except:
                    guid = "null"
                try:
                    content = comment["content"].replace("\n", "").replace
("\r", "").replace(",", ", ")
                except:
                    content = "null"
                try:
                    creationTime = comment["creationTime"].replace("\n", "").
replace("\r", "").replace(",", ", ")
                except:
                    creationTime = "null"
                try:
                    referenceId = comment["referenceId"].replace("\n", "").
replace("\r", "").replace(",", ", ")
                except:
                    referenceId = "null"
                try:
                    referenceTime = comment["referenceTime"].replace("\n", "").
replace("\r", "").replace(",", ", ")
                except:
                    referenceTime = "null"
                try:
                    score = comment["score"]
                except:
                    score = "null"
                try:
                    nickname = comment["nickname"].replace("\n", "").replace
("\r", "").replace(",", ", ")
                except:
                    nickname = "null"
                try:
                    productColor = comment["productColor"].replace("\n", "").
replace("\r", "").replace(",", ", ")
    except:
                    productColor = "null"
                try:
    productSize = comment["productSize"].replace("\n", "").replace("\r", "").
replace(",", ", ")
                except:
                    productSize = "null"
                data = [id, productId, guid, content, creationTime, referenceId,
```

```
referenceTime, score, nickname, productColor, productSize]
                    write.writerow(data)
    f.close()
```

### 4. 淘宝手机列表信息爬取

1）使用 requests

（1）设计思路。

使用 Chrome 浏览器查看网页源代码，查看结果如图 5-2 所示。可以看到该页的手机相关信息都包含在其中。观察多个页面的 url，发现规律。利用发现的规律在代码中使用循环的方式构造 url，以及登录淘宝页面以后获取保存在本地的 cookie 值并添加到 headers 中，用于请求的时候使用。使用 requests 库的 get()方法模拟浏览器发送请求，获取响应。使用正则表达式匹配到相应的内容，再使用 json.loads()方法将 JSON 字符串转换为 Python 的字典格式，方便按照相应的键提取出相应的值，并对值进行处理以后写入 csv 文件。

在处理销售量这一数值的时候，由于获取到的内容是“××人付款”，使用正则表达式将前面的数字提取出来，也有“××万人付款”或“××+人付款”这种内容，也都是使用正则表达式提取出来，有“万”的话，将字符串转变为 float 类型以后再乘以 10 000 即可。


```
<script>

g_page_config = {"pageName":"mainsrp","mods":{"shopcombotip":{"status":"hide"},"phonenav":{"status":"hide"},"debugbar":{"status":"hide"},"shopcombo":{"status":"hide"},"itemlist":
{"status":"show","data":{"postFeeText":"运费","trace":"msrp_auction","auctions":[{"p4p":1,"p4pSameHeight":true,"nid":"624566427239","category":"","pid":"","title":"【送天猫精灵】OPPO K7
oppok7\u003cspan class\u003dH\u003e手机\u003c/span\u003e新款上市oppo5g新品0pp0k7 a92s k5 k3 k1 oppo官网旗舰店 官方 未来","raw_title":"OPPO K7正品手机新款上市官方旗舰店","pic_url":"//g-
search1.alicdn.com/img/bao/uploaded/i4/imgextra/i3/108126899/O1CN01MZQvzg20pn65JJdNQ_!!0-saturn_solar.jpg","detail_url":"https://click.simba.taobao.com/cc_im?
p\u003d%CA%D6%BB%FA\u0026s\u003d1821184139\u0026k\u003d493\u0026e\u003dlqnqFuZdfiZeVxhcdatEMH0JcqLR7mdbt3rDun68eBnFJA4X2866SFJa0iKJ8JN2Mn0XfXi6JGobMbO0Yd441IvFKmh%2FIfLDk5I52CiLy9Cua4jUI
4iTPNzUI3SUoNMvbnZfpBGZntZdNBqq92%2BIpR8cpQRjd8vJaCxaU%2FEhx%2BaZDi46J81DVD7FEImoSkwNS6DlTkjsxk3E3J19pNqz8nbdVQ2YJEhJts02AropcfAzXnF%2FusIU9XAtFalVTCYzikQy8aNlaZSr0F1%2BlHnA9qE9yjY8FYh0%
2FWPIRCgGuyF8M95IjTtz7QpvuZ6%2B8j3i5m7Cn9r5n8TD03fcQuC9W0N%2FKsL01K%2BrEWBUGgYH%2FpcdvmrxQnHyhjxM09ryUKoWEGbA7XoMH61laKH6SMAp6SooAtst5k2VVnGjV0GxHHZ33QTQ09z4bGLibcTeM1EgQJGoLjMgHc9FWzXDs
3hA0te%2FLQIxvVDB1MVNERNt594%3D","view_price":"1999.00","view_fee":"0.00","item_loc":"广东 深圳","view_sales":"114人付款","comment_count":"","user_id":"2386434092","nick":"oppo普天精诚专
卖店","shopcard":{"levelClasses":[],"isTmall":true,"delivery":[0,1,2947],"description":[0,1,4717],"service":[0,1,3404],"encryptedUserId":"UvCv4MCQGMmNSvgTT"},"icon":[{"title":"掌柜热卖宝
贝","dom_class":"icon-service-remai","position":"1","show_type":"0","icon_category":"baobei","outer_text":"0","html":"","icon_key":"icon-service-
remai","trace":"srpservice","traceIdx":0,"innerText":"掌柜热卖宝贝","url":"//re.taobao.com/search?keyword\u003d%CA%D6%BB%FA\u0026refpid\u003d420432_1006\u0026frcatid\u003d\u0026"},
{"title":"尚天猫，就购了","dom_class":"icon-service-tianmao","position":"1","show_type":"0","icon_category":"baobei","outer_text":"0","html":"","icon_key":"icon-service-
tianmao","trace":"srpservice","traceIdx":1,"innerText":"天猫宝贝"},{"title":"公益宝贝","dom_class":"icon-fest-
gongyibaobei","position":"2","show_type":"0","icon_category":"baobei","outer_text":"0","html":"","icon_key":"icon-fest-gongyibaobei","trace":"srpservice","traceIdx":2,"innerText":"公益宝
贝"}],"isHideIM":true,"isHideNick":false,"comment_url":"https://click.simba.taobao.com/cc_im?
p\u003d%CA%D6%BB%FA\u0026s\u003d1821184139\u0026k\u003d493\u0026e\u003dlqnqFuZdfiZeVxhcdatEMH0JcqLR7mdbt3rDun68eBnFJA4X2866SFJa0iKJ8JN2Mn0XfXi6JGobMbO0Yd441IvFKmh%2FIfLDk5I52CiLy9Cua4jUI
4iTPNzUI3SUoNMvbnZfpBGZntZdNBqq92%2BIpR8cpQRjd8vJaCxaU%2FEhx%2BaZDi46J81DVD7FEImoSkwNS6DlTkjsxk3E3J19pNqz8nbdVQ2YJEhJts02AropcfAzXnF%2FusIU9XAtFalVTCYzikQy8aNlaZSr0F1%2BlHnA9qE9yjY8FYh0%
2FWPIRCgGuyF8M95IjTtz7QpvuZ6%2B8j3i5m7Cn9r5n8TD03fcQuC9W0N%2FKsL01K%2BrEWBUGgYH%2FpcdvmrxQnHyhjxM09ryUKoWEGbA7XoMH61laKH6SMAp6SooAtst5k2VVnGjV0GxHHZ33QTQ09z4bGLibcTeM1EgQJGoLjMgHc9FWzXDs
3hA0te%2FLQIxvVDB1MVNERNt594%3D\u0026on_comment\u003d1","shopLink":"https://click.simba.taobao.com/cc_im?
p\u003d%CA%D6%BB%FA\u0026s\u003d1821184139\u0026k\u003d449\u0026e\u003dUgd%2F5vgCrwNeVxhcdatEMH0JcqLR7mdbt3rDun68eBnFJA4X2866SFJa0iKJ8JN2Mn0XfXi6JGo5nslhyGlcDIvFKmh%2FIfLDk5I52CiLy9Cua4j
UI4iTPNzUI3SUoNMvbnZfpBGZntZdNBqq92%2BIpR8cpQRjd8vJaCxaU%2FEhx%2BaZDi46J81DVD7FEImoSkwNS6DlTkjsxk3E3J19pNqz8nbdVQ2YJEhJts02AropcfAzXnF%2FusIU9XAtFalVTCYzikQy8aNlaZSr0F1%2BlHnA9qE9yjY8FYh
0%2FWPIRCgGuyF8M95IjTtz7ZFwN04jqM0JxaRSt51%2FRvl2oLPqXTICg9Sh9NvNit81%2Fh0%2FkyWxi%2F%2FjGq5fi%2FwiBwAj7SXcdGKc26Rfz5QubFIvJjwMjWi9L%2Bi0A1JCNqNS0RB6Me7y6svGpaGCT%2BWXbJxh1gBHuzYj"},
{"i2iTags":{"samestyle":{"url":""},"similar":{"url":"/search?type\u003dsimilar\u0026app\u003di2i\u0026rec_type\u003d0\u0026uniqpid\u003d\u0026nid\u003d619743664430"}},"p4pTags":
[],"nid":"619743664430","category":"1512","pid":"","title":"【现货速发】红米10X 5G\u003cspan class\u003dH\u003e手机\u003c/span\u003eXiaomi/小米Redmi 10X 官方正品5G版\u003cspan
class\u003dH\u003e手机\u003c/span\u003enote8全网通9青春全新正品pro","raw_title":"【现货速发】红米10X 5G手机Xiaomi/小米Redmi 10X 官方正品5G版手机note8全网通9青春全新正品
pro","pic_url":"//g-search3.alicdn.com/img/bao/uploaded/i4/i2/292642853/O1CN01VYUp861Wwic101MpG_!!0-item_pic.jpg","detail_url":"//detail.tmall.com/item.htm?
id\u003d619743664430\u0026ad_id\u003d\u0026am_id\u003d\u0026cm_id\u003d140105335569ed55e27b\u0026pm_id\u003d\u0026abbucket\u003d9","view_price":"1449.00","view_fee":"0.00","item_loc":"北
京","view_sales":"0人付款","comment_count":"49","user_id":"292642853","nick":"民讯通数码专营店","shopcard":{"levelClasses":[{"levelClass":"icon-supple-level-guan"},{"levelClass":"icon-
supple-level-guan"}],"isTmall":true,"delivery":[479,-1,183],"description":[483,-1,73],"service":
```


图5-2　淘宝手机页面源代码

（2）核心代码。

① 过滤出手机的相关信息：

```
def Filter(mobile_infos, outputFile):
    with open(outputFile, "a", encoding="utf-8", newline="", ) as f:
        writer = csv.writer(f)
        for info in mobile_infos:
            # 商品名称
            raw_title = info["raw_title"]
            # 商品价格
            view_price = info["view_price"]
            # 店铺位置
            item_loc = info["item_loc"].replace(" ", "")
            # 店铺名
            nick = info["nick"]
```

```
            # ID
            nid = info["nid"]
            # 销量
            sale = re.search(r'(\d+.?\d*).*人付款', info["view_sales"]).group(1)
            if sale[-1] == "+":
                sale = sale[:-1]
            if "万" in info["view_sales"]:
                sale = float(sale) * 10000
            writer.writerow([raw_title, view_price, item_loc, nick, nid, sale])
        print("======= len(mobile_infos) " + str(len(mobile_infos)) + "=======")
```

② 模拟浏览器发送请求，获取响应：

```
def spider(page, outputFile):
    mobiles = []
    url = "https://s.taobao.com/search?q=%E6%89%8B%E6%9C%BA&imgfile=&js=1&stats_click=search_radio_all%3A1&initiative_id=staobaoz_20201130&ie=utf8&bcoffset={}&ntoffset={}&p4ppushleft=1%2C48&s={}".format(9 - 3 * page, 9 - 3 * page, 44 * page - 44)
    r = requests.get(url, headers=headers)
    match_obj = re.search(r'g_page_config = (.*?)};', r.text)
    mobile_infos = json.loads(match_obj.group(1) + '}')['mods']['itemlist']['data']['auctions']
    Filter(mobile_infos, outputFile)
```

2）使用 selenium

（1）设计思路具体如下：

Selenium 是 ThoughtWorks 专门为 Web 应用程序编写的一个验收测试工具。Selenium 测试直接运行在浏览器中，可以模拟真实用户的行为。支持的浏览器包括 IE、Mozilla Firefox、Mozilla Suite 等。这个工具的主要功能包括：测试与浏览器的兼容性——测试应用程序是否能够很好地工作在不同浏览器和操作系统之上；测试系统功能——创建回归测试检验软件功能和用户需求。

使用 selenium 编写代码操作浏览器。首先是请求淘宝网官网。进入官网以后显示用自己的淘宝账号登录网站，否则之后在请求手机页面的时候会出现错误。登录完成以后，通过 xpath 定位到搜索框，填入搜索关键词“手机”，即可跳转到手机页面。使用 find_elements_by_xpath 或者 find_elements_by_id 或 find_elements_by_class 等方式对标签元素进行定位，再使用“.text”的方法获取标签下的文本信息，使用“.get_attribute”获取标签元素中的属性值。在获取到值以后，对值进行处理，最后将一部手机的相关信息存入 csv 文件中。

将一页中的手机信息全部获取完毕以后，需要跳转到下一页，使用 find_element_by_xpath()方法定位到页面下方的指定页数的输入框，使用 send_keys()方法向其中填入下一页的页码，再使用 find_element_by_xpath()方法定位到“确定”按钮，使用 click 方法模拟点击即可跳转到下一页。注意，要使用 clear()方法将已经填入的数据清除，否则在下一次填入的时候该数值还会保留。比如，想要跳转第二页输入 2 以后，再想跳转到第 3 页，输入 3，这时如果没有清除，那么输入框中的数据就是 23，不符合爬虫的逻辑。

（2）核心代码具体如下：

① 使用账号密码登录淘宝网：

```
    def login():
        web_driver.get("https://www.taobao.com/")
        web_driver.find_element_by_xpath('//*[@id="J_SiteNavLogin"]/div[1]/
div[1]/a[1]').click()
        time.sleep(3)
        web_driver.find_element_by_id("fm.login.id").send_keys("")
        web_driver.find_element_by_id("fm.login.password").send_keys("")
        web_driver.find_element_by_xpath('//*[@id="login.form"]/div[4]/
button').click()
        time.sleep(3)
        web_driver.find_element_by_id("q").send_keys("手机")
        web_driver.find_element_by_xpath('//*[@id="J_TSearchForm"]/div[1]/
button').click()
        time.sleep(3)
        web_driver.find_element_by_id('tabFilterMall').click()
        time.sleep(3)
```

② 爬取数据：

```
    def spider():
        prices = web_driver.find_elements_by_xpath(
        '//*[@id="mainsrp.itemlist"]/div/div/div[1]/div/div[2]/div[1]/div[1]/
strong')
        sales = web_driver.find_elements_by_xpath(
        '//*[@id="mainsrp.itemlist"]/div/div/div[1]/div/div[2]/div[1]/div[2]')
    raw_titles = web_driver.find_elements_by_xpath(
            '//*[@id="mainsrp.itemlist"]/div/div/div[1]/div/div[2]/div[2]')
        shops = web_driver.find_elements_by_xpath(
           '//*[@id="mainsrp.itemlist"]/div/div/div[1]/div/div[2]/div[3]/
div[1]/a/span[2]')
        locs = web_driver.find_elements_by_xpath(
           '//*[@id="mainsrp.itemlist"]/div/div/div[1]/div/div[2]/div[3]/div[2]')
        ids = web_driver.find_elements_by_xpath(
            '//*[@id="mainsrp.itemlist"]/div/div/div[1]/div/div[2]/div[2]/a')
        with open(outputFile, "a", encoding="utf-8", newline="") as f:
            writer = csv.writer(f)
            for index in range(len(ids)):
                id = ids[index].get_attribute("data.nid")
                raw_title = raw_titles[index].text
                price = prices[index].text
                loc = locs[index].text.replace(" ", "")
                shop = shops[index].text
                sale = re.search(r'(\d+.?\d*).*人付款', sales[index].text).group(1)
                if sale[.1] == "+":
                    sale = sale[:-1]
                if "万" in sales[index].text:
                    sale = float(sale) * 10000
```

```
            writer.writerow([id, raw_title, price, loc, shop, sale])
        f.close()
        print("======len(shops)={}======".format(len(ids)))
```

③ 跳转到下一页：

```
    def next_page(page):
        js = "var q=document.documentElement.scrollTop=100000"
        web_driver.execute_script(js)
        time.sleep(2)
        input =web_driver.find_element_by_xpath(
                '//*[@id="mainsrp.pager"]/div/div/div/div[2]/input')
        submit = web_driver.find_element_by_xpath(
                '//*[@id="mainsrp.pager"]/div/div/div/div[2]/span[3]')
        input.clear()
        input.send_keys(page + 1)
        submit.click()
        time.sleep(5)
```

### 5. 淘宝手机详情信息爬取

1）设计思路

该部分的设计建立在已经成功获取淘宝手机的基本信息并成功存入 csv 文件中。读取 csv 文件中的第 0 列 id 信息和第四列 shop 商品店铺信息。id 用来构造详情页的 url，使用商品店铺名称来判断该商品是否来源于天猫超市，如果该商品来源于“天猫超市”，则商品详情页没有可以爬取的手机详情信息，跳过该页面；如果该商品不是来自“天猫超市”，则再进行进一步操作，获取手机详情信息。

首先模拟浏览器进入淘宝网首页，输入账号密码登录，否则在之后的网页请求时会弹出对话框提示登录。

登录以后使用已有的 id 构造 url，请求手机详情页面。这就涉及不停地请求新的页面，就会打开很多个窗口，所以在将某一页的手机详情爬取完毕以后，关闭这个窗口。使用 web_driver.window_handles 获取目前所有的窗口句柄，使用 web_driver.switch_to.window(all_handles[0]) 切换到当前窗口，使用 web_driver.close()结束的窗口。

当某一手机商品详情页打开以后，设计 js 代码向下滑动指定的距离，web_driver.execute_script(js)执行该 js 代码，才可以使用 find_element_by_xpath 获取相应标签下的文本内容。除了手机的品牌信息，其他的详细信息都是在一个字符串中，使用“\n”分隔，所以使用 split 方法将一个长字符串分隔，并存到列表中。使用 for 循环遍历该列表，在循环中判断该项的具体内容，再使用 replace()方法将多余的内容替换成空串，存入相应的变量中，或者使用 split()方法按照“：”或者“:”分隔，提取出下标为“.1”的内容，存入对应的变量中。因为不是所有的手机详情信息都很完整，如果该手机有的属性没有值，则用“null”填充。处理好一条手机的详情信息以后，写入指定的 csv 文件中。

2）核心代码

（1）读取 csv 文件，具体代码如下：

```
    def read(filename):
```

```
        urldata = []
        with open(filename, encoding="utf-8") as f:
            csv_reader = csv.reader(f)
            next(csv_reader)
            for row in csv_reader:
                urldata.append(
                    {"url": "https://detail.tmall.com/item.htm?id={}&ns=1&abbucket=7"
                    .format(row[0]), "shop": row[4]})
        return urldata
```

（2）登录淘宝网，具体代码如下：

```
    def login():
        web_driver.get("https://www.taobao.com/")
        web_driver.find_element_by_xpath('//*[@id="J_SiteNavLogin"]/div[1]
/div[1]/a[1]').click()
        time.sleep(3)
        web_driver.find_element_by_id("fm.login.id").send_keys("")
        web_driver.find_element_by_id("fm.login.password").send_keys("")
    web_driver.find_element_by_xpath('//*[@id="login.form"]/div[4]/button').
click()
```

（3）爬取并处理数据，具体代码如下：

```
    def spider():
        urllist = read("./data/TB_phone_list_with_no_repeat.csv")
        for index in range(len(urllist)):
            if urllist[index]["shop"] == "天猫超市":
                print("第{}个手机来自天猫超市".format(index + 1))
                continue
            web_driver.execute_script("window.open('" + urllist[index]["url"] + "');")
            time.sleep(9)
            web_driver.close()
            all_handles = web_driver.window_handles
            web_driver.switch_to.window(all_handles[0])
            js = "var q=document.documentElement.scrollTop=1100"
            web_driver.execute_script(js)
            time.sleep(8)
            brand = web_driver.find_element_by_xpath('//*[@id="J_BrandAttr"]/
div/b').text
            context = web_driver.find_element_by_xpath('//*[@id="J_AttrUL"]').text
            context = context.split("\n")
            certificateNumber = "null"
            certificateStatus = "null"
            productName = "null"
            specification = "null"
            model = "null"
            color = "null"
            runningMemory = "null"
            storage = "null"
```

```
        network = "null"
        CPUModel = "null"
        print("======len(content)={}======".format(len(context)))
        print(urllist[index]["url"])
        for con in context:
            if "证书编号" in con:
                certificateNumber = con.replace("证书编号: ", "")
                continue
            if "证书状态" in con:
                certificateStatus = con.replace("证书状态: ", "")
                continue
            if "产品名称" in con:
                if productName == "null":
                    productName = con.replace("产品名称: ", "")
                else:
                    productName += "," + con.replace("产品名称: ", "")
                continue
            if specification == "null" and "3C规格型号" in con:
                specification = con.replace("3C规格型号: ", "")
                continue
            if specification == "null" and "3C产品型号" in con:
                specification = con.replace("3C产品型号: ", "")
            if CPUModel == "null" and con != "CPU型号: CPU型号" and "CPU型号"
in con:
                CPUModel = con.replace("CPU型号: ", "")
                continue
            if model == "null" and "型号" in con:
                model = con.split("型号: ")[.1]
                continue
            if "机身颜色" in con:
                color = con.replace("机身颜色: ", "")
                continue
            if "运行内存" in con:
                runningMemory = con.replace("运行内存RAM: ", "")
                continue
            if "存储容量" in con:
                storage = con.replace("存储容量: ", "")
                continue
            if "网络模式" in con:
                network = con.replace("网络模式: ", "")
                continue
        with open(outputFile, "a", encoding="utf-8", newline="") as f:
            writer = csv.writer(f)
            writer.writerow([brand, certificateNumber, certificateStatus,
productName, specification, model, color,runningMemory, storage, network,
CPUModel])
```

```
        f.close()
        print([brand, certificateNumber, certificateStatus, productName, specification, model, color, runningMemory,storage, network, CPUModel])
        print("======第{}个手机详细信息爬取成功======".format(index + 1))
```

## 5.2.2　调试分析

爬取京东手机列表信息过程图如图 5-3 所示。

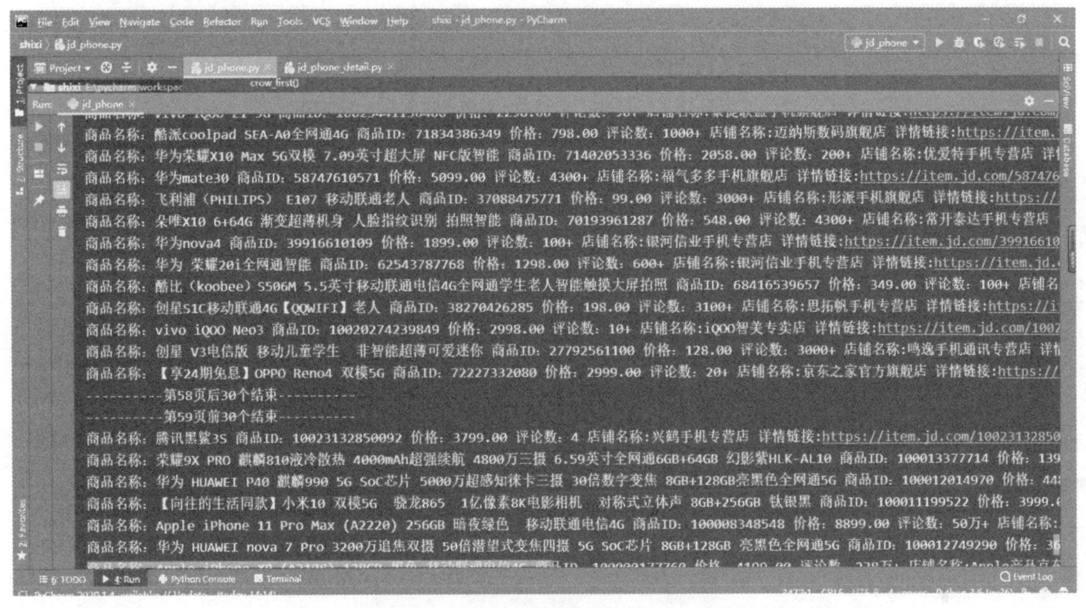


图5-3　爬取京东手机列表过程图

使用 pandas 去重以后，剩下 2 454 条数据，如图 5-4 所示。

| | | | | | | | |
|---|---|---|---|---|---|---|---|
| 2449 | 【现货速发】华为麦芒9 5G双模六频全网通 | 71981176251 | 2399.0 | 60+ | OKSJ手机旗舰店 | https://item.jd.com/71981176251.html | NaN |
| 2450 | 三星 Galaxy S10+ 骁龙855 4G | 10022949675467 | 4259.0 | 40+ | 掌视界数码旗舰店 | https://item.jd.com/10022949675467.html | NaN |
| 2451 | 华为 HUAWEI 畅享10 Plus 安卓智能 二手 | 70303267311 | 1149.0 | 100+ | 拍拍二手官方旗舰店 | https://item.jd.com/70303267311.html | NaN |
| 2452 | 【已降1000+碎屏险】OPPO Find X2 Pro | 65595297313 | 5999.0 | 400+ | OPPO酷炫手机专卖店 | https://item.jd.com/65595297313.html | NaN |
| 2453 | 【二手9成新】小米8 全面屏拍照游戏 骁龙845 二手 | 59842320392 | 1558.0 | 700+ | 鑫都二手手机专营店 | https://item.jd.com/59842320392.html | 品质溯源 |

2454 rows × 7 columns

```
[4]: df1.to_csv("JD_phone_list_with_no_repeat.csv",index=0)
```

图5-4　pandas去重

在爬取评论的时候，出现如下错误，原因是 brand=null，如图 5-5 所示。

```
Traceback (most recent call last):
  File "D:/pycharm_workspace/jd_phone_comment.py", line 103, in <module>
    scrap(urldata, outFilename)
  File "D:/pycharm_workspace/jd_phone_comment.py", line 38, in scrap
```

```
    r = requests.get(url,headers=headers).content.decode().replace("fetchJSON_
comment98(","").replace(");",UnicodeDecodeError: 'utf-8' codec can't decode
byte 0xcd in position 134: invalid continuation byte
```

商品详情 规格与包装 评价(400+) 售后服务 同店推荐 加入购物车

商品名称：诺基亚（NOKIA） 8110 4G复刻版经典滑... 商品编号：27551321924 店铺： amazing world海外专营店

商品毛重：1.0kg

图5-5　商品详情特例

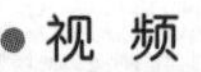

数据处理与存储模块实现

## 5.3　数据处理与存储模块实现

本节首先讲解结合 Spark 技术对手机数据进行分析处理的思路和核心实现代码，然后讲解数据库中所涉及数据表的设计，最后对数据处理模块进行调试分析。

### 5.3.1　信息分析与处理

#### 1. 设计思路

结合 Spark 对文件进行处理，统计后将结果存入 MySQL 数据库表中。本书使用分布式内存计算框架Spark 2.x来实现业务分析,该案例主要涉及到模块为 Spark Core、Spark Sql。要使用 Spark，首先需要初始化一个与 Spark 集群交互的上下文，即 SparkSession，然后进行数据处理和指标计算两个核心过程，计算完成后，销毁 SparkSession，释放资源。

#### 2. 核心代码

（1）对评论数据进行分析的代码如下：

```
    com.cz.comment.CommentAnaly
    public class CommentAnaly {
        public static void main(String[] args){
            //数据库配置
            MysqlConfig mysqlConfig=new MysqlConfig();
            Properties connectionProperties = mysqlConfig.getMysqlProp();
            String url=connectionProperties.get("url")+"";
           //Spark启动模式单机
            SparkConf conf = new SparkConf().setAppName("HelloWorld").setMaster
("local[8]");
            JavaSparkContext sc = new JavaSparkContext(conf);
            SQLContext sqlContext = new SQLContext(sc);
            SparkSession spark = SparkSession.builder().config(conf).getOrCreate();
            String textInput="data/jd_comment.csv";   //手机评论信息本地文件
            JavaRDD<String> personData = sc.textFile(textInput); //写入的数据内容
            /**
             * 第一步:
             */
            //1.过滤第一行标题数据
            String headers=personData.first();
            personData = personData.filter(new Function<String, Boolean>() {
```

```
            @Override
            public Boolean call(String s) throws Exception {
                return !s.equals(headers);
            }
        });
        //2.在RDD的基础上创建类型为Row的RDD
        //将RDD变成以Row为类型的RDD。Row可以简单理解为Table的一行数据。
        JavaRDD<CommentBean> commentBeanJavaRDD = personData.map(new Function<String,
CommentBean>() {
            @Override
            public CommentBean call(String line) throws Exception {
                CommentBean commentBean=new CommentBean();
                String[] splited = line.split(",");
                if(splited.length==12){
                    commentBean.setId(splited[0]);
                    commentBean.setProduct_id(splited[1]);
                    commentBean.setGuid(splited[2]);
                    commentBean.setContent(splited[3]);
                    commentBean.setCreate_time(splited[4]);
                    commentBean.setReference_id(splited[5]);
                    commentBean.setReference_time(splited[6]);
                    commentBean.setScore(splited[7]);
                    commentBean.setNickname(splited[8]);
                    commentBean.setUser_level(splited[9]);
                    commentBean.setIs_mobile(splited[10]);
                    commentBean.setUser_client(splited[11]);
                }
                return commentBean;
            }
        });
        //jieba分词统计评论中词频出现次数
        JavaRDD<String> words=commentBeanJavaRDD.flatMap(commentBean ->{
            JiebaSegmenter segmenter = new JiebaSegmenter();
            List<String> result=new ArrayList<>();
            if(commentBean.getContent()!=null){
                result=segmenter.sentenceProcess(commentBean.getContent());
            }
            return result.iterator();
        });
        JavaPairRDD<String,Integer> fenciResult=words.mapToPair(new PairFunction
<String, String, Integer>() {
            @Override
            public Tuple2<String, Integer> call(String s) throws Exception {
                return new Tuple2(s,1);
            }
        }).reduceByKey(new Function2<Integer, Integer, Integer>() {//合并具
有相同键的值
            @Override
            public Integer call(Integer a, Integer b) throws Exception {
                return a+b;//键相同,则对应的值相加
```

```
            }
        });
        JavaRDD<FenciBean> fenciBeanJavaPairRDD=fenciResult.map( line -> {
            FenciBean fenciBean=new FenciBean();
            fenciBean.setWords(line._1);
            fenciBean.setCt(line._2);
            return fenciBean;
        });
        /**
        * 第二步：基于已有的元数据以及RDD<Row>来构造DataFrame
        */
        Dataset commentDf = sqlContext.createDataFrame(commentBeanJavaRDD,
CommentBean.class);
        Dataset fenciDf=sqlContext.createDataFrame(fenciBeanJavaPairRDD, FenciBean.
class);
        commentDf.createOrReplaceTempView("phoneCommentList"); //创建临时视图名
        fenciDf.createOrReplaceTempView("fenciView");
        //统计
        //1.商品对不同等级会员的销售倾向
        Dataset<Row> phoneLevelSaleDf = spark.sql("SELECT product_id,user_level,
count(*) ct  FROM phoneCommentList group by product_id,user_level ");
        //2.买家对商家销售的手机商品的印象
        Dataset<Row> impressDf = spark.sql("SELECT product_id,score,count(*)
ct  FROM phoneCommentList group by product_id,score ");
        //3.分词统计
        Dataset<Row> fenciData=spark.sql("select * from fenciView");
        /**
         * 第三步：将数据写入到数据库表中
         */
        System.out.println("评论数据量: "+commentDf.count());
        System.out.println("phoneLevelSaleDf数据量: "+phoneLevelSaleDf.count());
        System.out.println("impressDf数据量: "+impressDf.count());
        System.out.println("fenciData数据量: "+fenciData.count());
        commentDf.write().mode(SaveMode.Overwrite).jdbc(url, "phoneCommentList",
connectionProperties); //评论详情
        phoneLevelSaleDf.write().mode(SaveMode.Overwrite).jdbc(url,
"phoneLevelSale", connectionProperties); //商品对不同等级的会员销售量
        impressDf.write().mode(SaveMode.Overwrite).jdbc(url, "impression",
connectionProperties); //买家对商家销售的手机商品的印象
        fenciData.write().mode(SaveMode.Overwrite).jdbc(url,"fenci",
connectionProperties); //高频词汇统计
        sc.close();
    }
}
```

（2）对手机列表进行详细分析。内容包含：手机列表详细信息和手机前十的排名，依次将其存入表 phoneList 和 phoneRank 中。

```
com.cz.PhoneListAnaly
public class PhoneListAnaly {
    public static void main(String[] args){
```

```
        MysqlConfig mysqlConfig=new MysqlConfig();
        Properties connectionProperties = mysqlConfig.getMysqlProp();
        String url=connectionProperties.get("url")+"";
        SparkConf conf = new SparkConf().setAppName("HelloWorld")
.setMaster("local");
        JavaSparkContext sc = new JavaSparkContext(conf);
        SQLContext sqlContext = new SQLContext(sc);
        SparkSession spark = SparkSession.builder().config(conf).getOrCreate();
        String textInput="data/jd_phone_list.csv";
        JavaRDD<String> phoneListData = sc.textFile(textInput);
        /**
         * 第一步:
         */
        //1.过滤第一行标题数据
        String headers=phoneListData.first();
        phoneListData = phoneListData.filter(new Function<String, Boolean>() {
            @Override
            public Boolean call(String s) throws Exception {
                return !s.equals(headers);
            }
        });
        //2.在RDD的基础上创建类型为Row的RDD
        //将RDD变成以Row为类型的RDD。Row可以简单理解为Table的一行数据
        JavaRDD<Row> personsRDD = phoneListData.map(new Function<String,
Row>() {
            @Override
            public Row call(String line) throws Exception {
                String[] splited = line.split(",");
                String comment=splited[3];
                double commentNum=0;
                if(comment.contains("万")){
                    commentNum=Double.parseDouble(
                        comment.replace("万","").replace("+",""))*10000;
                }
                return RowFactory.create(
                        splited[0],
                        splited[1],
                        splited[2],
                        commentNum,
                        splited[4],
                        splited[5]
                );
            }
        });
        /**
         * 第二步: 动态构造DataFrame的元数据
         */
        List structFields = new ArrayList();
        structFields.add(DataTypes.createStructField("productName",
DataTypes.StringType, true));
```

```
            structFields.add(DataTypes.createStructField("productId",
DataTypes.StringType, true));
            structFields.add(DataTypes.createStructField("price",
DataTypes.StringType, true));
            structFields.add(DataTypes.createStructField("comment",
DataTypes.DoubleType, true));
            structFields.add(DataTypes.createStructField("company",
DataTypes.StringType, true));
            structFields.add(DataTypes.createStructField("href",
DataTypes.StringType, true));
            //构建StructType，用于最后DataFrame元数据的描述
            StructType structType = DataTypes.createStructType(structFields);
            /**
             * 第三步：基于已有的元数据以及RDD<Row>来构造DataFrame
             */
            Dataset personsDF = sqlContext.createDataFrame(personsRDD, structType);
            personsDF.createOrReplaceTempView("phoneComment"); //创建临时视图名
            //取评论数前10的数据
            Dataset<Row>  namesDF  =  spark.sql("SELECT  productName,productId,
comment FROM phoneComment order by comment desc limit 10 ");
            /**
             * 第四步：将数据写入到数据库表中
             */
            personsDF.write().mode(SaveMode.Append).jdbc(url,"phonelist",connection
Properties); //插入详细列表
            namesDF.write().mode(SaveMode.Append).jdbc(url, "phoneRank", connection
Properties); //选择手机品牌，查看该品牌销量前5的型号
            sc.close();
        }
        public static void print(String message){
            System.out.println(message);
        }
    }
```

（3）保存手机属性数据，具体代码如下：

```
    com.cz.phoneDetail.PhoneDetail
    class PhoneDetail {
        public static void main(String[] args){
            MysqlConfig mysqlConfig=new MysqlConfig();
            Properties connectionProperties = mysqlConfig.getMysqlProp();
            String url=connectionProperties.get("url")+"";
            SparkConf conf = new SparkConf().setAppName("HelloWorld")
.setMaster("local[8]");
            JavaSparkContext sc = new JavaSparkContext(conf);
            SQLContext sqlContext = new SQLContext(sc);
            SparkSession spark = SparkSession.builder().config(conf).getOrCreate();
            String textInput="data/jd_phone_detail.csv";
            JavaRDD<String> personData = sc.textFile(textInput);
            /**
             * 第一步：
```

```
         */
        //1.过滤第一行标题数据
        String headers=personData.first();
        personData = personData.filter(new Function<String, Boolean>() {
            @Override
            public Boolean call(String s) throws Exception {
                return !s.equals(headers);
            }
        });
        //2.在RDD的基础上创建类型为Row的RDD //将RDD变成以Row为类型的RDD。Row可以简
单理解为Table的一行数据
        JavaRDD<PhoneDetailBean> commentBeanJavaRDD = personData.map(new
Function<String, PhoneDetailBean>() {
            @Override
            public PhoneDetailBean call(String line) throws Exception {
                PhoneDetailBean phoneDetailBean=new PhoneDetailBean();
                String[] splited = line.split(",");
                if(splited.length==17)
                {
                    phoneDetailBean.setBrandname(splited[0]);
                    phoneDetailBean.setProductName(splited[1]);
                    phoneDetailBean.setProductId(splited[2]);
                    phoneDetailBean.setWeight(splited[3]);
                    phoneDetailBean.setChandi(splited[4]);
                    phoneDetailBean.setXitong(splited[5]);
                    phoneDetailBean.setHoudu(splited[6]);
                    phoneDetailBean.setPaizhao(splited[7]);
                    phoneDetailBean.setDianchi(splited[8]);
                    phoneDetailBean.setPingmu(splited[9]);
                    phoneDetailBean.setYanse(splited[10]);
                    phoneDetailBean.setFunction(splited[11]);
                    phoneDetailBean.setYunxingmemory(splited[12]);
                    phoneDetailBean.setQianzhishexiang(splited[13]);
                    phoneDetailBean.setHouzhishexiang(splited[14]);
                    phoneDetailBean.setWangluo(splited[15]);
                    phoneDetailBean.setXitongneicun(splited[16]);
                }
                return phoneDetailBean;
            }
        });
        /**
        * 第二步：基于已有的元数据以及RDD<Row>来构造DataFrame
        */
        Dataset commentDf = sqlContext.createDataFrame(
    commentBeanJavaRDD, PhoneDetailBean.class);
        commentDf.write().mode(SaveMode.Overwrite).jdbc(url,
    "phoneDetail", connectionProperties); //评论详情
        sc.close();
    }
}
```

（4）通用工具类的代码如下：

```
com.cz.util.Sutil
public class SUtil {
    public static boolean isDirectByFile(File file){
        if (!file.exists() && !file.isDirectory()) { //如果文件夹不存在则创建
            return false;
        } else{
            return true;
        }
    }
    public static boolean isDirectByPath(String filePath){
        File file=new File(filePath);
        if (!file.exists() && !file.isDirectory()){
            return false;
        } else{
            return true;
        }
    }
    public static Double StringToDouble(String temp){
        try{
            return Double.parseDouble(temp);
        }catch (Exception e){
            return 0.0;
        }
    }
    public static int StringToInt(String temp){
        try{
            return Integer.parseInt(temp);
        }catch (Exception e){
            return 0;
        }
    }
    //除数为0.0时 nan 或者 INFINITY
    public static double NumerChu(double temp){
         if (Double.isNaN(temp)||Double.isInfinite(temp)){
             return 0.0;
         }else {
             return temp;
         }
    }
    public static String dateStrToString(String strDate){
        String result="";
        try {
            SimpleDateFormat simpleDateFormat=new SimpleDateFormat ("yyyy-mm-
ddHH:MM:SS");
            Date date=simpleDateFormat.parse(strDate.replace("T",""));
            SimpleDateFormat f=new SimpleDateFormat("yyyyMMddHHmm");
```

```
            result=f.format(date);
        }catch (Exception e){
        }
        return result;
    }
    private static String matchDateString(String dateStr) {
        try {
            List matches = null;
            Pattern p = Pattern.compile("(\\d{1,4}[-|\\/|年|\\.]\\d{1,2}[-|\\/|
月|\\.]\\d{1,2}([日|号])?(\\s)*(\\d{1,2}([点|时])?((:)?\\d{1,2}(分)?((:)?
\\d{1,2}(秒)?)?)?)?(\\s)*(PM|AM)?)", Pattern.CASE_INSENSITIVE|Pattern. MULTILINE);
            Matcher matcher = p.matcher(dateStr);
            if (matcher.find() && matcher.groupCount() >= 1) {
                matches = new ArrayList();
                for (int i = 1; i <= matcher.groupCount(); i++) {
                    String temp = matcher.group(i);
                    matches.add(temp);
                }
            } else {
                matches = Collections.EMPTY_LIST;
            }
            if (matches.size() > 0) {
                return ((String) matches.get(0)).trim();
            } else {
            }
        } catch (Exception e) {
            return "";
        }
        return dateStr;
    }
    public static void main(String[] args) {
        String iSaid = "亲爱的，20181131-163422，我会在世贸天阶向你求婚！";
        String dateReg="\\d{4}[0|1]\\d[0|1|2|3]\\d-[0|1|2]\\d{3}";
        Pattern p = Pattern.compile(dateReg);
        Matcher matcher = p.matcher(iSaid);
        if (matcher.find()) {
             System.out.println(matcher.group());
        }
    }
}
```

### 5.3.2 商品信息存储

手机和用户评论数据经过分析和处理之后，连接 MySQL 数据库，存储到 bigdata 数据库中。系统主要涉及 7 张数据表，分别是手机基础信息表、手机排名表、手机颜色销量表、手机详细信息表、手机评论信息表、手机印象表和手机评论分词表。

手机基础信息见表 5-1，该表描述了手机的基本信息。

**表 5-1 手机基础信息表**

| 序号 | 字段名称 | 字段类型 | 是否为主键 | 是否为外键 | 含 义 |
| --- | --- | --- | --- | --- | --- |
| 1 | productName | text | 否 | 否 | 产品名称 |
| 2 | productId | text | 否 | 否 | 产品 ID |
| 3 | price | text | 否 | 否 | 产品价格 |
| 4 | comment | double | 否 | 否 | 评论数 |
| 5 | company | text | 否 | 否 | 商铺名称 |
| 6 | href | text | 否 | 否 | 详情页链接 |

手机排名见表 5-2，该表描述了手机评论数排名前十的手机信息。

**表 5-2 手机排名表**

| 序号 | 字段名称 | 字段类型 | 是否为主键 | 是否为外键 | 含 义 |
| --- | --- | --- | --- | --- | --- |
| 1 | productName | text | 否 | 否 | 产品名称 |
| 2 | productId | text | 否 | 否 | 产品 ID |
| 3 | comment | double | 否 | 否 | 评论数 |

手机颜色销量见表 5-3，该表描述了不同手机颜色的销售量。

**表 5-3 手机颜色销量表**

| 序号 | 字段名称 | 字段类型 | 是否为主键 | 是否为外键 | 含 义 |
| --- | --- | --- | --- | --- | --- |
| 1 | product_Id | text | 否 | 否 | 产品 ID |
| 2 | product_color | text | 否 | 否 | 产品颜色 |
| 3 | ct | bigint | 否 | 否 | 该颜色手机数量 |

手机详细信息见表 5-4，该表描述了手机的详细配置信息。

**表 5-4 手机详细信息表**

| 序号 | 字段名称 | 字段类型 | 是否为主键 | 是否为外键 | 含 义 |
| --- | --- | --- | --- | --- | --- |
| 1 | brand | text | 否 | 否 | 品牌 |
| 2 | productName | text | 否 | 否 | 产品名称 |
| 3 | productId | text | 否 | 否 | 商品编号 |
| 4 | productWeight | text | 否 | 否 | 商品毛重 |
| 5 | productHome | text | 否 | 否 | 商品产地 |
| 6 | system | text | 否 | 否 | 系统 |
| 7 | productThickness | text | 否 | 否 | 机身厚度 |
| 8 | camera | text | 否 | 否 | 摄像头数量 |
| 9 | battery | text | 否 | 否 | 充电器 |
| 10 | screen | text | 否 | 否 | 分辨率 |
| 11 | function | text | 否 | 否 | 热点 |
| 12 | runningMemory | text | 否 | 否 | 运行内存 |
| 13 | fontCameraElement | text | 否 | 否 | 前置摄像头像素 |
| 14 | backCameraElement | text | 否 | 否 | 后置摄像头像素 |
| 15 | systemMemory | text | 否 | 否 | 机身存储 |

手机评论信息见表 5-5，该表描述了与手机评论的相关信息。

表 5-5 手机评论信息表

| 序号 | 字段名称 | 字段类型 | 是否为主键 | 是否为外键 | 含 义 |
|---|---|---|---|---|---|
| 1 | id | text | 否 | 否 | 序号 ID |
| 2 | product_id | text | 否 | 否 | 产品 ID |
| 3 | guid | text | 否 | 否 | guid |
| 4 | content | text | 否 | 否 | 评论内容 |
| 5 | create_time | text | 否 | 否 | 评论时间 |
| 6 | reference_id | text | 否 | 否 | 参考 ID |
| 7 | reference_time | text | 否 | 否 | 参考时间 |
| 8 | score | text | 否 | 否 | 商品得分 |
| 9 | nickname | text | 否 | 否 | 用户昵称 |
| 10 | product_color | text | 否 | 否 | 手机颜色 |
| 11 | product_size | text | 否 | 否 | 手机大小 |

手机印象见表 5-6，该表描述了用户对手机的评分情况。

表 5-6 手机印象表

| 序号 | 字段名称 | 字段类型 | 是否为主键 | 是否为外键 | 含 义 |
|---|---|---|---|---|---|
| 1 | product_id | text | 否 | 否 | 商品 ID |
| 2 | score | text | 否 | 否 | 评价分数 |
| 3 | ct | bigint | 否 | 否 | 数量 |

手机评论分词见表 5-7，将对评论数据进行分词处理以后的结果存入该表中。

表 5-7 手机评论分词表

| 序号 | 字段名称 | 字段类型 | 是否为主键 | 是否为外键 | 含 义 |
|---|---|---|---|---|---|
| 1 | words | text | 否 | 否 | 分词结果 |
| 2 | ct | int | 否 | 否 | 出现次数 |

## 5.3.3 调试分析

### 1. 代码打包并将其上传至服务器

将数据处理模块的代码打包，包命名为 spark_analy.jar，其次上传至/usr/local/soft/路径下。

### 2. 删除 jar 包中多余信息

上传到服务器后，在 jar 包所在路径下运行以下命令，去掉 jar 包中多余的信息，否则运行时会找不到主方法。

```
[root@centos01 soft]#zip -d phone_analy.jar 'META.INF/.SF' 'META.INF/.RSA'
'META.INF/*SF'
```

### 3. 启动 Spark 服务器

执行如下命令，启动 Spark 服务器：

```
[root@centos01 spark]#spark-submit--class com.cz.PhoneListAnaly -driver-
memory 2g -executor-memory 2g -executor-cores 3 /usr/local/soft/spark_analy.jar
```

Spark 任务提交成功后，会生成 7 张 MySQL 数据库表，如图 5-6 所示。

localhost
bigdata
表
fenci
impression
phonecommentlist
phonedetail
phonelevelsale
phonelist
phonerank
视图

打开表 设计表 新建表 删除表 导入向导 导出向导

| 名 | 自动递... | 修改日期 | 数据长度 | 引擎 | 行 | 注释 |
|---|---|---|---|---|---|---|
| fenci | 0 | | 1552 KB | InnoDB | 21308 | |
| impression | 0 | | 176 KB | InnoDB | 2373 | |
| phonecommentlist | 0 | | 9744 KB | InnoDB | 22704 | |
| phonedetail | 0 | | 1552 KB | InnoDB | 2479 | |
| phonelevelsale | 0 | | 480 KB | InnoDB | 6817 | |
| phonelist | 0 | | 464 KB | InnoDB | 2465 | |
| phonerank | 0 | | 16 KB | InnoDB | 10 | |

图5-6 生成的数据库表

## 5.4 数据可视化模块实现

本节讲解 Apache Superset 连接数据库、生成可视化图表的步骤，并对图表进行具体的调试分析。

视 频

Superset 设置

### 5.4.1 使用Superset连接MySQL数据库

数据可视化使用 ApacheSuperset，连接 MySQL 数据库。读取 bigdata 数据库中的表，选择过滤条件，选择合适的图表进行可视化。

关于 ApacheSuperset 的使用方法以及如何连接 MySQL 数据库，请参见扩展阅读视频。

#### 1. 新增数据库

（1）在数据源菜单中选择数据库，进入页面后单击右上角绿色的“+”号新增一个数据库。

（2）填写数据库配置相关信息，单击“测试连接”按钮，出现“seems OK!”，表明数据库连接成功。

#### 2. 新增数据表

（1）在数据源菜单中选择数据表，进入页面后单击右上角的“+”号新增一个数据表。

（2）在下拉菜单中选择刚刚配置的数据库，并填写数据库中存在的某个表名，单击“保存”按钮。

（3）选择编辑表，在页面中为每个列勾选后续数据分析时会使用到的一些属性，经过上述操作，我们便为后续的数据可视化操作提供了一个数据表充当数据源。

#### 3. 新增看板

（1）单击“看板”，进入页面后单击右上角的“+”号新增一个看板。

（2）填写看板名并选择所属者，单击“保存”按钮。

完成上述操作后，我们便在系统内新增了一个看板来存储后续生成的可视化图表。

### 5.4.2 调试分析

在 cmd 中执行如下命令，启动 Superset，启动结果如图 5-7 所示。

```
superset run -p 8088 --with.threads --reload -debugger
```

对手机评论数据进行分词，根据分词结果进行可视化，词云图结果如图 5-8 所示。结果显示，除“的”“了”等单字外，“手机”“不错”等词频率较高，说明京东商城的手机在消费者中的满意度较高。

```
(superset) C:\Users\W>superset run -p 8088 --with-threads --reload --debugger
logging was configured successfully
INFO:superset.utils.logging_configurator:logging was configured successfully
D:\Anaconda\envs\superset\lib\site-packages\flask_caching\__init__.py:191: UserWarning: Flask-Caching: CACHE_TYPE is set
 to null, caching is effectively disabled.
  warnings.warn(
No PIL installation found
INFO:superset.utils.screenshots:No PIL installation found
 * Environment: production
   WARNING: This is a development server. Do not use it in a production deployment.
   Use a production WSGI server instead.
 * Debug mode: off
INFO:werkzeug: * Restarting with stat
logging was configured successfully
INFO:superset.utils.logging_configurator:logging was configured successfully
D:\Anaconda\envs\superset\lib\site-packages\flask_caching\__init__.py:191: UserWarning: Flask-Caching: CACHE_TYPE is set
 to null, caching is effectively disabled.
  warnings.warn(
No PIL installation found
INFO:superset.utils.screenshots:No PIL installation found
WARNING:werkzeug: * Debugger is active!
INFO:werkzeug: * Debugger PIN: 160-124-832
INFO:werkzeug: * Running on http://127.0.0.1:8088/ (Press CTRL+C to quit)
```

图5-7　Superset成功启动

图5-8　分词结果可视化

对不同品牌手机的数量进行统计，品牌数量统计图如图 5-9 所示。结果显示，华为手机数量最多，说明京东商城中华为手机的受众度较高，侧面反映出华为公司技术发展较快。

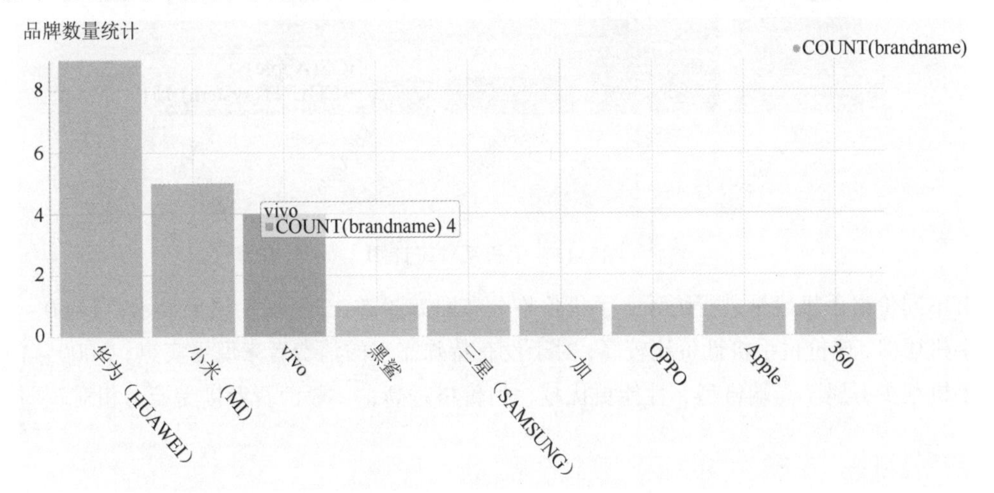


图5-9　品牌数量统计图

对手机评论数量进行统计及排序，手机评论数排名前十统计图如图 5-10 所示。结果显示，vivo、荣耀、华为、飞利浦等品牌旗下的部分手机评论数都很高，说明销量较高，可以作为消费者购买手机参考指标之一。

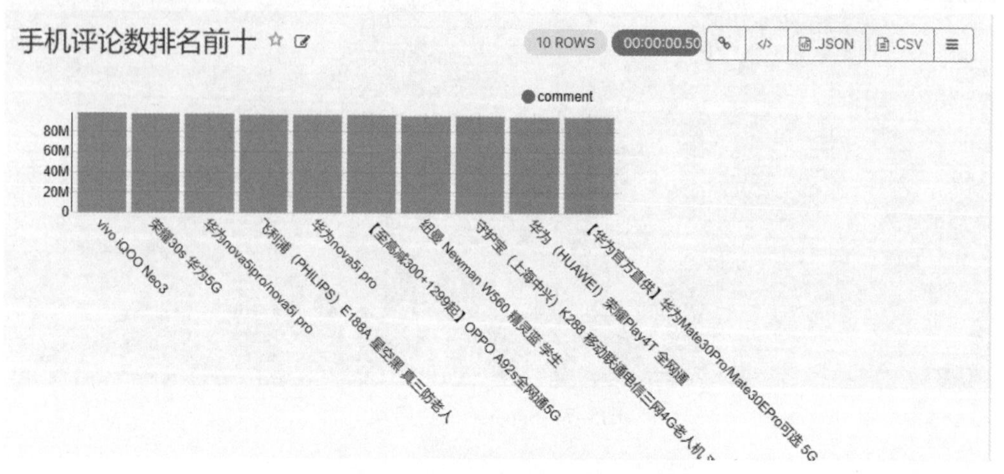


图5-10　手机评论排名前十统计图

对不同手机的系统进行统计，手机系统统计图如图 5-11 所示。从图中可以看出，市面上的手机大部分都选用 Android 系统，说明安卓系统技术成熟，更符合国人习惯。

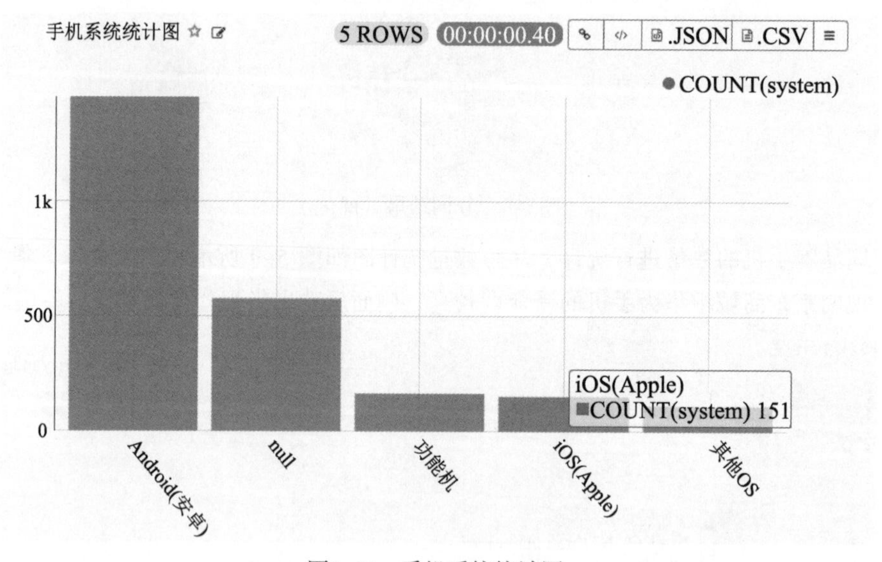


图5-11　手机系统统计图

对不同价格手机数量进行统计，手机价格分布图如图 5-12 所示。结果显示，1 000 ~ 2 000 元的手机居多，该价位手机性价比较高，对于没有特殊需求的消费者来说更实惠；7 000 ~ 10 000 元的手机很少，属于高端机型，性能更优越，但价格过高，一般消费者接受能力相对较弱。

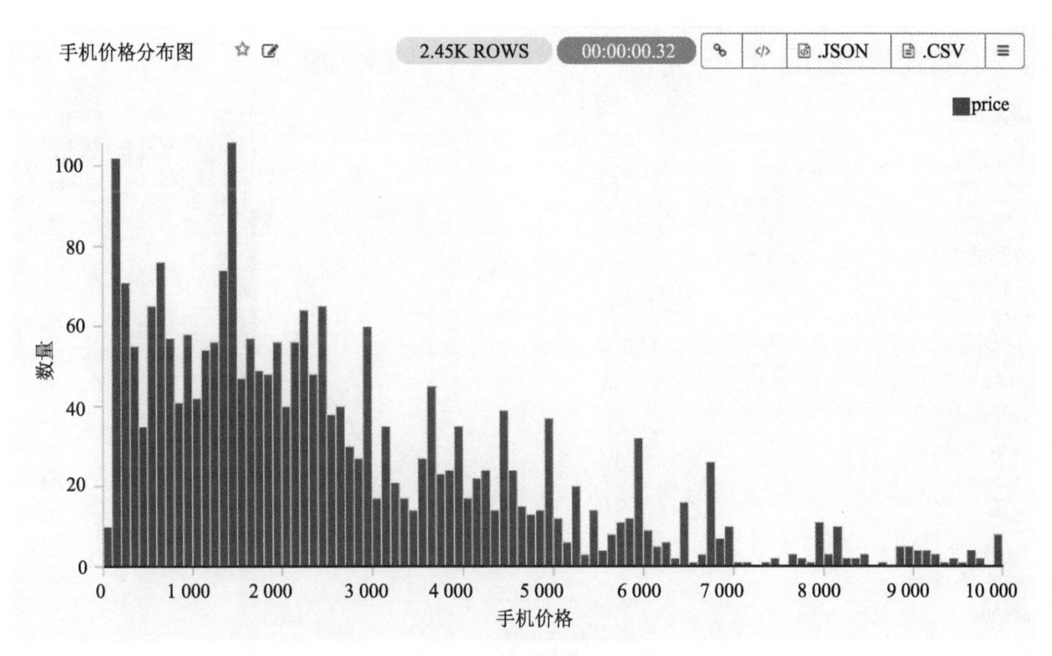


图5-12　手机价格分布图

对各水平手机会员数量进行可视化，手机会员数量统计图如图 5-13 所示。结果显示，PLUS 会员人数占所有会员人数的一半，说明大部分会员的消费能力较高。

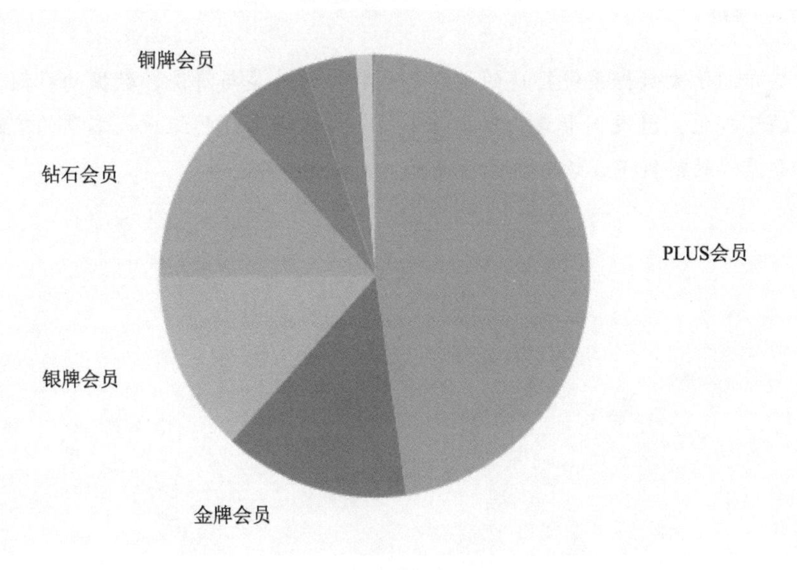


图5-13　会员数量分布图

根据手机系统内存大小进行可视化，手机内存配置统计图如图 5-14 所示。结果显示，忽略 N/A（无数据）后，手机内存配置中 8 GB+128 GB 的手机数量最多，说明手机市场中该配置的手机相对更受到消费者的喜爱。

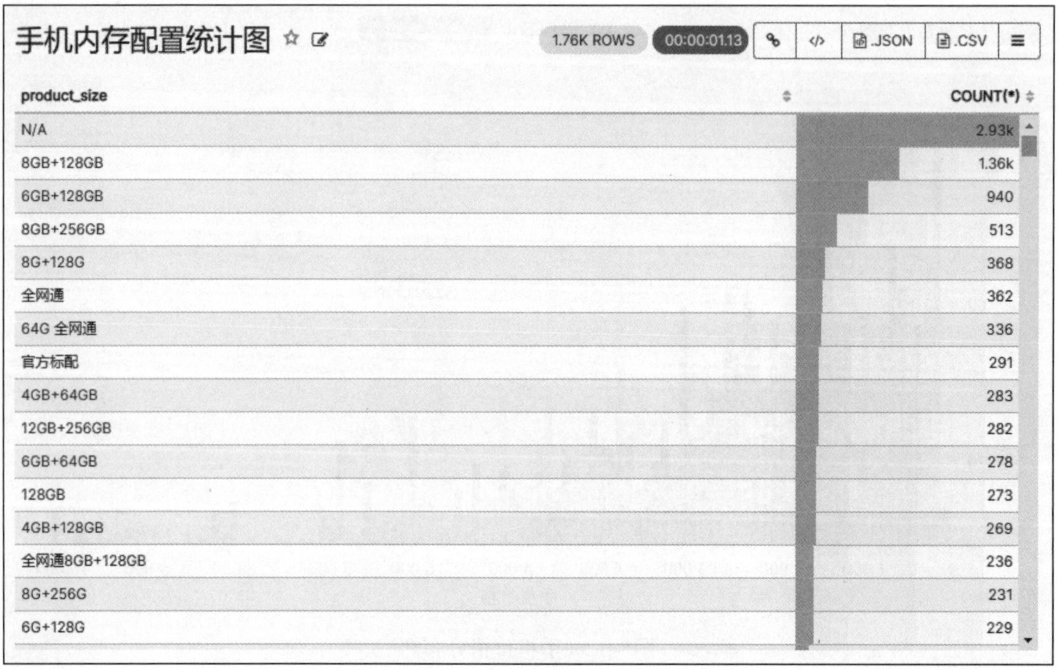

手机内存配置统计图 1.76K ROWS 00:00:01.13 .JSON .CSV

| product_size | COUNT(*) |
| --- | --- |
| N/A | 2.93k |
| 8GB+128GB | 1.36k |
| 6GB+128GB | 940 |
| 8GB+256GB | 513 |
| 8G+128G | 368 |
| 全网通 | 362 |
| 64G 全网通 | 336 |
| 官方标配 | 291 |
| 4GB+64GB | 283 |
| 12GB+256GB | 282 |
| 6GB+64GB | 278 |
| 128GB | 273 |
| 4GB+128GB | 269 |
| 全网通8GB+128GB | 236 |
| 8G+256G | 231 |
| 6G+128G | 229 |

图5-14　手机内存配置统计图

## 小　　结

本章主要介绍了大数据系统搭建的过程，从数据的采集与清洗、数据的存储、数据的分析处理到结果的可视化，以案例形式构建了一个简单大数据系统的组成。本章的重点是在熟悉系统架构和业务流程的前提下，读者自己动手开发大数据系统。

# 第6章 构建基于 Hadoop+Spark 的旅游大数据多维度离线分析系统

本章讲解的大数据多维度离线分析系统案例，可从不同维度对旅游景点的数据进行离线分析处理，并以图表的形式进行展示。首先讲解离线分析系统的需求和架构，然后讲解数据采集、存储、分析处理和可视化模块的具体实现。

**学习目标**

- 了解离线分析系统架构及开发流程。
- 使用爬虫技术对携程旅游网站数据进行爬取。
- 掌握向 HDFS 文件系统上传数据的方法以及 Hive 数据库的基本操作。
- 结合 Spark SQL 技术处理旅游数据，并将处理结果存入 MySQL 数据库。
- 学会将前后端结合，使用 SSM 搭建后端框架，使用开源可视化图表库 Echarts 绘制图表。

## 6.1 系统架构概述

本节主要从需求分析和技术架构进行分析，旨在帮助读者理解旅游多维度离线分析系统的开发流程。

### 6.1.1 需求分析

本项目通过对旅游大数据进行多维度的分析，结合旅游数据采集、信息可视化等技术，以旅游 App 如携程、飞猪等平台的数据为依据，在广泛搜集现有网络旅游平台中用户自发上传的点评、路线等旅游信息数据的基础上，实现一个直观的旅游信息可视化平台，包括国内热门旅游省份和城市的热力图展示、各个城市的旅游景点的门票分析、不同季节热门旅游景点的人流统计、游客旅游景点及旅游关注点的情感分析图等，改变了传统旅游信息单一的展示方式，提升了用户体验，能够满足用户的实际应用需求。通过对源数据和实际需求的分析，将具体的功能需求划分如下：

**1. 功能点：城市热门景点搜索**

功能描述：用户进入网站首页，可以在搜索框中输入自己关注的城市名称，系统会从数据库中搜索目标城市，并向用户展示检索城市的热门景点，从而对用户提供一个该目标城市的旅游景点简单推荐。

**2. 功能点：旅游热门城市分析**

功能描述：获取城市名称、城市 id、景点 id、景点名称、景点的评分、景点的评论数量、景点的排名、城市景点平均门票、每季节最热景点等信息。以评论数为考量依据，进行景点热度的统计分析。根据分析结果对热门景点分布以及各个省份热门景点数进行统计分析。

**3. 功能点：旅游门票分析**

旅游景点分模块统对各个城市中各个景点平均门票数据进行了分析。通过对门票数据进行分析和处理，做出旅游景点平均门票几个区间分布统计饼图，制作出各个景点及门票在全国的分布热力图，同时做出旅游景点平均门票离散回归分析图，展示平均门票价格的集中分布情况。

**4. 功能点：旅游热门城市分析**

系统需要实现不同季节的景点推荐。从携程、飞猪旅游等相关旅游平台上爬取各个景点的“去过人数”和“想去人数”。综合“去过人数”和“想去人数”统计情况分别制作出春、夏、秋、冬四季景点推荐的统计柱状图和推荐占比玫瑰图。

**5. 功能点：旅游热门城市分析**

舆情分析模块，以各个景点的评论数据为数据源，需要对海量的评论数据进行中文分词处理和分析，做出评论词云图，总体展示大众的舆论导向。其次，还需要对评论数据进行情感分析，计算出情感值，并据此做出旅游类型情感分析图以及旅游考虑因素情感分析图。

本项目的总体架构如图 6-1 所示。总体框架每一层的主要建设内容和职责为：

- 第一层数据源，数据来源于携程旅游网站。
- 第二层数据采集层，采用网络爬虫技术从网站中爬取旅游景点的相关信息。
- 第三层数据存储层，将采集到的数据上传至 HDFS，再转存至 Hive 数据库。
- 第四层数据离线分析层，使用 Spark SQL 进行离线数据分析。
- 第五层数据可视化层，后端 SSM 框架与前端 Echarts 技术结合，实现可视化图表的展示。

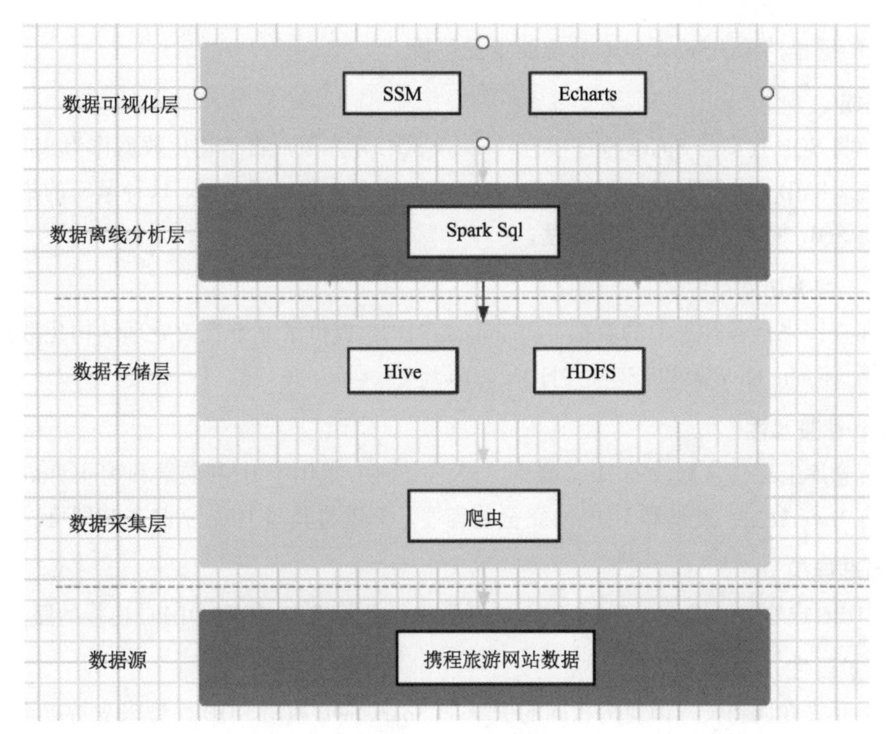


图6-1　项目架构图

## 6.1.2　数据存储

Hive是一个数据仓库基础工具，在Hadoop中用来处理结构化数据。其架构在Hadoop之上，使得查询和分析非常方便，并提供简单的SQL查询功能，可以将SQL语句转换为MapReduce任务进行运行。Hive查询操作过程严格遵守Hadoop MapReduce的作业执行模型，Hive将用户的HiveQL语句通过解释器转换为MapReduce作业提交到Hadoop集群上，Hadoop监控作业执行过程，然后返回作业执行结果给用户。Hive构建在基于静态批处理的Hadoop之上，Hadoop通常都有较高的延迟并且在作业提交和调度的时候需要大量的开销。Hive并非为联机事务处理而设计，并不提供实时的查询和基于行级的数据更新操作。Hive不适用于在线事务处理，最适用于传统的数据仓库任务，最佳使用场合是大数据集的批处理作业，例如网络日志分析。Hive没有专门的数据格式。

大数据系统中最常用的分布式存储技术是Hadoop的HDFS文件系统，其理念为多个节点共同存储数据，由于数据量逐渐增多，节点也就形成一个大规模集群。也就是说，HDFS支持上万个节点，能够存储很大规模的数据。HDFS具有处理超大数据、流式处理、可以运行在廉价商用服务器上等优点。

本项目中，Hive和HDFS主要用于存储采集到的旅游景点数据，也就是将原始的Excel数据文件转换成csv格式文件，并将数据文件上传至HDFS，再转存至Hive数据库。

## 6.1.3　数据处理与可视化

Spark为结构化数据处理引入了一个称为Spark SQL的编程模块。它提供了一个称为

DataFrame 的编程抽象。Spark SQL 的功能主要包括：

#### 1. 集成

无缝地将 SQL 查询与 Spark 程序混合。Spark SQL 允许用户将结构化数据作为 Spark 中的分布式数据集（RDD）进行查询，在 Python、Scala 和 Java 中集成了 API。这种紧密的集成使得可以轻松运行 SQL 查询及复杂的分析算法。

#### 2. 统一数据访问

加载和查询来自各种来源的数据。 Schema-RDDs 提供了一个有效处理结构化数据的单一接口，包括 Apache Hive 表和 JSON 文件。

#### 3. Hive 兼容性

在现有仓库上运行未修改的 Hive 查询。 Spark SQL 重用了 Hive 前端和 MetaStore，为用户提供与现有 Hive 数据、查询和 UDF 的完全兼容性。只需将其与 Hive 一起安装即可。

#### 4. 标准连接

通过 JDBC 或 ODBC 连接。Spark SQL 包括具有行业标准 JDBC 和 ODBC 连接的服务器模式。

#### 5. 可扩展性

对于交互式查询和长查询使用相同的引擎。 Spark SQL 利用 RDD 模型来支持查询容错，使其能够扩展到大型作业。

SSM 是项目开发常用的 Web 框架，由 Spring、MyBatis 两个开源框架整合而成。Echarts 是一个使用 JavaScript 实现的开源可视化库，是图表丰富、兼容性强的前端框架。

本项目中，Spark SQL 用于对采集到的旅游数据进行离线统计分析。基于 SSM+Echarts 的架构用于实现数据可视化的展示，SSM 作为项目后端框架，依次编写 Dao 接口、Service 接口及实现类和控制器，其次使用 Echarts 绘制图表。

## 6.2 采集旅游相关数据

数据采集模块使用 Python 语言开发，首先使用第三方模块例如 beautifulsoup、request、json 库等对携程旅游网站进行数据的提取，并且在原网页进行源数据的查找，找到所需数据所在位置。随后使用 SELECT 语句定位所需要的数据位置，并且使用 get_text()方法和正则表达式去提取网页标签中的文本和数字，最后利用 pandas 库写入文件中。

### 6.2.1 使用爬虫采集城市、景点数据

爬虫模块分为两大模块的设计，分别是城市字典的数据爬取和景点评论数，以及季节热门景点数据、景区门票数据的爬取。

对城市字典的数据爬取分为两种情况：如果爬取城市是直辖市，则先爬取直辖市的城市 id，再根据城市 id 循环遍历每个景点的详细数据；如果是省份，则会首先遍历各省份 id，再根据省份 id 遍历各省的城市 id，最后使用城市 id 便利循环每个城市里面详细的景点数据和其他的详细信息。

对景点评论数、季节热门景点数据、景区门票数据的爬取，是在已经爬取城市字典的情况下，使用城市字典中的城市 id 与景区 id，爬取对应景区的评论、门票、各季节推荐景点等详细数据。

首先传入 url 网页地址，利用 request 方法对网页进行请求，得到响应以后，转换为 txt 形式的树状结构，再利用第三方模块 beautifulsoup 进行数据的提取，对不符合的数据来源格式进行替换、分片等，以便得到需要的数据。不断循环上面的过程，即可得到数据。数据采集模块的核心代码如下：

```
    #获取城市id核心代码:
    def get_info_1(url):#获取城市id
        headers = {
            "user-agent": "Mozilla/5.0 (Windows NT 10.0; Win64; x64)
AppleWebKit/537.36 (KHTML, like Gecko) Chrome/92.0.4515.107 Safari/537.36"
        }
        response = requests.get(url = url, headers = headers)
        html = response.text
        soup = BeautifulSoup(html, 'html.parser')
    #     print(soup)
        soup1=soup.select('.seojscon .cf a[href^="/place"]')
    #     print(soup1)
        return soup1
    ----------------------------------------------------------------------
    #获取城市字典核心代码:
    for i in range(0,5):
        city_id=id_ca[i]["href"].replace('.','/').split('/')[2]
        url_1='https://you.ctrip.com/sight/'+city_id+'.html'
        get_id(url_1)
        url_2="https://you.ctrip.com/sight/"+city_id+"/s0-p2.html"
        get_id(url_2)
    for i in range(7,34):
        city_id1 = id_ca[i]["href"].replace('.', '/').split('/')[2]
        url_3 = 'https://you.ctrip.com/sight/' + city_id1 + '.html'
        id_ca2 = get_info_2(url_3)
        # print(id_ca2)
        city_id2 = []
        for j in range(len(id_ca2)):
            # print(j))P:)
            city_id2.append(id_ca2[j]["href"].replace('.','/').split('/')[2])
            city_id2=list(set(city_id2))
        # print(city_id2)
        for city_id3 in city_id2:
            # print(city_id3)
            url_4='https://you.ctrip.com/sight/' + city_id3 + '.html'
            get_id(url_4)
            url_5 = "https://you.ctrip.com/sight/" + city_id3 + "/s0-p2.html"
    ----------------------------------------------------------------------
    #获取景点id核心代码:
    def get_id(url):
```

```
        response = requests.get(url=url, headers=headers)#请求网页
        html = response.text
        soup = BeautifulSoup(html, 'html.parser')
        soup1=soup.select('.rdetailbox dl dt a')#选择带有详细数据的集合，形成数组
        # print(soup1)
        city_name=soup.select('.f_left h1 a')[0].get_text()#得到城市名字
        # print(city_name)
        for i in range (len(soup1)):
            city_id=soup1[i]["href"].replace('.','/').split('/')[6]#获取城市id
            sight_id=soup1[i]["href"].replace('.','/').split('/')[7]#获取景点id
            sight_name=soup1[i].get_text()#获取景点名字
            print(city_name,city_id,sight_name,sight_id)
            with open(r'../data/sight_info.csv', 'a+', encoding='utf-8-sig') as f:
                f.write(city_name + ',' + city_id + ',' + sight_name+ ',' + sight_id
+ ' '+'\n')#写入文件
        time.sleep(0.1)
    --------------------------------------------------------------------------
    #获取景点详细信息核心代码:
    def get_info(url,city_id,provice_name):
        # url ='https://you.ctrip.com/sight/'+city_id+'.html'
        response = requests.get(url=url, headers=headers)
        html = response.text
        soup = BeautifulSoup(html, 'html.parser')
        # print(soup)
        infor=soup.select('.list_mod2')
        # print(infor)
        for i in range (len(infor)):
            sight_id=infor[i].select('.rdetailbox dl dt
a')[0]["href"].replace('.','/').split('/')[7]#获取景点id
            name=infor[i].select('.rdetailbox dl dt a')[0]["title"]#获取景点名字
            rank_1=infor[i].select('.rdetailbox dl dt s')[0].get_text()#获取排名信息
            rank=re.sub('\D','',rank_1)#利用正则表达式
            score_1=infor[i].select('.score')[0].get_text()
            if score_1 == '暂无评分':
                score = str(-1)
            else:
                score=str(int(re.sub('\D','',score_1))/10)
            comm_1=infor[i].select('.recomment')[0].get_text()
            comm=re.sub('\D','',comm_1)
            print(provice_name,city_id,sight_id,name,score,comm,rank)
            with open(r'../data/sight_detail_info.csv', 'a+',
encoding='utf-8-sig') as f:
                f.write(provice_name+','+city_id + ',' + sight_id + ',' +name+ ','
+ score +','+comm +','+rank +'\n')#写入文件
            time.sleep(0.1)
    --------------------------------------------------------------------------
    #获取门票价格核心代码:
    def get_price(city_name):
        global sum
        sum = 0
```

```
    url='https://travelsearch.fliggy.com/index.htm?searchType=product&keywor
d='+urllib.request.quote(city_name)+'&category=SCENIC&pagenum=1'
        response = requests.get(url=url, headers=headers)
        html = response.text
        soup = BeautifulSoup(html, 'html.parser')
        soup1 = soup.select(".price")
        for i  in range(len(soup1)):
            soup2 = soup1[i].get_text()[1:]
            # print(float(soup2))
            sum += float(soup2)
        avg = sum/len(soup1)
        with open(r'../data/sight_price.csv', 'a+', encoding='utf-8-sig') as f:
            f.write(city_name + ',' + str(avg) +  '\n')  # 写入文件
    ---------------------------------------------------------------------------
    #获取季节推荐景点核心代码:
        for i in range(13,17):
        url = 'https://you.ctrip.com/months/'+str(i)+'.html'
        response = requests.get(url=url, headers=headers)
        html = response.text
        soup = BeautifulSoup(html, 'html.parser')
        soup1=soup.select('.city-name')
        soup2=soup.select('.opts > .been')
        soup3=soup.select('.opts > .want')
        season_1=season[i-13]
        for i  in range(len(soup1)):
            recommend_name=soup1[i].next_element
            recommend_opts=soup2[i].next_element
            recommend_want=soup3[i].next_element
            print(recommend_name,recommend_opts,recommend_want)
            with open(r'../data/recommed_data.csv', 'a+', encoding='utf-8-sig')
as f:
                f.write(season_1+','+recommend_name + ',' + recommend_opts + ','
+recommend_want+ '\n')#写入文件
    ---------------------------------------------------------------------------
    #获取评论核心代码:
            def get_comment(city_id,sight_id):
        headers = {
            "user-agent": "Mozilla/5.0 (Windows NT 10.0; Win64; x64)
AppleWebKit/537.36 (KHTML, like Gecko) Chrome/92.0.4515.107 Safari/537.36"
        }
        url = 'https://you.ctrip.com/sight/'+city_id+'/'+sight_id+'.html'
        print(url)
        response = requests.get(url=url, headers=headers)
        html = response.text
        soup = BeautifulSoup(html, 'html.parser')
        soup1 = soup.select('.heightbox')
        print(soup1)
        for i in range(len(soup1)):
            soup2  = soup1[i].get_text()
            print(soup2)
```

```
        with open(r'../data/sight_comment.csv', 'a+', encoding='utf-8-sig') as f:
            f.write(city_id + ',' + sight_id + ',' + soup2+ '\n'+'\n')#写入文件
```

## 6.2.2 数据采集模块测试

数据采集模块测试包括景点详细信息爬取、城市字典爬取、评论爬取、价格爬取、季节推荐爬取五部分。

在景点详细信息爬取结果中，会出现所有城市 id 出现两次的情况，需要对数据进行简单的去重，去重后的爬取结果如图 6-2 所示。

由图 6-2 所示，程序能够爬取到景点数据，每条数据包含城市名称、景区名等信息。

在爬取城市字典数据的过程中，出现数据重复爬取的情况，检查后发现，运用 SELECT 语句以后，要仔细分辨 html 中各个标签的包含关系、正确的语法等。调试以后爬取结果如图 6-3 所示。

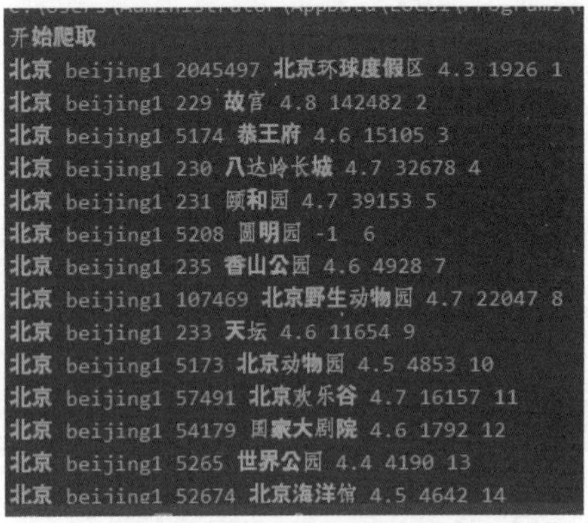

```
开始爬取
北京 beijing1 2045497 北京环球度假区 4.3 1926 1
北京 beijing1 229 故宫 4.8 142482 2
北京 beijing1 5174 恭王府 4.6 15105 3
北京 beijing1 230 八达岭长城 4.7 32678 4
北京 beijing1 231 颐和园 4.7 39153 5
北京 beijing1 5208 圆明园 -1  6
北京 beijing1 235 香山公园 4.6 4928 7
北京 beijing1 107469 北京野生动物园 4.7 22047 8
北京 beijing1 233 天坛 4.6 11654 9
北京 beijing1 5173 北京动物园 4.5 4853 10
北京 beijing1 57491 北京欢乐谷 4.7 16157 11
北京 beijing1 54179 国家大剧院 4.6 1792 12
北京 beijing1 5265 世界公园 4.4 4190 13
北京 beijing1 52674 北京海洋馆 4.5 4642 14
```

图6-2　景点详细信息爬取

```
开始爬取
北京 beijing1 北京环球度假区 2045497
北京 beijing1 故宫 229
北京 beijing1 恭王府 5174
北京 beijing1 八达岭长城 230
北京 beijing1 颐和园 231
北京 beijing1 圆明园 5208
北京 beijing1 香山公园 235
北京 beijing1 北京野生动物园 107469
北京 beijing1 天坛 233
北京 beijing1 北京动物园 5173
北京 beijing1 北京欢乐谷 57491
北京 beijing1 国家大剧院 54179
北京 beijing1 世界公园 5265
北京 beijing1 北京海洋馆 52674
```

图6-3　城市字典爬取

由图 6-3 所示，程序能够爬取到城市字典数据，每条数据包含城市名称、景区名等信息。

在爬取评论的过程中发现，爬取的网页 html 格式发生了更改，使得之前的爬虫无法使用，需要对新的 html 进行解析，修改爬虫代码，成功爬取出评论信息结果，如图 6-4 所示。

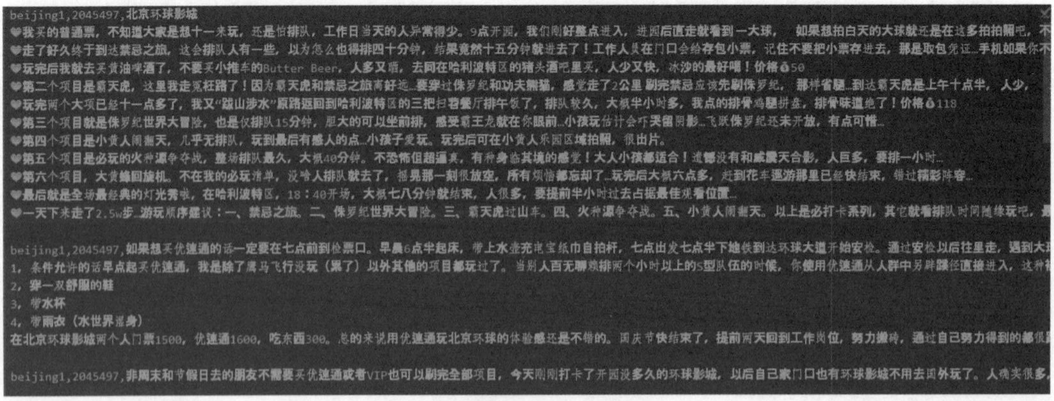

```
beijing1,2045497,北京环球影城
❤我买的普通票，不知道大家是想十一来玩，还是怕排队，工作日当天的人异常得少。9点开园，我们刚好整点进入，进园后直走就看到一大球， 如果想拍白天的大球就还是在这多拍拍照吧，不
❤走了好久终于到达禁忌之旅，这会排队人有一些，以为怎么也得排四十分钟，结果竟然十五分钟就进去了！工作人员在门口会给存包小票，记住不要把小票存进去，那是取包凭证…手机如果你不
❤玩完后我就去买黄油啤酒了，不要买小推车的Butter Beer，人多又贵，去同在哈利波特区的猪头酒吧里买，人少又快，冰沙的最好喝！价格💰50
❤第二个项目是霸天虎，这里我走冤枉路了！因为霸天虎和禁忌之旅离好远…要穿过侏罗纪和功夫熊猫，感觉走了2公里 刷完禁忌应该先刷侏罗纪，那样省腿…到达霸天虎是上午十点半，人少，
❤玩完两个大项已经十一点多了，我又“跋山涉水”原路返回到哈利波特区的三把扫帚餐厅排午饭了，排队较久，大概半小时多，我点的排骨鸡腿拼盘，排骨味道绝了！价格💰118
❤第三个项目就是侏罗纪世界大冒险，也是仅排队15分钟，胆大的可以坐前排，感受霸王龙就在你眼前…小孩玩估计会吓哭留阴影…飞跃侏罗纪还未开放，有点可惜…
❤第四个项目是小黄人闹翻天，几乎无排队，玩到最后有感人的点…小孩子爱玩。玩完后可在小黄人乐园区域拍照，很出片。
❤第五个项目是必玩的火种源争夺战，整场排队最久，大概40分钟。不恐怖但超逼真，有种身临其境的感觉！大人小孩都适合！遗憾没有和威震天合影，人巨多，要排一小时…
❤第六个项目，大黄蜂回旋机。不在我的必玩清单，没啥人排队就去了，摇晃那一刻很放空，所有烦恼都忘却了…玩完后大概六点多，赶到花车巡游那里已经快结束，错过精彩阵容…
❤最后就是全场最经典的灯光秀啦，在哈利波特区，18：40开场，大概七八分钟就结束，人很多，要提前半小时过去占据最佳观看位置…
❤一天下来走了2.5w步…游玩顺序建议：一、禁忌之旅。二、侏罗纪世界大冒险。三、霸天虎过山车。四、火种源争夺战。五、小黄人闹翻天。以上是必打卡系列，其它就看排队时间随缘玩吧，最

beijing1,2045497,如果想买优速通的话一定要在七点前到检票口。早晨6点半起床，带上水壶充电宝纸巾自拍杆，七点出发七点半下地铁到达环球大道开始安检。通过安检以后往里走，遇到大
1，条件允许的话早点起买优速通，我是除了鹰马飞行没玩（累了）以外其他的项目都玩过了。当别人百无聊赖排两个小时以上的S型队伍的时候，你使用优速通从人群中另辟蹊径直接进入，这种
2，穿一双舒服的鞋
3，带水杯
4，带雨衣（水世界溅身）
在北京环球影城两个人门票1500，优速通1600，吃东西300。总的来说用优速通玩北京环球的体验感还是不错的。国庆节快结束了，提前两天回到工作岗位，努力搬砖，通过自己努力得到的都很

beijing1,2045497,非周末和节假日去的朋友不需要买优速通或者VIP也可以刷完全部项目，今天刚刚打卡了开园没多久的环球影城，以后自己家门口也有环球影城不用去国外玩了。人确实很多，
```

图6-4　评论爬取

由图 6-4 所示，程序能够爬取到评论数据，每条数据包含城市 id、评论详情等信息。

在爬取价格时，发现原本爬取的携程网在爬取门票信息时比较困难，所以选择在飞猪网爬取对应景点的门票信息，并取平均值。爬取结果如图 6-5 所示。

由图 6-5 所示，程序能够爬取到价格数据，每条数据包含城市名称、平均门票价格。

季节推荐景点的爬取结果如图 6-6 所示。

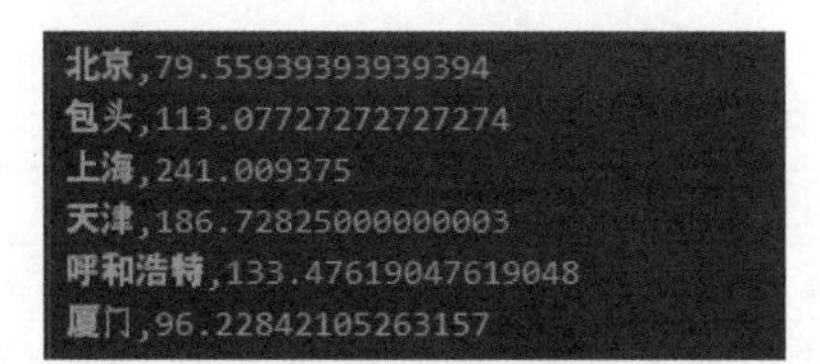


图6-5　价格爬取

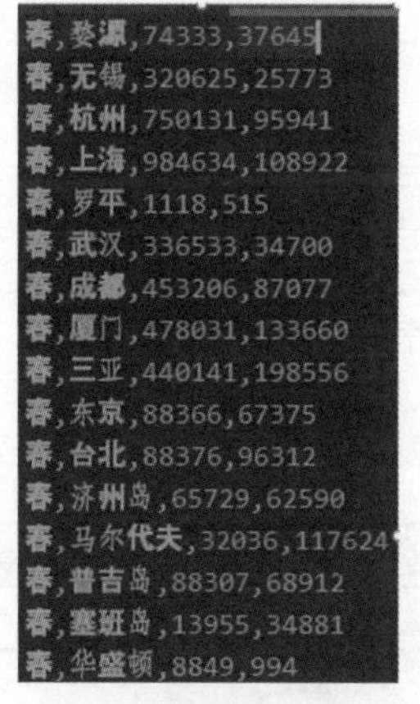


图6-6　季节推荐景点信息爬取

由图 6-6 所示，程序能够爬取到季节推荐景点数据，每条数据包含季节、景点名等信息。

## 6.3　数据存储模块实现

本节主要讲述数据库设计部分以及数据存储详细设计部分。首先，对数据库表进行设计；通过网络爬虫得到原始数据后，将原始的 Excel 数据转换成 csv 格式文件，并将数据文件上传至 HDFS，再转存至 Hive 数据库，经过 Spark SQL 处理后转存至 MySQL 数据库中。

### 6.3.1　数据库设计

整个系统共建立九张表，分别是：景点详细数据表、城市字典表、季节推荐表、评论信息表、平均价格表、词条信息表、情感分析表、热门景点信息表、城市经纬度表。

景点详细数据表对应的字段信息有：rowid、城市 id、景点 id、景点名称、评分、评论数、排名。rowid 是自增长的，为主键。景点详细数据表字段见表 6-1。

表 6-1　景点详细数据表

| 序号 | 字段名称 | 字段类型 | 是否为主键 | 是否为外键 | 含　义 |
|---|---|---|---|---|---|
| 1 | rowid | int | 是 | 否 | 行数 |
| 2 | city_id | text | 否 | 否 | 城市 id |
| 3 | sight_id | text | 否 | 否 | 景点 id |
| 4 | sight_name | text | 否 | 否 | 景点名称 |
| 5 | score | float | 否 | 否 | 评论 |
| 6 | comment_num | int | 否 | 否 | 评论数 |
| 7 | rank | int | 否 | 否 | 排名 |

城市字典表对应的字段信息有：城市 id、城市名称、景点名称、景点 id、rowid。rowid 是自增长的，为主键。城市字典见表 6-2。

**表 6-2 城市字典表**

| 序号 | 字段名称 | 字段类型 | 是否为主键 | 是否为外键 | 含　义 |
| --- | --- | --- | --- | --- | --- |
| 1 | rowid | int | 是 | 否 | 行数 |
| 2 | city_name | text | 否 | 否 | 城市名称 |
| 3 | city_id | text | 否 | 否 | 城市 id |
| 4 | sight_name | text | 否 | 否 | 景点名称 |
| 5 | sight_id | text | 否 | 是 | 景点 id |

季节推荐表对应的字段信息有：季节名称、景点名、去过人数、想要去人数。季节信息见表 6-3。

**表 6-3 季节推荐表**

| 序号 | 字段名称 | 字段类型 | 是否为主键 | 是否为外键 | 含　义 |
| --- | --- | --- | --- | --- | --- |
| 1 | season | text | 否 | 否 | 季节 |
| 2 | sight | text | 否 | 是 | 景点名 |
| 3 | gone | int | 否 | 否 | 去过人数 |
| 4 | wanto | int | 否 | 否 | 想要去人数 |

评论信息表对应的字段信息有：城市 id、景点 id、评论文本。评论信息见表 6-4。

**表 6-4 评论信息表**

| 序号 | 字段名称 | 字段类型 | 是否为主键 | 是否为外键 | 含　义 |
| --- | --- | --- | --- | --- | --- |
| 1 | city_id | text | 否 | 否 | 城市 id |
| 2 | sight_id | text | 否 | 是 | 景区 id |
| 3 | comments | text | 否 | 否 | 评论 |

平均价格表对应的字段信息有：城市名、平均价格。平均价格见表 6-5。

**表 6-5 平均价格表**

| 序号 | 字段名称 | 字段类型 | 是否为主键 | 是否为外键 | 含　义 |
| --- | --- | --- | --- | --- | --- |
| 1 | city | text | 否 | 是 | 城市名 |
| 2 | avg_price | float | 否 | 否 | 平均门票价格 |

词条信息表对应的字段信息有：index、词条、词条数。index 为自增长，为主键。词条信息见表 6-6。

**表 6-6 词条信息表**

| 序号 | 字段名称 | 字段类型 | 是否为主键 | 是否为外键 | 含　义 |
| --- | --- | --- | --- | --- | --- |
| 1 | index | int | 是 | 否 | 索引 |
| 2 | word | text | 否 | 是 | 词条 |
| 3 | count | int | 否 | 否 | 词条数 |

情感分析表对应的字段信息有：评论、积极词数、中性词数、消极词数。文本是外键，分别用来连接情感分析表和词条信息表。情感分析见表 6-7。

表 6-7　情感分析表

| 序号 | 字段名称 | 字段类型 | 是否为主键 | 是否为外键 | 含　义 |
| --- | --- | --- | --- | --- | --- |
| 1 | words | text | 否 | 是 | 评论 |
| 2 | positive | int | 否 | 否 | 积极词数 |
| 3 | neutral | int | 否 | 否 | 中性词数 |
| 4 | negative | int | 否 | 否 | 消极词数 |

热门景点信息表对应的字段信息有：省份、热门景点数。热门景点信息见表 6–8。

表 6-8　热门景点信息表

| 序号 | 字段名称 | 字段类型 | 是否为主键 | 是否为外键 | 含　义 |
| --- | --- | --- | --- | --- | --- |
| 1 | province | text | 否 | 否 | 省份 |
| 2 | hotspot | int | 否 | 否 | 热门景点数 |

城市经纬度表对应的字段信息有：城市名、经度、维度。城市名为外键，分别用来连接城市经纬度表和平均价格表。城市经纬度见表 6–9。

表 6-9　城市经纬度表

| 序号 | 字段名称 | 字段类型 | 是否为主键 | 是否为外键 | 含　义 |
| --- | --- | --- | --- | --- | --- |
| 1 | city | text | 否 | 是 | 城市名 |
| 2 | lng | float | 否 | 否 | 经度 |
| 3 | lat | float | 否 | 否 | 维度 |

## 6.3.2　使用HDFS和Hive存储数据

采集好的数据首先以 csv 格式进行存储，接着上传至 HDFS 文件系统，在 Hive 数据库中创建对应的数据表，将 HDFS 文件系统中的数据导入 Hive 数据库。以景点信息表 sight_detail 的处理过程为例，核心命令如下所示：

```
    # 1. 将csv数据上传至HDFS文件系统
    hadoop fs -put /home/quinn/data/sight_detail.csv /data
    ---------------------------------------------------------------------------
    # 2. 在Hive数据库中创建sight_detail数据表
    create  table  sight_detail(city_id  string,sight_id  string,sight_name
string,score float,comment_num int,rank int)
    row format delimited fields terminated by ',';
    ---------------------------------------------------------------------------
    # 3. 将HDFS文件系统中的数据导入Hive数据库中的sight_detail表中
    load data  inpath '/data/result.csv' overwrite into table sight_detail;
```

## 6.3.3　数据存储模块测试

针对数据存储部分进行测试，将 csv 数据文件上传至 HDFS 文件系统， HDFS 文件系统目录图如图 6–7 所示。

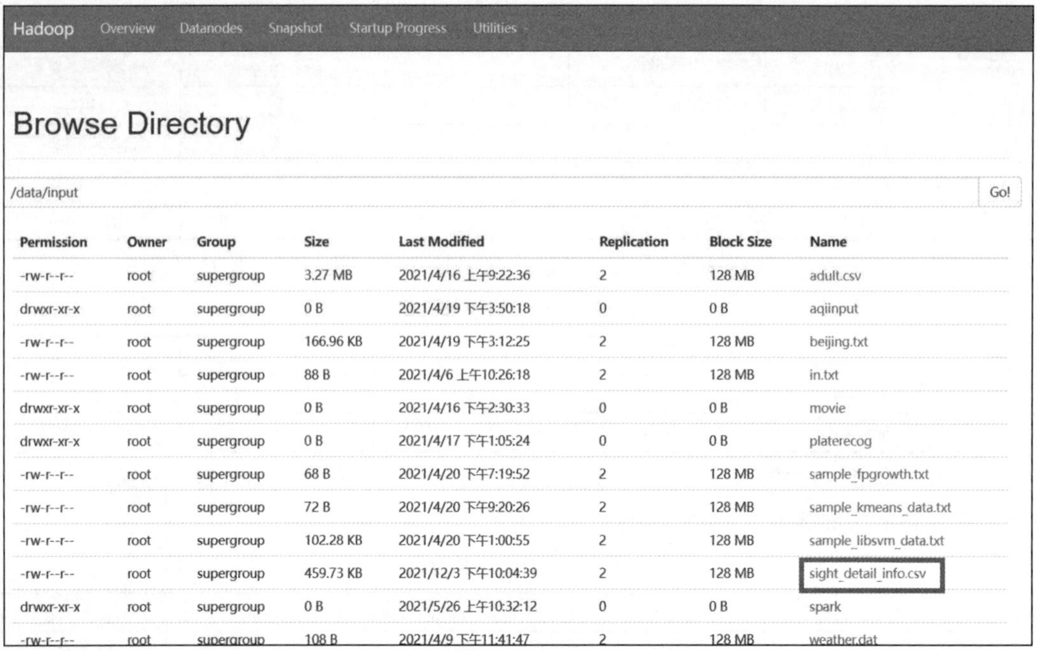

Hadoop Overview Datanodes Snapshot Startup Progress Utilities

Browse Directory

/data/input Go!

| Permission | Owner | Group | Size | Last Modified | Replication | Block Size | Name |
|---|---|---|---|---|---|---|---|
| -rw-r--r-- | root | supergroup | 3.27 MB | 2021/4/16 上午9:22:36 | 2 | 128 MB | adult.csv |
| drwxr-xr-x | root | supergroup | 0 B | 2021/4/19 下午3:50:18 | 0 | 0 B | aqiinput |
| -rw-r--r-- | root | supergroup | 166.96 KB | 2021/4/19 下午3:12:25 | 2 | 128 MB | beijing.txt |
| -rw-r--r-- | root | supergroup | 88 B | 2021/4/6 上午10:26:18 | 2 | 128 MB | in.txt |
| drwxr-xr-x | root | supergroup | 0 B | 2021/4/16 下午2:30:33 | 0 | 0 B | movie |
| drwxr-xr-x | root | supergroup | 0 B | 2021/4/17 下午1:05:24 | 0 | 0 B | platerecog |
| -rw-r--r-- | root | supergroup | 68 B | 2021/4/20 下午7:19:52 | 2 | 128 MB | sample_fpgrowth.txt |
| -rw-r--r-- | root | supergroup | 72 B | 2021/4/20 下午9:20:26 | 2 | 128 MB | sample_kmeans_data.txt |
| -rw-r--r-- | root | supergroup | 102.28 KB | 2021/4/20 下午1:00:55 | 2 | 128 MB | sample_libsvm_data.txt |
| -rw-r--r-- | root | supergroup | 459.73 KB | 2021/12/3 下午10:04:39 | 2 | 128 MB | sight_detail_info.csv |
| drwxr-xr-x | root | supergroup | 0 B | 2021/5/26 上午10:32:12 | 0 | 0 B | spark |
| -rw-r--r-- | root | supergroup | 108 B | 2021/4/9 下午11:41:47 | 2 | 128 MB | weather.dat |

图6-7 HDFS文件系统目录图

由图 6-7 可见，数据文件已成功上传至 HDFS 文件系统。

在 Hive 数据库中创建表，并导入数据。Hive 数据库中的数据表如图 6-8 所示。

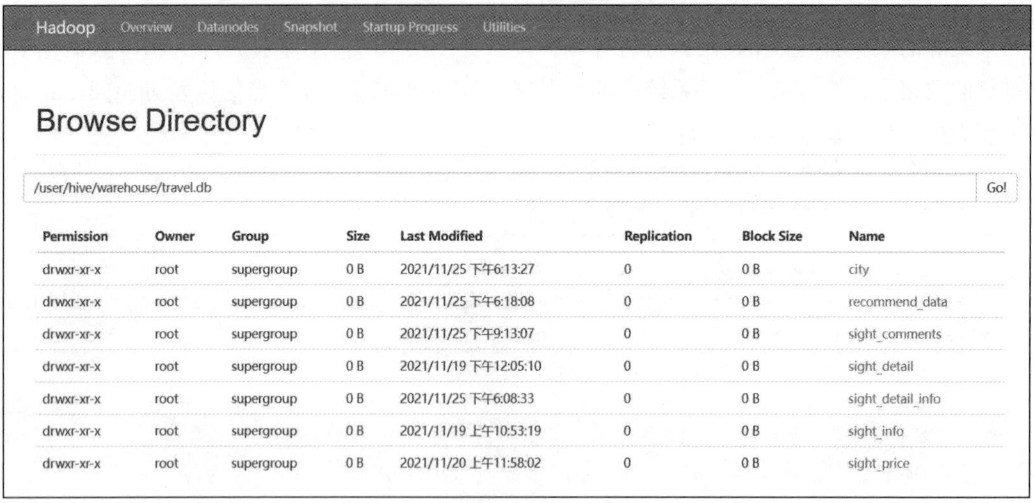

Hadoop Overview Datanodes Snapshot Startup Progress Utilities

Browse Directory

/user/hive/warehouse/travel.db Go!

| Permission | Owner | Group | Size | Last Modified | Replication | Block Size | Name |
|---|---|---|---|---|---|---|---|
| drwxr-xr-x | root | supergroup | 0 B | 2021/11/25 下午6:13:27 | 0 | 0 B | city |
| drwxr-xr-x | root | supergroup | 0 B | 2021/11/25 下午6:18:08 | 0 | 0 B | recommend_data |
| drwxr-xr-x | root | supergroup | 0 B | 2021/11/25 下午9:13:07 | 0 | 0 B | sight_comments |
| drwxr-xr-x | root | supergroup | 0 B | 2021/11/19 下午12:05:10 | 0 | 0 B | sight_detail |
| drwxr-xr-x | root | supergroup | 0 B | 2021/11/25 下午6:08:33 | 0 | 0 B | sight_detail_info |
| drwxr-xr-x | root | supergroup | 0 B | 2021/11/19 上午10:53:19 | 0 | 0 B | sight_info |
| drwxr-xr-x | root | supergroup | 0 B | 2021/11/20 上午11:58:02 | 0 | 0 B | sight_price |

图6-8 Hive数据库中的数据表

由图 6-8 可见，Hive 表成功创建，成功导入数据。

## 6.4 数据分析处理模块实现

本节阐述使用 Spark SQL 进行离线分析处理以及使用第三方库 SnowNLP 进行情感分析的具体实现过程。

## 6.4.1 Spark处理数据

使用 Scala 语言、采用 Spark SQL 技术对数据进行简单的处理，并将处理结果存入 MySQL 数据库中。以景点信息表 sight_detail 的处理过程为例：

使用 JDBC 连接 Hive 数据库，使用 Spark SQL 去除评分为-1 和评论数为 null 的脏数据，并将处理好的数据导入 MySQL 数据库中，核心代码如下：

```
    val sight_detail:DataFrame = spark.sql("select distinct * from travel.sight_detail where comment_num is not null and score <> -1.0")
    sight_detail.write.format("jdbc")
      .option("url","jdbc:mysql://192.168.140.226:3306/travel_db?createDatabaseIfNotExist=true&useUnicode=true&characterEncoding=utf8")
      .option("dbtable","sight_detail")
      .option("user","root")
      .option("password","123456")
      .save()
```

## 6.4.2 分词处理和情感分析

本项目使用 jieba 库进行旅游评论数据的分词处理。jieba 分词综合了基于字符串匹配的算法和基于统计的算法，其分词步骤为：

（1）初始化。加载词典文件，获取每个词语和它出现的词数。

（2）切分短语。利用正则表达式，将文本切分为一个个语句，之后对语句进行分词。

（3）构建 DAG。通过字符串匹配，构建所有可能的分词情况的有向无环图，也就是 DAG 构建节点最大路径概率，以及结束位置。计算每个汉字节点到语句结尾的所有路径中的最大概率，并记下最大概率时在 DAG 中对应的该汉字成词的结束位置。

（4）构建切分组合。根据节点路径，得到词语切分的结果，也就是分词结果。

（5）HMM 新词处理：对于新词，也就是 dict.txt 中没有的词语，通过统计方法来处理，jieba 中采用了 HMM 隐马尔科夫模型来处理。

（6）返回分词结果：通过 yield 将上面步骤中切分好的词语逐个返回。yield 相对于 list，可以节约存储空间。

实现评论数据分词处理，需要从数据库中读取原始评论数据，再使用 jieba 库实现分词处理。之后，还需要进一步处理才能得到纯净的分词数据。对于一些非重点的冗余数据（包括语气词、修饰词、标点符号等），需要使用停词表进行剔除，得到纯净数据后转存至 MySQL 数据库中。核心代码如下：

```
    import pandas as pd
    from sqlalchemy import create_engine
    import jieba
    ----------------------------------------------------------------------
    # 1. 建立数据库连接，读取数据并存储数据为DataFrame形式
    conn = create_engine('mysql+pymysql://root:123456@192.168.140.226:3306/travel_db')
    sql="select comments from sight_comments"
    df1=pd.read_sql(sql,conn)
```

```
    comments = df1.comments.values.tolist()
    ----------------------------------------------------------------------------
    # 2. 使用jieba精确模式进行分词处理
    comment_s = []
    for line in comments:
        ls = str(line)
        comment_cut = jieba.lcut(ls)
    comment_s.append(comment_cut)
    ----------------------------------------------------------------------------
    # 3. 剔除不需要的单词，使用停词表
    stopwords = pd.read_excel("stopwords0.xlsx")
    baidu = 'baidu_stopwords.txt'
    cn = 'cn_stopwords.txt'
    hit  = 'hit_stopwords.txt'
    scu = 'scu_stopwords.txt'
    # 将所有的停词表都转换成list
    stopwords = stopwords.stopword.values.tolist()
    baidu_stopwords = [line.strip() for line in open(baidu, 'r', encoding='utf-8').
readlines()]
    cn_stopwords = [line.strip() for line in open(cn, 'r', encoding='utf-8').
readlines()]
    hit_stopwords = [line.strip() for line in open(hit, 'r', encoding='utf-8').
readlines()]
    scu_stopwords = [line.strip() for line in open(scu, 'r', encoding='utf-8').
readlines()]
    # 使用切片将各个停词表的list连接起来，组成一个list
    stopwords[0:0] = baidu_stopwords
    stopwords[0:0] = cn_stopwords
    stopwords[0:0] = hit_stopwords
    stopwords[0:0] = scu_stopwords
    ----------------------------------------------------------------------------
    # 使用停词表处理评论分词
    comment_clean = []
    for line in comment_s:
        line_clean = []
        for word in line:
            if word not in stopwords:
                line_clean.append(word)
        comment_clean.append(line_clean)
    ----------------------------------------------------------------------------
    # 4. 统计每个词语的个数，先去重
    title_clean_dist = []
    for line in comment_clean:
        line_dist = []
        for word in line:
            if word not in line_dist:
                line_dist.append(word)
    title_clean_dist.append(line_dist)
    ----------------------------------------------------------------------------
    # 5. 将所有词转换为一个list
```

```
    allwords_clean_dist = []
    for line in title_clean_dist:
        for word in line:
            allwords_clean_dist.append(word)
    ----------------------------------------------------------------------
    # 将所有词语转换数据框，并将分词数据存入数据库中
    df_allwords_clean_dist = pd.DataFrame({
        'allwords': allwords_clean_dist
    })
    word_count = df_allwords_clean_dist.allwords.value_counts().reset_index()
    word_count.columns = ['word', 'count']
    word_count.to_sql("word_count",con=conn)
```

本项目使用 SnowNLP 库来完成情感分析。情感分析使用情感字典进行分析，调用 SnowNLP 对每条评论进行情感打分，并规定一个评分标准，最后将评论分为积极、消极、中性三类。本文的评分标准为：score≤0.3 为消极，0.3 < score < 0.7 为中性，score≥0.7 为积极。核心代码如下：

```
    # 1. 从数据库读取评论数据
        engine = create_engine("mysql+pymysql://root:123456@192.168.140.226:3306/
travel_db")
        sql = "select comments from sight_comments"
        comment = pd.read_sql(sql, con=engine)
    reader = comment['comments']
    ----------------------------------------------------------------------
    # 2. 获取含有目标词的评论语句
    xjb = [],mp = [],ms = []
        for line in reader:
            content = str(line)
            if '性价比' in content:
                xjb.append(content)
            if '门票' in content:
                mp.append(content)
            if '民宿' in content:
                ms.append(content)
    values = [],values.append(xjb),values.append(mp),values.append(ms)
    ----------------------------------------------------------------------
    # 3. 计算情感值并存入列表
        j_value = [],z_value = [],x_value = []
        for v in values:
            j = 0,z = 0,x = 0
            for i in v:
                score = SnowNLP(i).sentiments
                if score <= 0.3:
                    x += 1
                elif 0.3 < score < 0.7:
                    z += 1
                else:
                    j += 1
            j_value.append(j),z_value.append(z),x_value.append(x)
    ----------------------------------------------------------------------
    # 4. 将情感值列表及目标词列表合并为DataFrame，并存入数据库
```

```
        words =["性价比", "门票", "民宿"]
        c = {"words": words, "positive": j_value, "neutral": z_value, "negative": x_value}
        d = pd.DataFrame(c)
        d.to_sql(name='emotion', con=engine, if_exists='append', index=False)
```

### 6.4.3 数据分析处理模块测试

Spark SQL 连接 Hive 数据库，进行数据处理后导出到 MySQL 数据库，Hive 中未处理的脏数据如图 6-9 所示。

```
Hive-on-MR is deprecated in Hive 2 and may not be available in the future versions.
sing a different execution engine (i.e. spark, tez) or using Hive 1.X releases.
hive> use travel;
OK
Time taken: 46.61 seconds
hive> select * from sight_detail limit 10;
OK
beijing1        2045497 北京环球度假区  4.3     1733    1
beijing1        229     故宫    4.8     142324  2
beijing1        5174    恭王府  4.6     15050   3
beijing1        230     八达岭长城      4.7     32612   4
beijing1        231     颐和园  4.7     39100   5
beijing1        235     香山公园        4.6     4907    6
beijing1        5208    圆明园  -1.0    NULL    7
beijing1        233     天坛    4.6     11627   8
beijing1        107469  北京野生动物园  4.7     22001   9
beijing1        5173    北京动物园      4.5     4835    10
```

图6-9　Hive中未处理的脏数据

由图 6-9 可见，Spark SQL 能够成功连接 Hive 数据库，并查看数据库中的数据。

MySQL 数据库中已处理的纯净数据如图 6-10 所示。

对象 | sight_comments @travel_db (virtual)... | word_count @travel_db (virtual) - 表 | sight_detail @travel_db (virtual) - 表

开始事务　文本 · 筛选　排序　导入　导出

| rowid | city_id | sight_id | sight_name | score | comment_num | rank |
|---|---|---|---|---|---|---|
| 1 | baoting1009 | 4993360 | 呆呆岛 | 4.5 | 607 | 25 |
| 2 | kashi124 | 43961 | 帕米尔高原 | 4.7 | 467 | 6 |
| 3 | kangding344 | 1831837 | 康定情歌广场 | 4.5 | 24 | 8 |
| 4 | pingtung1364 | 134567 | 船帆石 | 4.3 | 621 | 6 |
| 5 | yantai170 | 125038 | 烟台海昌鲸鲨海洋公园 | 4.4 | 1718 | 3 |
| 6 | yantai170 | 143240 | 欧乐堡梦幻世界 | 4.5 | 1399 | 5 |
| 7 | yantai170 | 1702933 | 蓬莱仙岛 | 4.5 | 74 | 19 |
| 8 | nanyang591 | 61343 | 南阳武侯祠 | 4.4 | 597 | 4 |
| 9 | alashan1193 | 1713123 | 策克口岸 | 4.2 | 126 | 7 |
| 10 | zhenjiang13 | 2495882 | 伏热花海庄园 | 0.4 | 102 | 23 |

图6-10　MySQL数据库中已处理的纯净数据

由图 6-10 可见，Spark SQL 能够成功连接 Hive 数据库，并查看数据库中的数据。

使用 jieba 库进行分词处理，结果如图 6-11 所示。

由图 6-11 可见，jieba 库能够成功对评论进行分词，并成功将结果存入 MySQL 数据库。

使用 SnowNLP 库对目标词的情感值进行计算并分类统计结果，目标词情感值统计如图 6-12 所示。

对象 | sight_comments @travel_db (virtual)...

开始事务　文本 · 筛选　排序　导入

| index | word | count |
|---|---|---|
| 79 | 月 | 1627 |
| 80 | 参观 | 1616 |
| 81 | 总体 | 1580 |
| 82 | 自然 | 1558 |
| 83 | 休闲 | 1554 |
| 84 | 设施 | 1547 |
| 85 | 开心 | 1545 |
| 86 | 游览 | 1543 |
| 87 | 服务 | 1541 |
| 88 | 旅行 | 1530 |
| 89 | 漂亮 | 1521 |
| 90 | 来到 | 1511 |
| 91 | 自驾 | 1505 |

图6-11　分词处理结果图

对象　emotion @travel_db (localhost_330...

开始事务　文本 · 筛选　排序　导入　导出

| words | positive | neutral | negative |
|---|---|---|---|
| 性价比 | 2916 | 55 | 183 |
| 门票 | 3478 | 250 | 919 |
| 民宿 | 583 | 14 | 83 |
| 交通 | 2076 | 69 | 209 |
| 文化 | 3571 | 48 | 101 |
| 生态 | 1308 | 32 | 47 |
| 季节 | 732 | 33 | 51 |
| 路线 | 665 | 19 | 68 |
| 体验 | 3365 | 127 | 282 |
| 趣味性 | 519 | 6 | 23 |
| 古城 | 1105 | 91 | 229 |
| 博物馆 | 2042 | 37 | 59 |
| 遗址 | 527 | 20 | 29 |
| 乐园 | 907 | 60 | 125 |
| 建筑 | 4048 | 124 | 200 |
| 岛 | 1863 | 99 | 194 |
| 沙漠 | 473 | 24 | 52 |
| 雪山 | 818 | 28 | 62 |
| 大海 | 432 | 10 | 21 |
| 森林 | 1891 | 30 | 63 |
| 沙滩 | 708 | 16 | 62 |

图6-12　目标词情感值统计图

由图 6-12 可见，SnowNLP 库能够成功计算评论的情感值，并将结果存入 MySQL 数据库。根据情感值的大小可以判断词性。

# 6.5　数据可视化模块实现

数据可视化模块使用 Java 语言开发，后端利用 SSM 框架，前端采用开源可视化图表库 Echarts，从城市热门景点、景点门票分析等多个维度对可视化图表进行绘制和展示。

## 6.5.1　数据可视化模块后端设计

### 1. 城市热门景点搜索

城市热门景点展示表格：系统首页，会将数据库中存在的城市名称显示在城市搜索下拉框中。用户进入系统，选中所关注的城市名称，首页就会以表格的形式展示该城市中最热门的旅游景点。

加载首页时，后端服务器接收到加载请求，依次调用 Controler 层、Service 层、Dao 层从 MySQL 数据库中查询城市景点数据[ city_name1, city_name2, ....]，并将其存入 Model 对象，返回前端页面，展示在下拉框中。

```
    #Controler层核心代码:
    @RequestMapping("/search")
    public String search(Model model,String city_name){
    // 从sight_details查询出所有省份，用来展示在首页搜索下拉框中
        String sql = "select distinct city_name from sight_details";
        List<SightDetails>                          cities                           =
sightDetailsService.listBySqlReturnEntity(sql);
        List<String> city = new ArrayList<>();
        for (SightDetails sight: cities) {
```

```
        city.add(sight.getCity_name());
    }
        model.addAttribute("type",city);
        return "hotspot/tj";
    }
    ------------------------------------------------------------------------------
    #Service层核心代码:
    public class SightDetailsServiceImpl implements SightDetailsService {
        @Autowired
        private SightDetailsMapper sightDetailsMapper;
        @Override
        public List<SightDetails> listBySqlReturnEntity(String sql) {
            return sightDetailsMapper.listBySqlReturnEntity(sql);
    }
    }
    ------------------------------------------------------------------------------
    #Dao层核心代码:
    <!-- 查询列表返回实体-->
    <select id="listBySqlReturnEntity" resultMap="ResultMapSight">${sql}</select>
    ------------------------------------------------------------------------------
    #View层核心代码:
    <select id="city_name" class="input w50"  onchange="self.location.href=options
[selectedIndex].value" style="height: 20px ">
        <c:forEach items="${type}" var="data" varStatus="l">
            <option value="/hotspot/search?city_name=${data}">${data}</option>
        </c:forEach>
    </select>
```

用户可以根据下拉框中展示的城市的名称进行城市景点搜索：用户选择下拉框中的城市，前端就会发送Get请求到后端，同时将city_name作为参数传回后台。后台会根据返回的city_name查询其对应的15个旅游景点及其对应用户评分，后台会将该数据封装成[{sight:'景点名 1', score: 评分 1 }, {sight:' 景点名 2' , score: 评分 2 } , ... ]，保存到Model中，返回前端，前端据此数据展示城市景点数据表。

```
    #Controler层核心代码:
    //根据前端传回的city_name, 在sight_details数据表中查询对应城市的景点
            String sql1 = "select * from sight_details ";
            if(isEmpty(city_name)){
                sql1 += "where city_name = '北京' limit 15"; // 默认展示的是北京的景点
            }else {
                sql1 += "where city_name like '%" + city_name + "%' limit 15";
            }
            List<SightDetails> sights = sightDetailsService.listBySqlReturnEntity(sql1);
    // 提取查询结果中的景点名称和评分, 传回前端用于展示
            List<Map> sightList = new ArrayList<>();
            for (SightDetails sight: sights) {
```

```
            Map<String,Object> map = new HashMap<>();
            map.put("sight",sight.getSight_name());
            map.put("score",sight.getScore());
            sightList.add(map);
        }
        model.addAttribute("sightList",sightList);
------------------------------------------------------------------------
#View层核心代码:
<table class="fl-table" >
    <tr>
        <th>景点名称</th> <th>评    分</th>
    </tr>
        <c:forEach items="${sightList}" var="row" varStatus="b">
            <c:if test="${b.index+1 == fn:length(sightList)}">
                <tr>
                    <td>${row.sight}</td>
                    <td>${row.score}</td>
                </tr>
                </c:if>
            <c:if test="${b.index+1 != fn:length(sightList)}">
                <tr>
                    <td>${row.sight}</td>
                    <td>${row.score}</td>
                </tr>
            </c:if>
        </c:forEach>
</table>
```

**2. 热门景点分析**

中国各省热门旅游景点分布热力图：根据所采集的各个省的景点数据，以各个景点的评论数为依据，累加各省所有景点的评论数作为该省旅游热度值，使用 Echarts 做出各省旅游热度热力图。展示全国各省的旅游热度情况。

加载热门景点分析模块时，浏览器就会向后台服务器发送 Get 请求，请求作图所需要的数据。后端服务器接收到加载请求，依次调用 Controler 层、Service 层、Dao 层，从 MySQL 数据库中查询省份旅游热度景点数据：[{name:province1,value: hotspot1}, {name:province2,value: hotspot2},...]，并将其存入 Model 对象，返回前端页面。

```
#Controler层核心代码:
@RequestMapping("/hotspot")
    public String getProvinceHot(Model model){
//从ProvinceHot表中查询所有省份和旅游热度，传到前端，作为各省旅游热度分布热力图的绘制数据源
        List<ProvinceHot> provinceHotList = provinceHotService.listAll();
        List<Map> dataList = new ArrayList<>();
        for (ProvinceHot provinceHot :provinceHotList) {
```

```
            Map<String,Object> provinceHotMap = new HashMap<>();
            provinceHotMap.put("name",provinceHot.getProvince());
            provinceHotMap.put("value",provinceHot.getHotspot());
            dataList.add(provinceHotMap); }
        model.addAttribute("datalist",dataList);
        return "hotspot/hotspot";
    }
-----------------------------------------------------------------
#Service层核心代码:
@Override
public List<ProvinceHot> listAll() { return provinceHotMapper.listAll(); }
-----------------------------------------------------------------
#Dao层核心代码:
<!-- 查询整个表 -->
<select id="listAll" resultMap="ResultMapProvinceHot">
    select <include refid="ProvinceHot_field"/>
    from province_hot
</select>
-----------------------------------------------------------------
#View层核心代码:
data: [
    <c:forEach items="${datalist}" var="row" varStatus="b">
        <c:if test="${b.index+1 == fn:length(datalist)}">
            { name: '${row.name}', value: ${row.value}}
        </c:if>
        <c:if test="${b.index+1 != fn:length(datalist)}">
            { name: '${row.name}', value: ${row.value}},
        </c:if>
    </c:forEach>]
```

中国各城市热门景点数统计柱状图：根据所采集的各个省的景点数据，规定判断景点是否热门的划分标准为“评论数量”大于 500，据此标准，统计各个城市的热门景点数量，做出城市热门景点数量统计柱状图，展示各省热门景点数量分布情况。

加载热门景点分析模块时，浏览器就会向后台服务器发送 Get 请求，请求作图所需要的数据。后端服务器接收到加载请求，依次调用 Controller 层、Service 层、Dao 层，从 MySQL 数据库中查询省份旅游景点数量数据。后台会首先查询所有的城市，然后遍历所有城市，根据城市名称查询该城市包含的所有热门景点（评论数量大于 500 视为热门），最后将目标城市名称和其包含的热门景点数量[{name:city_name1,value: 热门景点数 2}, {name:city_name1,value: 热门景点数 2},...]传到前端，用于城市热门景点数量统计柱状图的绘制。

```
#Controller层核心代码:
//查询所有的城市
        String sql = "select distinct city_name from sight_details";
        List<SightDetails> sightDetails = sightDetailsService
.listBySqlReturnEntity(sql);
```

```
        List<Map<String,Object>> maps = new ArrayList<>();
    //遍历所有城市，根据城市名称查询该城市下的所有热门景点（评论数量大于500视为热门）
        if (!CollectionUtils.isEmpty(sightDetails)){
            for (SightDetails c : sightDetails){
                List<SightDetails> listBySqlReturnEntity = sightDetailsService
.listBySqlReturnEntity("SELECT * FROM sight_details WHERE comment_num > 500 and
city_name= '"+c.getCity_name()+"'");
    //将目标城市名称和其包含的热门景点数量传到前端，用于城市热门景点数量统计柱状图的绘制
                Map<String,Object> map = new HashMap<>();
                map.put("name", c.getCity_name());
                map.put("value", listBySqlReturnEntity.size());
                maps.add(map);
            }
        }
        model.addAttribute("maps", maps);
    -----------------------------------------------------------------------------
    #View层核心代码：
    data:[
        <c:forEach items="${maps}" var="row" varStatus="b">
        <c:if test="${b.index+1 == fn:length(maps)}">
            <c:if test="${row.value >=16}">
                '${row.name}',
            </c:if>
        </c:if>
        <c:if test="${b.index+1 != fn:length(maps)}">
            <c:if test="${row.value >=16}">
                '${row.name}',
            </c:if>
        </c:if>
        </c:forEach>]
```

### 3. 景点门票分析

中国各个城市旅游景点平均门票价格分布区间统计饼图：将各个城市旅游景点平均门票进行分类统计，分别统计价格区间为 0～50 元，50～100 元，100～200 元，200～300 元，300 元以上，并据此做出饼图，分析出国内旅游景点平均门票的分布情况。

加载旅游门票分析模块时，浏览器就会向后台服务器发送 Get 请求，请求作图所需要的数据。后端服务器接收到加载请求，依次调用 Controller 层、Service 层、Dao 层，从 MySQL 数据库中查询各个城市旅游门票平均价格数据。后台会首先根据价格区间统计查询不同价格区间的景点数量，最后将目标数据 [{name: ‘0–50’ ,value: 景点数 1}, {name: ‘50–100’ ,value: 景点数 2},...]传到前端，用于各个城市旅游景点平均门票价格分布区间统计饼图的绘制。

```
    #Controller层核心代码：
    //价格区间统计数据
        String sql2 = "select count(city) from sight_price where avg_price<=50";
        int count1 = sightPriceService.getCount(sql2);
```

```
        String sql3 ="select count(city) from sight_price where avg_price >50
and avg_price<=100";
        int count2 = sightPriceService.getCount(sql3);
        String sql4 ="select count(city) from sight_price where avg_price >100
and avg_price<=200";
        int count3 = sightPriceService.getCount(sql4);
        String sql5 = "select count(city) from sight_price where avg_price >200
and avg_price<=300";
        int count4 = sightPriceService.getCount(sql5);
        String sql6 ="select count(city) from sight_price where avg_price
>300";
        int count5 = sightPriceService.getCount(sql6);
        List<Map> countList = new ArrayList<>();
        String[] tag = new String[]{"0-50","50-100","100-200","200-300",
"300- "};
        Integer[] count = new Integer[]{count1,count2,count3,count4,count5};
        for(int i=0 ;i<count.length && i<tag.length;i++){
           Map<String,Object> countMap = new HashMap<>();
           countMap.put("name",tag[i]);
           countMap.put("value",count[i]);
           countList.add(countMap);
        }
        model.addAttribute("countList",countList);
   ------------------------------------------------------------------------
   #Service层核心代码:
   @Override
   public int getCount(String sql) { return sightPriceMapper.getCount(sql);}
   ------------------------------------------------------------------------
   #Dao层核心代码:
   <select id="getCount" parameterType="string" resultType= "java.lang.Integer">${sql}
   </select>
   ------------------------------------------------------------------------
   #View层核心代码:
   data: [
      <c:forEach items="${countList}" var="row" varStatus="b">
         <c:if test="${b.index+1 == fn:length(countList)}">
            { name: '${row.name}¥', value: ${row.value}}
         </c:if>
         <c:if test="${b.index+1 != fn:length(countList)}">
            { name: '${row.name}¥', value: ${row.value}},
         </c:if>
      </c:forEach>]
```

中国热门旅游城市平均旅游门票的分布热力图：综合各省的旅游热度值和各个城市平均价格数据，采用热力图和散点图相结合的作图方式，做出中国热门旅游城市平均旅游门票的分布热力图，既能展示城市的旅游热度，也能看出对应旅游门票价格。

加载旅游门票分析模块时，浏览器就会向后台服务器发送 Get 请求，请求作图所需要的数据。后端服务器接收到加载请求，依次调用 Controller 层、Service 层、Dao 层，从 MySQL 数据库中查询各个城市旅游门票平均价格数据，以及景点对应地理信息、城市旅游热度信息。目标数据如下：

景点价格数据 prices：[{name:city_name1,value:价格 1}，{name:city_name2,value:价格 2},...]，

景点地理位置信息：{cityname1:[经度 1，纬度 1]，city_name2:[经度 2，纬度 2]，...}，

景点热度信息：dataList:[{name:province1,value: hotspot1}，{name:province2, value: hotspot2},...]

后台最后将传到前端，用于热门旅游城市平均旅游门票的分布热力图的绘制。

```
#Controller层核心代码:
        List<SightPrice> priceList =sightPriceService.listAll();
        //处理景点价格数据传递
        List<Map> prices = new ArrayList<>();
        for (SightPrice sightPrice :priceList) {
            Map<String,Object> priceMap = new HashMap<>();
            priceMap.put("name",sightPrice.getCity());
            priceMap.put("value",sightPrice.getAvg_price());
            prices.add(priceMap);   }
        //处理城市地理位置传递
        List<City> cityList = cityService.listAll();
        Map<String,List<Float>> cityMap = new HashMap<>();
        for (City city: cityList) {
            List<Float> loc = new ArrayList<>();
            loc.add(0,city.getLng());
            loc.add(1,city.getLat());
            cityMap.put(city.getCity(),loc); }
        JSONObject cityJson = new JSONObject(cityMap);
        //景点热度信息传递
        List<ProvinceHot> provinceHotList = provinceHotService.listAll();
        List<Map> dataList = new ArrayList<>();
        for (ProvinceHot provinceHot :provinceHotList) {
            Map<String,Object> provinceHotMap = new HashMap<>();
            provinceHotMap.put("name",provinceHot.getProvince());
            provinceHotMap.put("value",provinceHot.getHotspot());
            dataList.add(provinceHotMap);  }
        model.addAttribute("datalist",dataList);
        model.addAttribute("cityJson",cityJson);
        model.addAttribute("prices",prices);
```

中国热门旅游城市平均旅游门票价格分布散点图：对各个城市的旅游平均门票进行回归分析，做出中国热门旅游城市平均旅游门票价格分布散点图，可以直观体现国内旅游景点平均门票价格的集中分布情况。

加载旅游门票分析模块时，浏览器就会向后台服务器发送 Get 请求，请求作图所需要的数据。后端服务器接收到加载请求，依次调用 Controller 层、Service 层、Dao 层，从 MySQL 数据库中查询各个城市旅游门票平均价格数据。后台直接查询所有的平均门票数据，最后将目标数据[price1， price2，...]传到前端，用于热门旅游城市平均旅游门票价格分布散点图的绘制。

```
#Controller层核心代码:
        String sql1 = "select avg_price from sight_price where city <> '山南'";
        List<Double> priceNum = sightPriceService.getBySqlReturnPrice(sql1);
        model.addAttribute("priceNum",priceNum);
----------------------------------------------------------------------
#View层核心代码:
data: [
    <c:forEach items="${priceNum}" var="row" varStatus="b">
        <c:if test="${b.index+1 == fn:length(priceNum)}">
             [${row.avg_price},${row.avg_price}],
        </c:if>
        <c:if test="${b.index+1 != fn:length(priceNum)}">
             [${row.avg_price},${row.avg_price}],

        </c:if>
    </c:forEach>]
```

**4．旅游景点推荐**

四季热门旅游景点推荐柱状图：根据采集的四季旅游景点数据，分别对春、夏、秋、冬四季不同景点的“去过人数”进行排序统计，并以此为依据为用户选出“去过人数”最多的 16 个城市景点进行柱状图可视化展示。

加载旅游景点推荐模块时，用户单击“春季推荐”“夏季推荐”“秋季推荐”“冬季推荐”时，浏览器就会向后台服务器发送 Get 请求，请求作图所需要的数据。后端服务器接收到加载请求，依次调用 Controller 层、Service 层、Dao 层，从 MySQL 数据库中查询各个城市旅游季节推荐景点数据。后台直接查询不同季节对应的旅游推荐景点，最后将目标数据[（春）[{name：景点 1，value：去过人数 1}，{name：景点 2，value：去过人数 2}，...]，（夏）[ ... ]，（秋）[ ... ]，（冬）[ ... ]]传到前端，用于四季热门旅游景点推荐柱状图的绘制。

```
#Controller层核心代码:
//传递季节推荐柱状图参数
  List<RecommendBySeason> springs = recommendBySeasonService.listBySeason ("春");
  List<RecommendBySeason> summers = recommendBySeasonService.listBySeason ("夏");
  List<RecommendBySeason> autumns = recommendBySeasonService.listBySeason ("秋");
  List<RecommendBySeason> winters = recommendBySeasonService.listBySeason ("冬");
  List<Map> springGone = new ArrayList<>();
  List<Map> summerGone = new ArrayList<>();
  List<Map> autumnGone = new ArrayList<>();
  List<Map> winterGone = new ArrayList<>();
  List<RecommendBySeason>[]   s1   =   new   List[]{springs,summers,autumns,
```

```
winters};
     List<Map>[] gone = new List[]{springGone,summerGone,autumnGone, winterGone};
     for(int i = 0;i<s1.length && i<gone.length && i<want.length ;i++){
        for (RecommendBySeason season :s1[i]) {
           Map<String,Object> gone0= new HashMap<>();
           gone0.put("name",season.getSight());
           gone0.put("value",season.getGone());
           gone[i].add(gone0); } }
     model.addAttribute("gone",gone);
     return "/recommend/recommend";
   ---------------------------------------------------------------------------
   #Service层核心代码:
   @Override
   public List<RecommendBySeason> listBySeason(String season) {
      return recommendBySeasonMapper.listBySeason(season);  }
   ---------------------------------------------------------------------------
   Dao层核心代码:
   <!-- 根据季节查询整个表 -->
   <select id="listBySeason" resultMap="ResultMapSeason" parameterType="string">
      select <include refid="Season_field"/>
      from recommend_by_season where season = #{season}
   </select>
   ---------------------------------------------------------------------------
   #View层核心代码:
   data: [
      <c:forEach items="${gone[1]}" var="row" varStatus="b">
      <c:if test="${b.index+1 == fn:length(gone[1])}">
         '${row.name}',
      </c:if>
      <c:if test="${b.index+1 != fn:length(gone[1])}">
         '${row.name}',
      </c:if>
      </c:forEach>  ]
```

四季热门旅游景点推荐玫瑰图：根据采集的四季旅游景点数据，分别对春、夏、秋、冬四季不同景点的“想去人数”进行排序统计，并以此为依据为用户选出“想去人数”最多的16个城市景点进行玫瑰图可视化展示。

加载旅游景点推荐模块时，用户单击“春季推荐”“夏季推荐”“秋季推荐”“冬季推荐”时，浏览器就会使用Ajax技术向后台服务器发送Post请求，请求作图所需要的数据。后端服务器接收到加载请求，依次调用Controller层、Service层、Dao层，从MySQL数据库中查询各个城市旅游季节推荐景点数据。后台直接查询不同季节对应的旅游推荐景点，封装好后，转换成JSON数据，最后将目标数据[（春）[{name：景点1，value：去过人数1}，{name：景点2，value：去过人数2}，...]，（夏）[ ... ]，（秋）[ ... ]，（冬）[ ... ] ]传到前端，用于四季热门旅游景点推荐玫瑰图的绘制。

```
   #Controller层核心代码:
```

```
//转换为Json
  Gson gson = new Gson();
  resp.setContentType("application/json;charset=UTF-8");
      PrintWriter out = resp.getWriter();
      out.print(gson.toJson(want));
      System.out.println(gson.toJson(want));
      out.flush();
      out.close();
----------------------------------------------------------------------------------------
#View层核心代码:
$.ajax({
    type : "post",
    async : false, //异步请求(同步请求将会锁住浏览器，用户其他操作必须等待请求完成
才可执行)
    data:{},
    url : "/recommend/getData",   //请求发送
    dataType : "json",       //返回数据形式为JSON
    success : function(result) {
        //请求成功时执行该函数内容，result即为服务器返回的JSON对象
        if (result) {
            var series = [];
            var datas = result[0];
            for(var i = 0;i<datas.length;i++){
                var s = datas[i];
                series.push({
                    value: s['value'],
                    name: s['name']
                });}
            chart2.hideLoading();   //隐藏加载动画
            chart2.setOption({       //加载数据图表
                series: [{
                    name: '春季想去人数',
                    type: 'pie', //这个类型不能少，否则js会报错
                    data: series
                }]
            });
        }
    },
    // 没做出错处理
    error : function(errorMsg) {
        //请求失败时执行该函数
        for(var info in errorMsg)
            console.log(info + " = " + errorMsg[info]);
        alert("图表请求数据失败!");
        chart2.hideLoading();
    },
});
```

#### 5. 旅游舆情分析

旅游评论数据词云图：以各个景点的评论数据为数据源，使用jieba中文分词库进行分词处理后的数据作为统计数据，做出旅游评论数据词云分析图，直观展现大众的关注点和舆情走向。

加载旅游景点情感分析模块时，浏览器就会使用向后台服务器发送Get请求，请求作图所需要的数据。后端服务器接收到加载请求，依次调用Controller层、Service层、Dao层，从MySQL数据库中查询各个城市旅游景点评论分词数据。后台最后将目标数据[{name:word1，value：count1}，{name:word2，value：count2}，...]传到前端，用于旅游评论数据词云图的绘制。

```
#Controler层核心代码:
      //词云图数据
List<WordCount> wordCountList = wordCountService.listAll();
List<Map> dataList = new ArrayList<>();
for (WordCount wordCount :wordCountList) {
    Map<String,Object> wordCountMap = new HashMap<>();
    wordCountMap.put("name",wordCount.getWord());
    wordCountMap.put("value",wordCount.getCount());
    dataList.add(wordCountMap);    }
model.addAttribute("datalist",dataList);
------------------------------------------------------------------------
#View层核心代码:
data:[
    <c:forEach items="${datalist}" var="row" varStatus="b">
        <c:if test="${b.index+1 == fn:length(datalist)}">
            { name: '${row.name}', value: ${row.value}}
        </c:if>
        <c:if test="${b.index+1 != fn:length(datalist)}">
            { name: '${row.name}', value: ${row.value}},
        </c:if>
    </c:forEach> ]
```

旅游景点类型情感分析图：以各个景点的评论数据为数据源，使用SnowNLP中文分词库进行分词处理及分词情感值的计算，分别对代表旅游类型的分词进行情感值计算——‘沙滩’‘古城’‘博物馆’‘遗址’‘乐园’‘建筑’‘岛’‘沙漠’‘雪山’‘大海’‘森林’。将得出的“积极”“中性”“消极”的情感进行分类统计，并据此作出旅游景点类型情感分析图，以直观向用户展示人们对各个类型旅游景点的看法和评价。

旅游考虑因素情感分析图：以各个景点的评论数据为数据源，使用SnowNLP中文分词库进行分词处理及分词情感值的计算，分别对代表旅游考虑因素的分词进行情感值计算——‘性价比’‘门票’‘民宿’‘交通’‘文化’‘生态’‘季节’‘路线’‘体验’‘趣味性’。将得出的“积极”“中性”“消极”的情感进行分类统计，并据此作出旅游决策考虑因素情感分析图，以直观向用户展示人们旅游时对各个因素的看法和评价。

加载旅游景点情感分析模块时，浏览器就会向后台服务器发送Get请求，请求作图所需要的数据。后台服务器接收到加载请求，依次调用Controller层、Service层、Dao层，从MySQL数据库中查询各个城市旅游景点评论分词情感值统计数据。目标数据如下：

目标词：[word1,word2, ... ]

Positive 分数：[value1,value2, ... ]

Neural 分数：[value1,value2, ... ]

Negative 分数：[value1,value2, ... ]

后台最后将目标数据传到前端，用于旅游舆论情感分析图的绘制。

```
#Controller层核心代码:
    //情感分析数据
List<Emotion> emotions = emotionService.listAll();
List<String> words = new ArrayList<>();
List<Integer> positive = new ArrayList<>();
List<Integer> neutral = new ArrayList<>();
List<Integer> negative = new ArrayList<>();
for (Emotion emotion:emotions) {
   words.add(emotion.getWords());
   positive.add(emotion.getPositive());
   neutral.add(emotion.getNeutral());
   negative.add(emotion.getNegative());}
model.addAttribute("words",words);
model.addAttribute("positive",positive);
model.addAttribute("neutral",neutral);
model.addAttribute("negative",negative);
return "/emotion/emotion";
-----------------------------------------------------------------------
#View层核心代码:
data: [
   <c:forEach items="${positive}" var="row" varStatus="b">
      <c:if test="${b.index+1 <= 10}">
         ${row},
      </c:if>
   </c:forEach>  ]
```

### 6.5.2 数据可视化模块前端设计

为使数据展示更加形象、直观、具体，将数据利用 Echarts 进行可视化，根据选取的数据不同，既可以画出基础的散点图、柱状图、饼图等，也可以画出更具有对比性的玫瑰图、地理热力图、堆叠柱状图等，并可以根据可视化图的意义不同将其分为热门景点分析、景点门票分析、旅游景点推荐、旅游舆情分析四个模块。

**1. 门景点分析**

中国各省热门旅游景点分布热力图：将爬取数据中的各省评论数量分别相加，得到 comment_number，并将 comment_number 导入到相应的省份中，随后利用 Echarts 中的地理热力图中的中国地图画图，根据评论数量所在的区间不同，设置各省份区域地图显示不同颜色，并根据图旁边的颜色对照大约得知该省份评论数所在区间。

中国各城市热门景点数统计柱状图：统计爬取数据中的各景点的评论数量，将评论数量总和大于 500 的景点列为热门景点，并将每个城市热门景点的数量相加，将排名热门景点数靠前的城市利用 Echarts 中的柱状图 Bar 表现出来，其 Y 轴为排名靠前的城市名，其 X 轴为城市旅游热度。

热门景点分析模块的核心代码如下所示：

```
#1. 中国各省热门旅游景点分布热力图
var myChartFjHfl = echarts.init(document.getElementById('thscfx'));
    var option1 = {
        title: { text: '中国各省旅游热度热力图',
            subtext: 'China\'s provincial tourism heat map',
            },
        tooltip: {
            formatter: function (params) {
                var info = '<p style="font-size:18px">' + params.data.name+
                    '</p><p style="font-size:14px">'+params.data.value+'</p>'
                return info;
            }, },
//左侧小导航图标
        visualMap: {
            splitList: [
                {start: 600000, end:900000},{start: 500000, end: 700000},
                {start: 300000, end: 500000},{start: 200000, end: 300000},
                {start: 100000, end: 200000},{start: 10000, end: 100000},
            ],
            color: ['#5475f5', '#9feaa5', '#85daef','#74e2ca', '#e6ac53',
'#9fb5ea']
        },
        series: [
            {name: '中国',
                type: 'map',
                mapType: 'china',
                data: [
                    <c:forEach items="${datalist}" var="row" varStatus="b">
                        <c:if test="${b.index+1 == fn:length(datalist)}">
                            { name: '${row.name}', value: ${row.value}}
                        </c:if>
                        <c:if test="${b.index+1 != fn:length(datalist)}">
                            { name: '${row.name}', value: ${row.value}},
                        </c:if>
                    </c:forEach>  ]
            }  ] };
-----------------------------------------------------------------------------
#2. 中国各城市热门景点数统计柱状图
var option2 = {
        title: {text: '国内城市热门景点数柱状图',
            subtext: 'Bar chart of popular scenic spots in Chinese cities',
        },
        yAxis: {
```

```
            type: 'category',
            data:[
                <c:forEach items="${maps}" var="row" varStatus="b">
                <c:if test="${b.index+1 == fn:length(maps)}">
                    <c:if test="${row.value >=16}">
                        '${row.name}',
                    </c:if>
                </c:if>
                <c:if test="${b.index+1 != fn:length(maps)}">
                    <c:if test="${row.value >=16}">
                        '${row.name}',
                    </c:if>
                </c:if>
                </c:forEach>]
        },
        series: [
            {   name: '2011',
                type: 'bar',
                data:[
                    <c:forEach items="${maps}" var="row" varStatus="b">
                    <c:if test="${b.index+1 == fn:length(maps)}">
                        <c:if test="${row.value >=16}">
                            ${row.value},
                        </c:if>
                    </c:if>
                    <c:if test="${b.index+1 !=  fn:length(maps)}">
                        <c:if test="${row.value >=16}">
                            ${row.value},
                        </c:if>
                    </c:if>
                    </c:forEach> ]
            } ] };
```

**2. 景点门票分析**

中国各个城市旅游景点平均门票价格分布区间统计饼图：将爬取数据中的各城市旅游景点平均门票分区域统计，将价格区间划分为 0 ~ 50 元，50 ~ 100 元，100 ~ 200 元，200 ~ 300 元以上，300 元以上，随后分别统计在各个区间的城市数，利用 Echarts 中的 pie 图，将统计结果可视化，可以更加直观地看出价格区间所占比例。

中国热门旅游城市平均旅游门票的分布热力图：利用 Echarts 地理热力图中的中国地图，将爬取到的城市经纬度数据结合热门旅游城市名在中国地图做点，并将热门旅游城市平均门票价格传入点中，可单击城市查看该城市门票平均价格。

中国热门旅游城市平均旅游门票价格分布散点图：利用 Echarts 中的 scatter 散点图，scatter 中的 X 与 Y 轴数据均为景区平均价格。画出 scatter 图，根据点位疏密程度推测价格区间所占比例。

景点门票分析模块的核心代码如下：

```
    #1. 中国各个城市旅游景点平均门票价格分布区间统计饼图
    var option1 = {
        title: {text: '中国旅游景点平均门票占比饼图',
            subtext: 'Pie chart of average ticket share of Tourist attractions in
China',
        },
        series: [
            {   name: '平均票价',
                type: 'pie',
                radius: '50%',
                data: [
                    <c:forEach items="${countList}" var="row" varStatus="b">
                        <c:if test="${b.index+1 == fn:length(countList)}">
                            { name: '${row.name}￥', value: ${row.value}}
                        </c:if>
                        <c:if test="${b.index+1 != fn:length(countList)}">
                            { name: '${row.name}￥', value: ${row.value}},
                        </c:if>
                    </c:forEach>
                ],}
            }]};
    ---------------------------------------------------------------------------
    #2. 中国热门旅游城市平均旅游门票的分布热力图
    var myChartFjHfl2 = echarts.init(document.getElementById('thscfx2'));
    var getdata = {
        value:[
            <c:forEach items="${prices}" var="row" varStatus="b">
                <c:if test="${b.index+1 == fn:length(prices)}">
                    { name: '${row.name}', value: ${row.value}}
                </c:if>
                <c:if test="${b.index+1 != fn:length(prices)}">
                    { name: '${row.name}', value: ${row.value}},
                </c:if>
            </c:forEach>]
    };
    var geoCoordMap = ${cityJson};
    function convertData(data) {
        var res = [];
        for (var i = 0; i < data.length; i++) {
            var geoCoord = geoCoordMap[data[i].name];
            if (geoCoord) {
                res.push({
                    name: data[i].name,
                    value: geoCoord.concat(data[i].value)
                });
            }}
        return res;
    };
    option2 = {
        title: { text: '中国热门旅游城市平均旅游门票热力图',
```

```
        subtext: 'Average ticket heat map of popular tourist cities in China',
    },
    geo: {
        map: 'china',
        roam: true,
        series : [
        {type: 'scatter',
            coordinateSystem: 'geo',
            data: convertData(getdata.value),
            },
        {   name: 'categoryA',
            type: 'map',
            geoIndex: 0,
            tooltip: {show: false},
            data: [
                <c:forEach items="${datalist}" var="row" varStatus="b">
                <c:if test="${b.index+1 == fn:length(datalist)}">
                { name: '${row.name}', value: ${row.value}}
                </c:if>
                <c:if test="${b.index+1 != fn:length(datalist)}">
                { name: '${row.name}', value: ${row.value}},
                </c:if>
                </c:forEach>]
        }]};
myChartFjHfl2.setOption(option2);
--------------------------------------------------------------------------------
#3. 中国热门旅游城市平均旅游门票价格分布散点图
option3 = {
    title: {
        text: '中国热门旅游城市平均旅游门票散点图',
          },
        tooltip: {
        showDelay: 0,
        formatter: function (params) {
            if (params.value.length > 1) {
                return (params.value[1] +'¥ ');
            } else {
                return (params.value +'¥ ');
            }},
    },
      series: [
        { name: '平均票价',
            type: 'scatter',
            data: [
                <c:forEach items="${priceNum}" var="row" varStatus="b">
                    <c:if test="${b.index+1 == fn:length(priceNum)}">
                        [${row.avg_price},${row.avg_price}],
                    </c:if>
                    <c:if test="${b.index+1 != fn:length(priceNum)}">
                        [${row.avg_price},${row.avg_price}],
```

```
            </c:if>
        </c:forEach>
    ] } ] };
```

**3. 旅游景点推荐**

四季热门旅游景点推荐柱状图：根据爬取到的四季推荐旅游景点数据，分别将春夏秋冬四季所推荐景点的“去过人数”进行排序统计，并利用 Echarts 柱状图 bar 将排名最高的 16 个城市进行可视化。

四季热门旅游景点推荐玫瑰图：根据爬取到的四季推荐旅游景点数据，分别将春夏秋冬四季所推荐景点的“想去人数”进行排序统计，并利用 Echarts 玫瑰图 pie 将排名最高的 16 个城市进行可视化。

旅游景点推荐模块的核心代码如下：

```
#1. 四季热门旅游景点推荐柱状图
var chart1 = echarts.init(
   document.getElementById('01'), 'white', {renderer: 'canvas'});
var option1 = {
   title: {text: '春季旅游景点推荐柱状图',
      subtext: 'Bar chart of recommended spring tourist attractions',
   },
   xAxis: {
      type: 'category',
      data: [
         <c:forEach items="${gone[0]}" var="row" varStatus="b">
         <c:if test="${b.index+1 == fn:length(gone[0])}">
          '${row.name}',
         </c:if>
         <c:if test="${b.index+1 != fn:length(gone[0])}">
         '${row.name}',
         </c:if>
         </c:forEach>]
   },
   series: [
      {name:'春季',
         data: [
            <c:forEach items="${gone[0]}" var="row" varStatus="b">
            <c:if test="${b.index+1 == fn:length(gone[0])}">
            ${row.value},
            </c:if>
            <c:if test="${b.index+1 != fn:length(gone[0])}">
               ${row.value},
            </c:if>
            </c:forEach>],
          type: 'bar',
      }]};
------------------------------------------------------------------------
#2. 四季热门旅游景点推荐玫瑰图
chart2.setOption({
```

```
    title: {text: '春季旅游景点推荐玫瑰图',
        subtext: 'Recommended roses for spring attractions',
    },
       series: [{type: 'pie',
            radius: [50, 250],
            center: ['50%', '50%'],
            roseType: 'area',
            data: []
        }]});
```

**4. 旅游舆情分析**

旅游评论数据词云图：将各个景点评论用分词库 jieba 将中文评论分词，并根据词汇出现次数进行排序，然后使用 Echarts 中的 wordcloud 词云图将词云结果可视化。

旅游景点类型情感分析图：将各个景点评论用 SnowNLP 库将中文评论分词，并根据所得词汇的情感分析得分，利用堆叠柱状图 bar 将目标词进行“积极”“中性”“消极”的可视化展示。

旅游舆情分析的核心代码如下：

```
#1. 旅游评论数据词云图
getdata = {
    value:[
        <c:forEach items="${datalist}" var="row" varStatus="b">
            <c:if test="${b.index+1 == fn:length(datalist)}">
                { name: '${row.name}', value: ${row.value}}
            </c:if>
            <c:if test="${b.index+1 != fn:length(datalist)}">
                { name: '${row.name}', value: ${row.value}},
            </c:if>
        </c:forEach>]
};
var  option1 = {
    title: {
        text: '旅游评论数据词云图',
        subtext: 'Tourism review data word cloud',},
       series: [ {
        type: 'wordCloud',
       shape:"star",
       data: getdata.value,
    } ]};
--------------------------------------------------------------------
#2. 旅游景点类型情感分析图
var myChartFjHfl3 = echarts.init(document.getElementById('thscfx2'));
var  option = {
    title: {text: '旅游景点类型情感分析图',
        subtext: 'Tourism review data word cloud',
    },
    xAxis: {
        type: 'category',
```

```
        data: [
            <c:forEach items="${words}" var="row" varStatus="b">
            <c:if test="${b.index+1 > 10}">
            '${row}',
            </c:if>
            </c:forEach>]
    },
    series: [
        { name: '积极',
            type: 'bar',
            stack: 'total',
            },
            data: [
                <c:forEach items="${positive}" var="row" varStatus="b">
                <c:if test="${b.index+1 > 10}">
                ${row},
                </c:if>
                </c:forEach> ]
    },
        { name: '中性',
            type: 'bar',
            data: [
                <c:forEach items="${neutral}" var="row" varStatus="b">
                <c:if test="${b.index+1 > 10}">
                ${row},
                </c:if>
                </c:forEach>]
        },
        {name: '消极',
            type: 'bar',
            stack: 'total',
            data: [
                <c:forEach items="${negative}" var="row" varStatus="b">
                <c:if test="${b.index+1 > 10}">
                ${row},
                </c:if>
                </c:forEach>]
        }]};
```

### 6.5.3 数据可视化页面展示

**1. 页面总布局**

项目的页面布局如图 6-13 所示。用户可以通过下拉菜单选择想要查询的城市，列表会出现对应城市中综合评分前十五的景点名称。

图6-13　页面布局

## 2. 热门景点分析

将评论数超过 600 条的景点定义为热门景点，统计每个城市的热门景点数，选出热门城市数前 25 的城市，做成图 6-14 所示的柱状图。

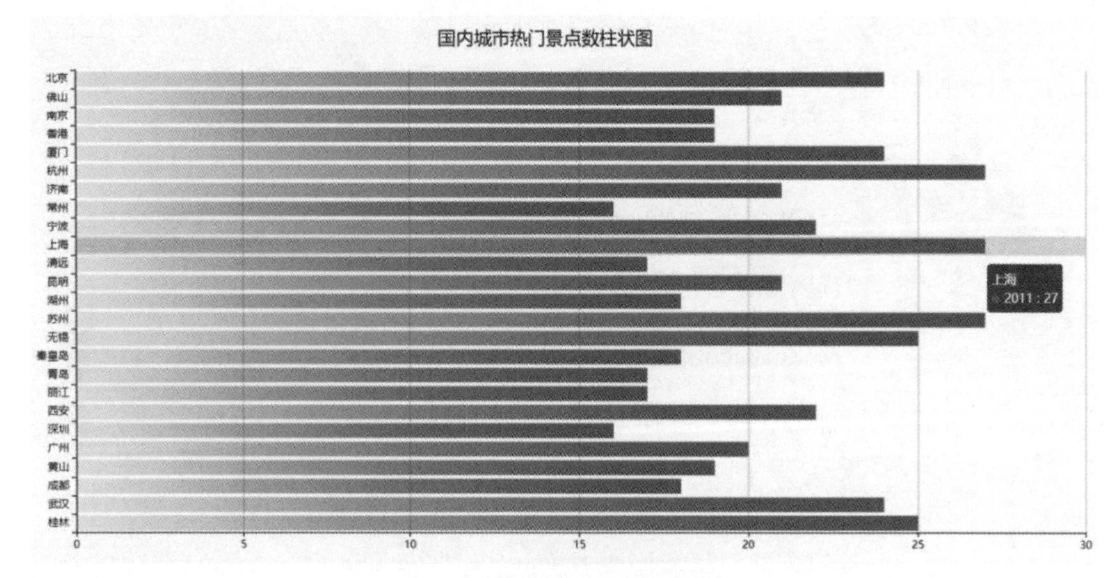


图6-14　国内热门景点数柱状图

由图 6-14 可以看出，上海、杭州、苏州为热门景点数最多的三个城市，全在沿海地区，且大部分城市皆为南方城市，可见南方城市的旅游热度比北方城市高。

## 3. 景点门票分析

中国旅游景点平均门票散点图以及占比饼图如图 6-15 和图 6-16 所示。

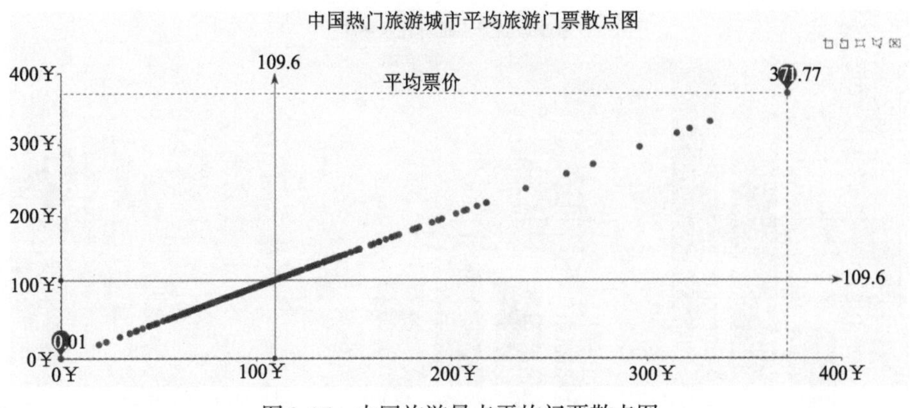


图6-15　中国旅游景点平均门票散点图

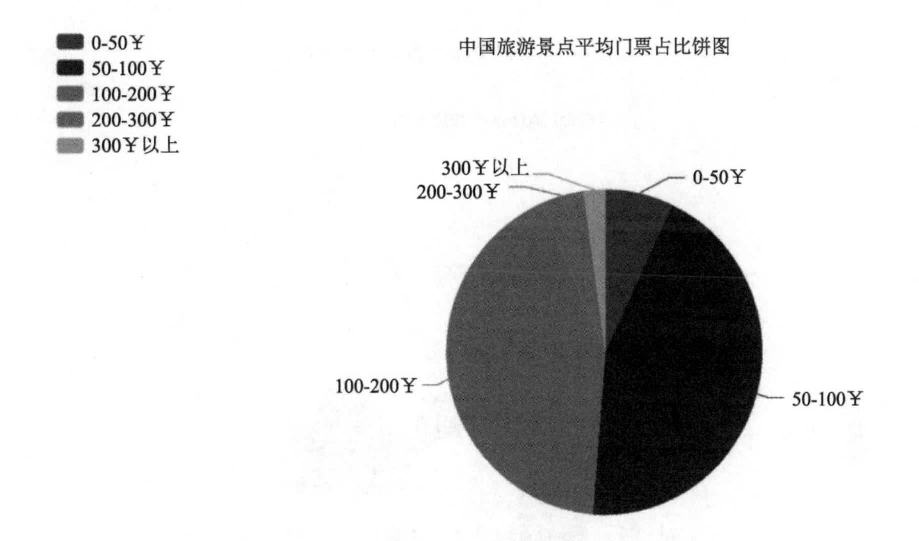


图6-16　中国旅游景点平均门票占比饼图

由两图可以看出门票在 50～200 元这个区间的景点数最多，可见大家可以接收的门票区间为 50～200 元。由此可以提议景区给门票定价时可以以这个价格区间作参考。

**4. 旅游景点推荐**

各季节旅游景点推荐柱状图和玫瑰图如图 6-17~图 6-24 所示。

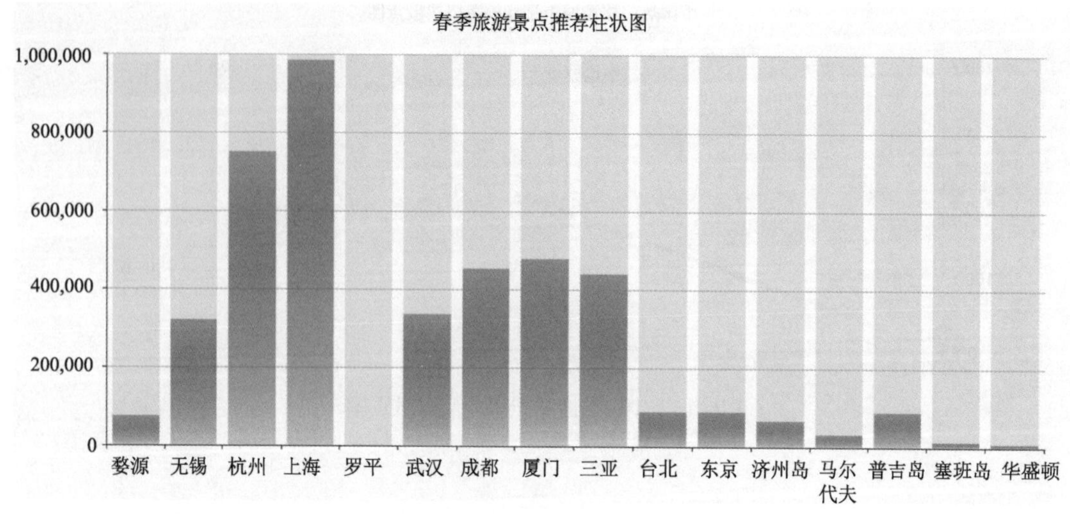


图6–17　春季旅游推荐柱状图

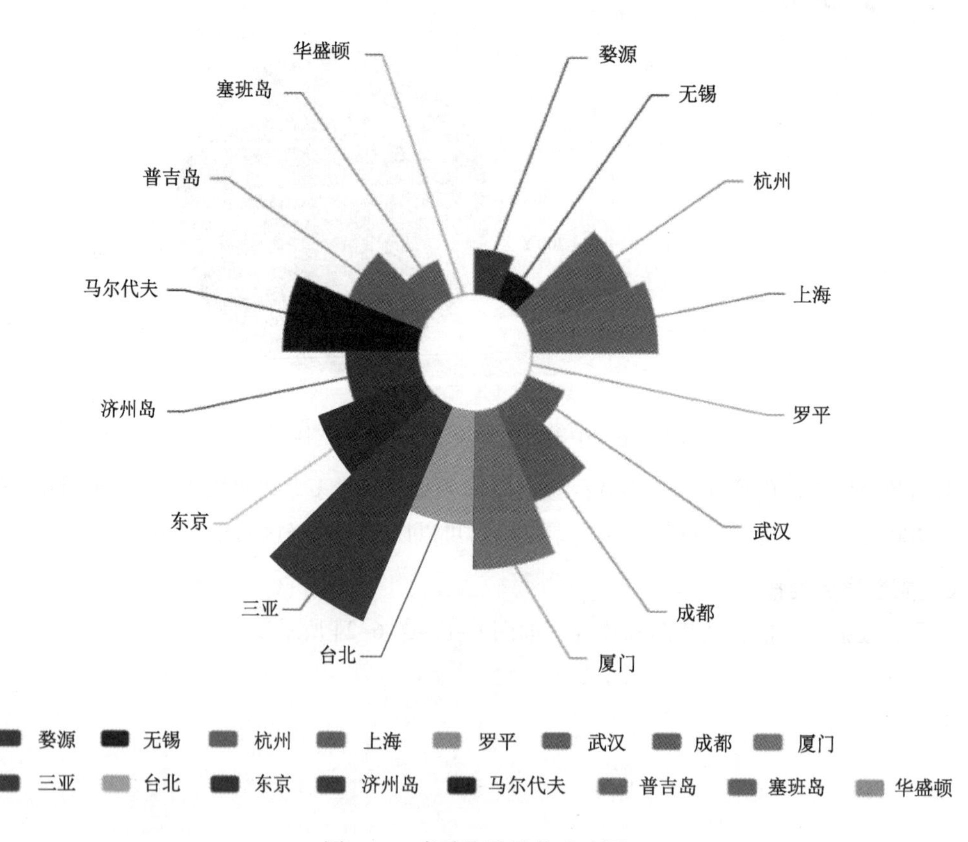


图6–18　春季旅游推荐玫瑰图

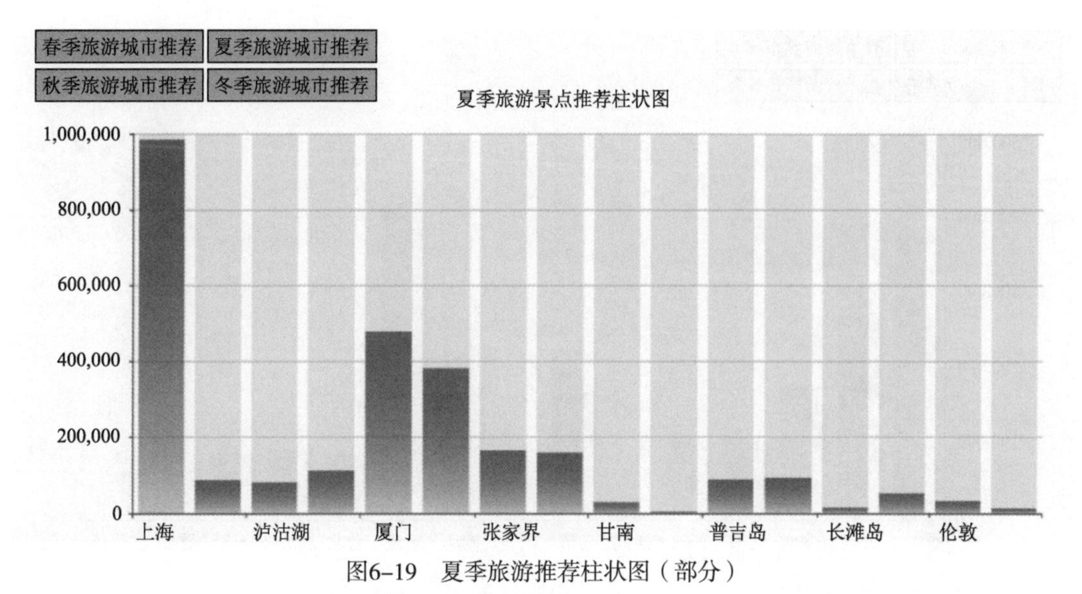


图6-19　夏季旅游推荐柱状图（部分）

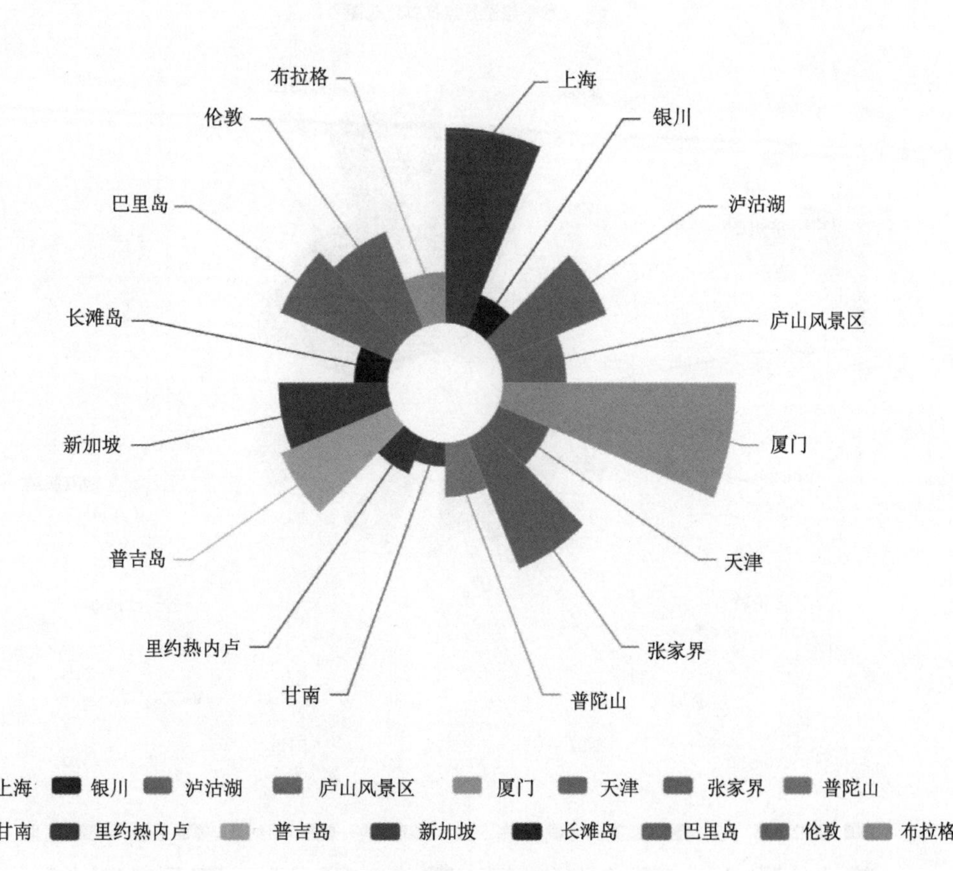


图6-20　夏季旅游推荐玫瑰图

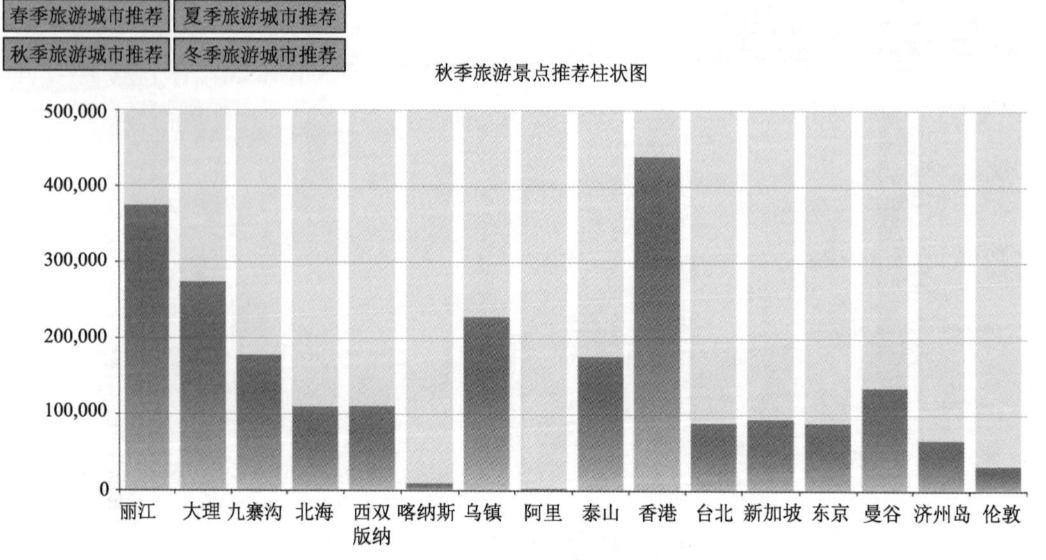


图6-21 秋季旅游推荐柱状图

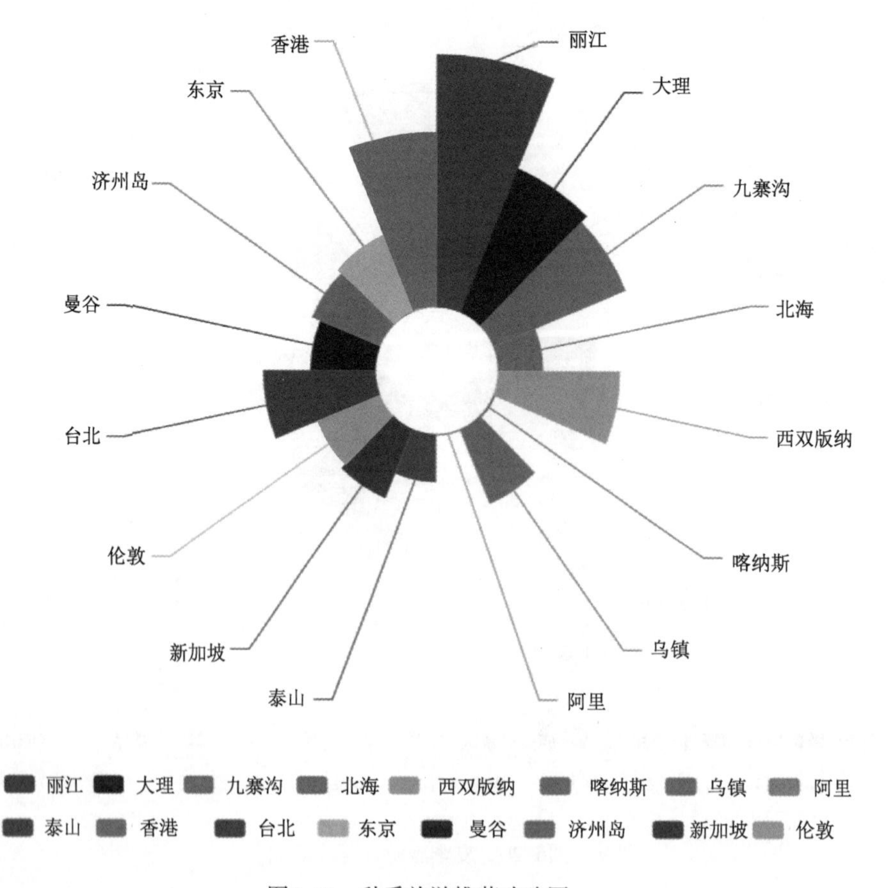


图6-22 秋季旅游推荐玫瑰图

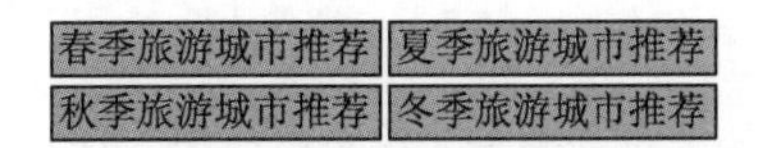


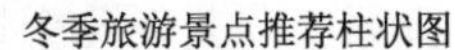


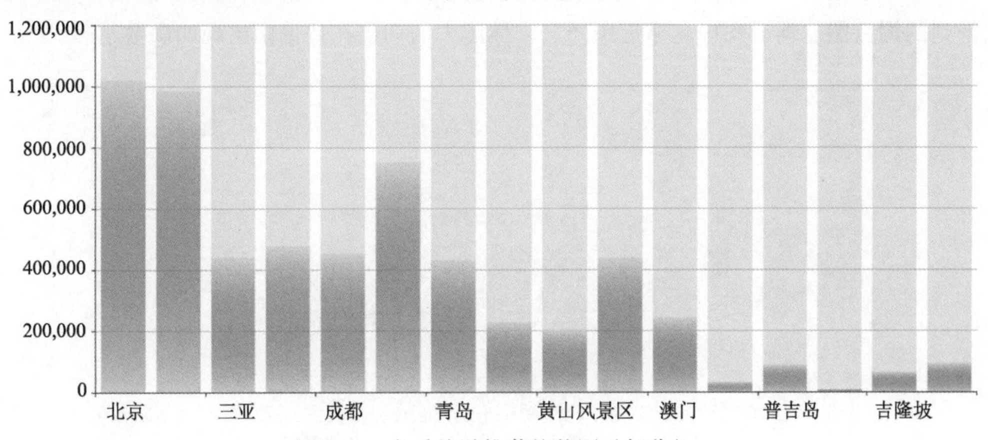


图6-23　冬季旅游推荐柱状图（部分）

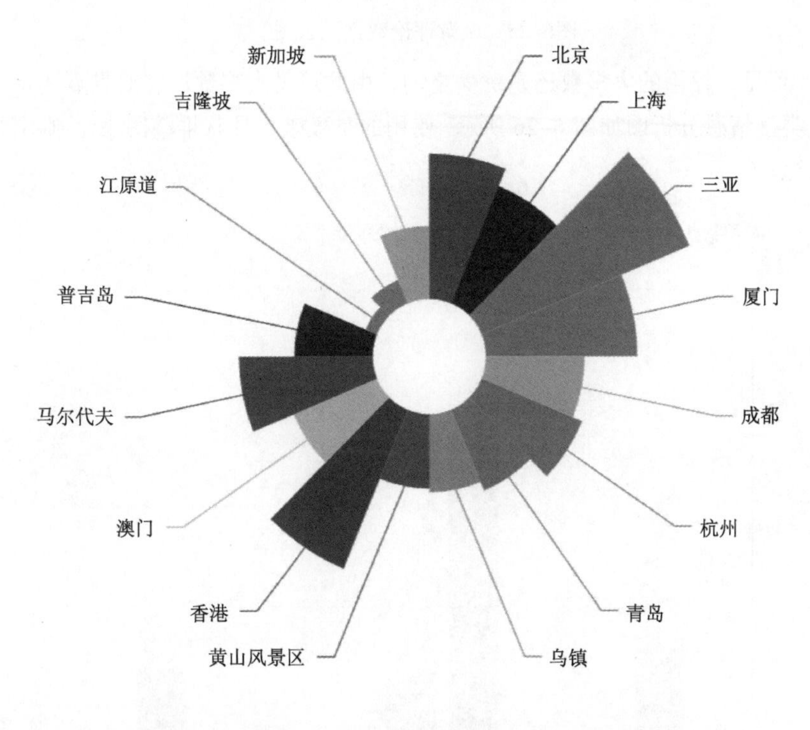


图6-24　冬季旅游推荐玫瑰图

由上面的八张图可以看出各季节的推荐景点以及各景点的热度，可以以此作为旅游者选择旅游目的地的一个参考。

### 5. 景区评论情感分析

旅游评论数据词云图如图 6-25 所示。这是对几个景点的评论进行 jieba 中文分词后，统计词频得到的词云图。词云图中越靠近中间、字体越大的词语在评论中出现的次数越多。

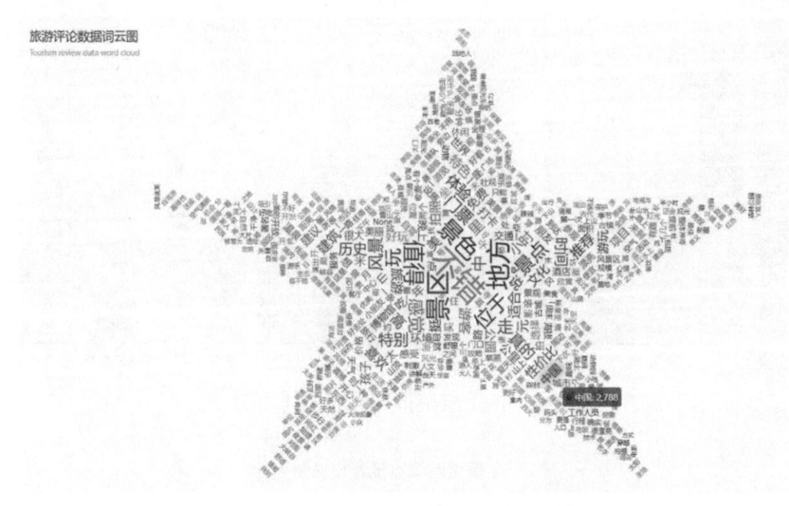


图6-25 旅游评论数据词云图

由图 6-25 可见，评论的大多数还是赞美之词，由此可见大多数游客对景点还是满意的。

旅游景点类型情感分析图如图 6-26 所示。使用的是极坐标柱状堆叠图来绘制不同景点类型的情感分布状况。

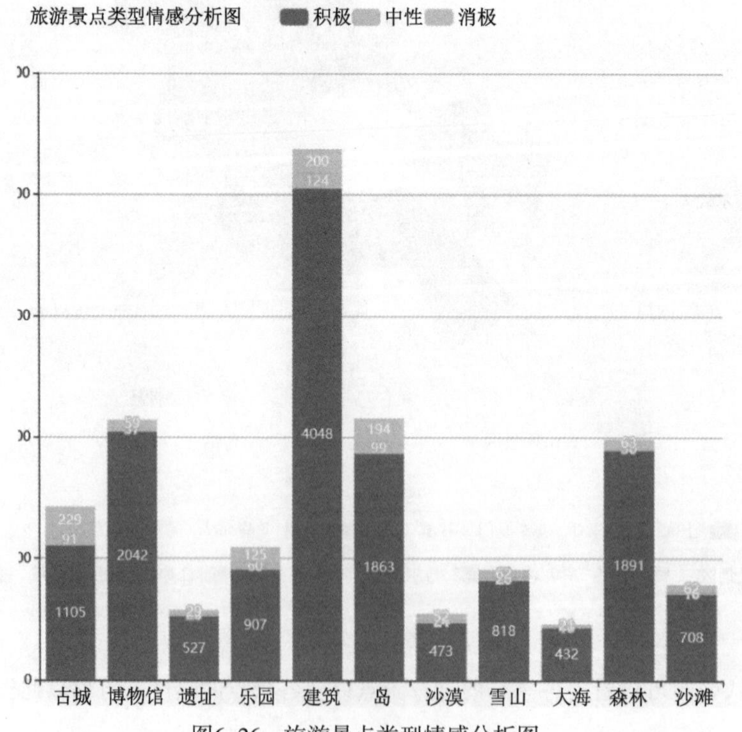


图6-26 旅游景点类型情感分析图

从图 6-26 中可以看出，积极的感情色彩是占绝大多数的，中性和消极的感情色彩是占一小部分的，说明游客对这些景点的满意度和认可度还是比较高的。

旅游考虑因素情感分析图如图 6-27 所示。使用的是极坐标条状堆叠图来绘制不同关键字的情感分布状况。

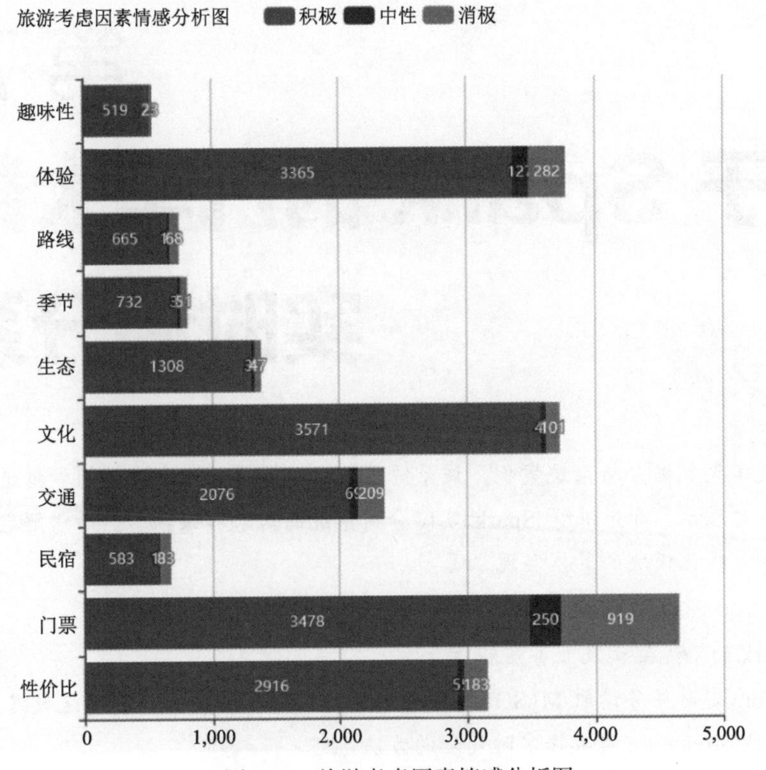


图6-27　旅游考虑因素情感分析图

从图 6-27 中可以看出，游客在体验、文化、门票、性价比这几个方面比较注重，相比之下，在门票、体验、交通等方面消极评论较多，景点可以在这几个方面多加改进。

# 小　结

本章主要介绍了旅游大数据多维度离线分析系统搭建的过程，主要包括数据采集、数据存储、数据离线分析处理和情感分析、处理结果的可视化，用到了 Hive、HDFS、Spark、SSM、Echarts 等技术，从热门景点、景点门票等多维度对源数据进行了分析展示。本章的重点是在熟悉系统架构和业务流程的前提下，读者自己动手开发大数据系统。

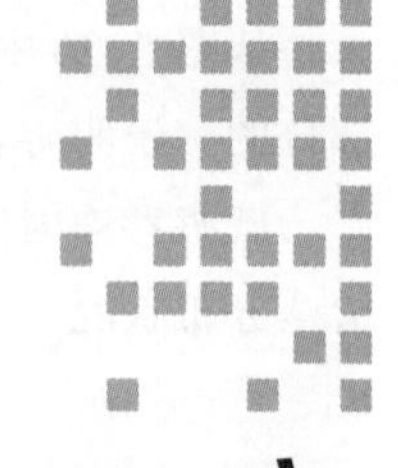

# 第7章 基于Spark的汽车大数据实时评分系统

本章讲解汽车大数据分析系统案例，该系统是从不同维度对汽车网站的数据进行分析，并以图表的形式实时展示。首先讲解 Spark 实时分析系统的需求和架构，然后讲解数据采集、分析处理、存储和可视化模块的具体实现。

**学习目标**

- 了解 Spark 的系统架构及业务流程。
- 使用 Spring 定时任务读取 MySQL 中的数据，并通过 Kafka 生产者发送数据。
- 掌握 Spark Streaming 对数据实时处理的方法。
- 熟悉 Redis 数据库的存取操作，能将处理后的数据缓存在 Redis 数据库中。
- 学会使用开源可视化图表库 Echarts 绘制图表。

## 7.1 系统架构概述

本节主要从需求和技术架构进行分析，旨在帮助读者理解汽车大数据实时分析系统的整体架构体系。

### 7.1.1 需求分析

本项目以汽车用户评论分析为基础，致力为用户提供最真实的车型口碑分析。通过对爬取的汽车数据和用户评论数据进行分析，从多个维度定义一辆车的表现，因此需要实现汽车数据的获取、处理和可视化功能，方便直观地看到更丰富的汽车信息，为消费者选车购车提供有力的依据。项目采集了“易车”网站上的用户口碑信息，对采集到的汽车数据从油耗、销量、用户评分等多个维度进行分析处理，并结合 Web 框架对这些信息进行可视化展示。

本项目以消费者关注度为核心，建立了试验评价与用户评价两个维度相结合的评价体系，涵盖驾驶性能、舒适性、造型及品质、安全性能、经济性、故障率等多项指标。用户评价部分选定代表城市进行调研，样本要求符合汽车产品调研的基本边界条件，试验评价则参考国际和国内统一标准。通过对源数据和实际需求的分析，结合项目实时的特点，采用 Spark Streaming 技术将数据处理成以下几部分：

- 功能点：实测油耗。

  功能描述：该模块是根据每款车的实际驾驶数据对油耗的一个统计分析。
- 功能点：统计不同汽车销售总量。

  功能描述：该模块是对每款车的销量进行的统计分析。
- 功能点：每款车评分均值

  功能描述：该模块是统计每款车的用户平均评分。
- 功能点：汽车售价、销量多维度分析。

  功能描述：该模块是对每款车的销售价格、销量两个维度的分析。
- 功能点：汽车售价、评分多维度分析。

  功能描述：该模块是对汽车的销售价格、评分的多维度分析。

本项目的总体架构如图 7-1 所示。总体框架每一层的主要建设内容和职责为：

- 第一层外部数据源，目标网站为“易车”网站，目标爬取的信息主要为汽车油耗、用户口碑等数据。
- 第二层数据采集层，利用 Python 编写爬虫程序，实现自动地抓取互联网的相关信息。从初始网页的 URL 开始，获得初始网页上的链接，在抓取网页的过程中，不断从当前页面上抽取新的 URL 放入队列，直到达到系统的某一条件时停止。
- 第三层数据存储层，将采集到的数据保存到 MySQL 数据库中。
- 第四层实时流处理，基于 Kafka+Spark 的架构实现实时处理爬取到的内容，并将处理结果存放到 Redis 内存数据库中。
- 第五层数据可视化，后端 SSM 框架与前端 Echarts 技术结合，实现可视化图表的展示。

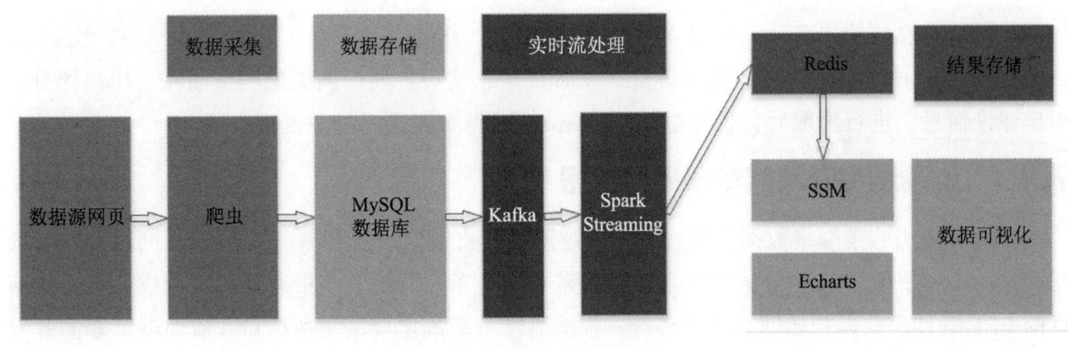


图7-1　项目总体架构图

### 7.1.2 数据存储

Redis 数据库是一个开源的、内存中的数据结构存储系统，它可以用作数据库、缓存和消息中间件。Redis 收到一个键值对操作后，能以微秒级的速度找到数据，并快速完成操作。一方面，这是因为它是内存数据库，所有操作都在内存中完成，内存的访问速度本身就很快；另一方面，这要归功于它的数据结构。键值对是按一定的数据结构来组织的，操作键值对最终就是对数据结构进行增删改查操作。Redis 缓存的使用极大提升了处理大量数据时应用程序的性能和效率。

本项目中，Redis 主要用于存储 Spark 处理之后的数据，即借助 Jedis 工具将统计完的结果以键值对方式存入 Redis 数据库。数据进行可视化时，从 Redis 数据库中查询相应数据传给后端。

### 7.1.3 数据处理与可视化

Kafka 是一个高吞吐的分布式消息队列系统，特点是生产者/消费者模式，保证先进先出（FIFO）顺序，不丢数据，默认每隔 7 天清理数据，且消息直接持久化在磁盘上，因此 Kafka 具有高性能、吞吐量大、持久性等特点。

Spark Streaming 是流式处理框架，支持可扩展、高吞吐量、容错的实时数据流处理，实时数据的来源可以是 Kafka、Flume 等，并且可以使用高级功能的复杂算子来处理流数据。

SSM 是项目开发常用的 Web 框架，由 Spring、MyBatis 两个开源框架整合而成。Echarts 是一个使用 JavaScript 实现的开源可视化库，是图表丰富、兼容性强的前端框架。

本项目中，基于 Kafka+Spark 的架构用于实时分析采集到的数据，Kafka 从数据库中读取数据，由生产者发送，Spark Streaming 消费数据并进行流处理。基于 SSM+Echarts 的架构用于实现数据可视化的展示，SSM 作为项目后端框架，依次编写 Dao 接口、Service 接口及实现类和控制器，然后使用 Echarts 绘制图表。

## 7.2 采集汽车网站数据

数据采集模块使用 Python 语言开发，通过爬虫库 requests 对“易车”网站用户口碑数据（用户 ID、汽车名称、汽车类型、裸车售价、发布日期、购买日期、购买地区、油耗、用户评分、用户评论信息）进行抓取后，再通过解析库 xpath 对源数据进行抽取处理。

### 7.2.1 使用爬虫获取汽车和用户数据

本项目使用的是网络数据采集方式，通过网络爬虫或网站公开 API 等方式从网站上获取数据信息。该模块使用 Python 语言开发，数据来自“易车”网站。爬虫通常从一个或若干初始网页的 URL 开始，获得初始网页上的链接；根据需求分析确定要采集的信息，借助浏览器的开发者工具获取网页数据对应的标签，如图 7-2 所示，基于 xpath 进行网页解析。

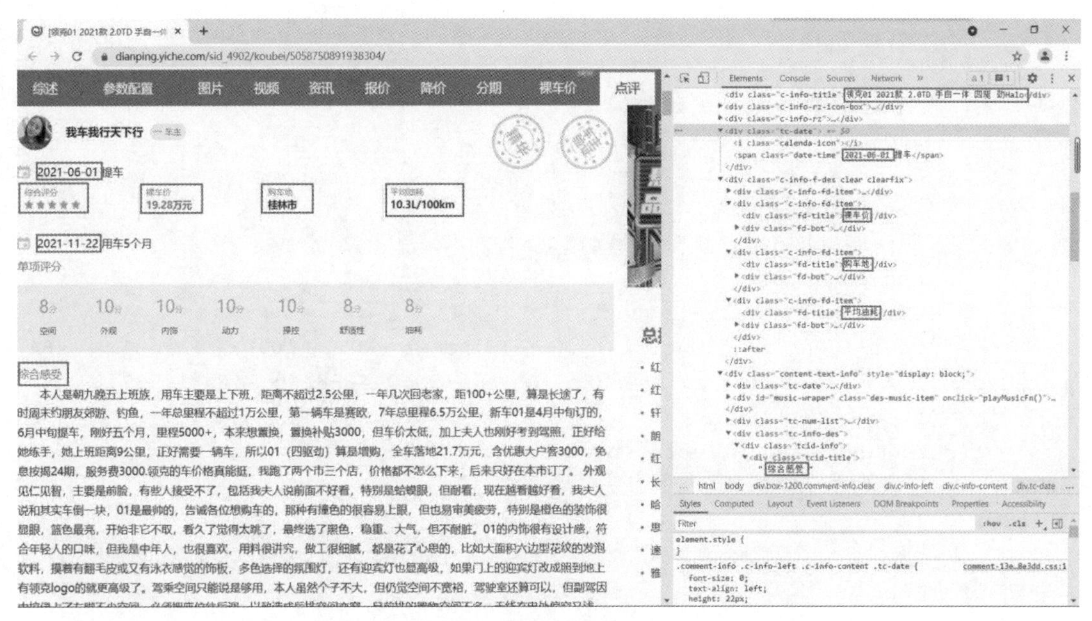


图7-2 “易车”点评页面

数据采集模块的核心代码如下：

```
    def get_data(allSpell, id, userId, fuelValue):
    url = 'https://dianping.yiche.com/{}/koubei/{}/'.format(allSpell, id)
   headers = {
           'Accept':
'text/html,application/xhtml+xml,application/xml;q=0.9,image/avif,image/webp,
image/apng,*/*;q=0.8,application/signed-exchange;v=b3;q=0.9',
           'Accept-Language': 'zh-CN,zh;q=0.9',
           'Cache-Control': 'max-age=0',
           'Connection': 'keep-alive',
           'Cookie': 'XCWEBLOG_testcookie=yes;
CIGUID=ff3706ca-dbba-41e7-b975-ecd7a6ef86bb;
auto_id=18888eda4044342c8e243d790b07822d;
CIGDCID=09869b3e24b23c13a905dac04d5716a1;
G_CIGDCID=09869b3e24b23c13a905dac04d5716a1;
UserGuid=ff3706ca-dbba-41e7-b975-ecd7a6ef86bb;
_bl_uid=8FkCgvv3pt5yFUbqUlmLuU5nebLd;  selectcity=110100;  selectcityid=201;
selectcityName=%E5%8C%97%E4%BA%AC;   locatecity=110100;   bitauto_ipregion=
59.49.34.8%3A%E5%B1%B1%E8%A5%BF%E7%9C%81%E5%A4%AA%E5%8E%9F%E5%B8%82%3B201%2C
%E5%8C%97%E4%BA%AC%2Cbeijing; XCWEBLOG_testcookie=yes;
Hm_lvt_610fee5a506c80c9e1a46aa9a2de2e44=1636332832,1636425880;
Hm_lvt_eaa57ca47dacb4ad4f5a257001a3457c=1636332835,1636425880;
report-cookie-id=998685918_1636426154592;
Hm_lpvt_610fee5a506c80c9e1a46aa9a2de2e44=1636426155;
Hm_lpvt_eaa57ca47dacb4ad4f5a257001a3457c=1636426155',
           'Host': 'dianping.yiche.com',
           'Referer': 'https://dianping.yiche.com/',
```

```
            'sec-ch-ua': '"Google Chrome";v="95", "Chromium";v="95", ";Not A
Brand";v="99"',
            'sec-ch-ua-mobile': '?0',
            'sec-ch-ua-platform': '"Windows"',
            'Sec-Fetch-Dest': 'document',
            'Sec-Fetch-Mode': 'navigate',
            'Sec-Fetch-Site': 'same-origin',
            'Sec-Fetch-User': '?1',
            'Upgrade-Insecure-Requests': '1',
            'User-Agent': 'Mozilla/5.0 (Windows NT 10.0; Win64; x64)
AppleWebKit/537.36 (KHTML, like Gecko) Chrome/95.0.4638.69 Safari/537.36',
    }
        r = requests.get(url=url, headers=headers).text
        html = etree.HTML(r)
    try:
            box = html.xpath('/html/body/div[@class="box-1200 comment-info
clear"]')[0]
        except:
            box = None
    try:
    c_name = html.xpath('//*[@id="commentBrand"]/a[2]/text()')[0].replace('\n','').
strip()
        except:
    c_name = None
    data=(userId, c_name, c_type, c_price, price_section, postdate, buydate,
buyaddress, fuelValue, score, message)
        print(data)
```

## 7.2.2 数据采集模块测试

进行“易车”网站用户口碑数据爬取，共爬取 2 000 条数据，运行 get_data.py，爬取测试如图 7–3 所示。

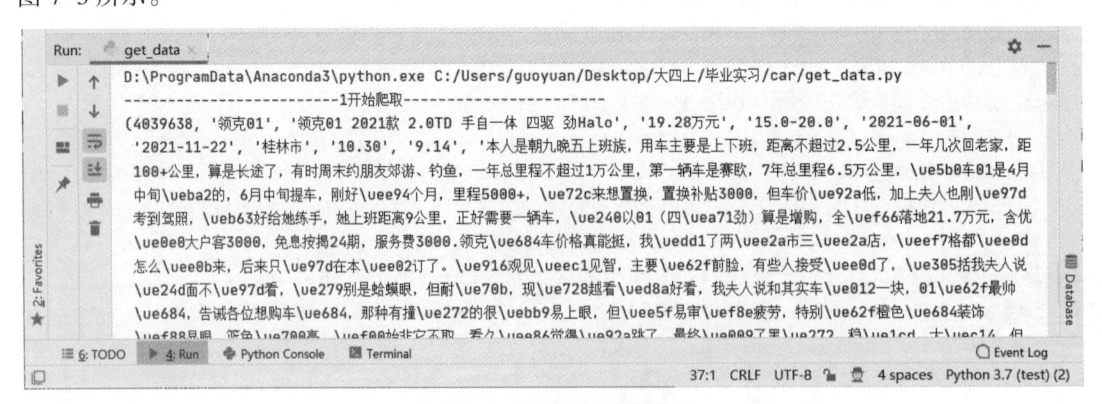


图7–3 数据爬取测试

由图 7–3 可见，程序能够成功爬取到数据，每条数据格式为（用户 ID，汽车名称，汽车类型，裸车售价，价格区间，发布日期，购买日期，购买地区，油耗，用户评分，用户评论）。

# 7.3 数据存储模块实现

本节主要讲述数据库设计部分，使用 pymysql 库将上面预处理之后的数据存储至 MySQL 数据库 car 中。

## 7.3.1 数据库设计

本项目将采集到的数据存入 MySQL 数据库中，数据库名称为 car，用户口碑数据表 user_t 所包括的字段见表 7-1。

表 7-1　用户口碑表 user_t

| 序　号 | 字段名称 | 字段类型 | 字段说明 |
| --- | --- | --- | --- |
| 1 | user_id | int | 用户 ID |
| 2 | c_name | text | 汽车名称 |
| 3 | c_type | text | 汽车类型 |
| 4 | price | text | 裸车售价 |
| 5 | price_section | text | 价格区间 |
| 6 | data_post | text | 发布日期 |
| 7 | buy_date | text | 购买日期 |
| 8 | buy_address | text | 购买地区 |
| 9 | oil_consume | float | 油耗 |
| 10 | user_score | float | 用户评分 |
| 11 | message | text | 用户评论 |

## 7.3.2 使用MySQL存储汽车数据

项目选用 MySQL 关系型数据库存储数据，数据存储模块的核心代码如下：

```
    sql = "insert into user_t(userId, c_name, c_type, price, price_section,
post_date, buy_date, buy_address, oil_consume, user_score, message) VALUES
(%s,%s,%s,%s,%s,%s,%s,%s,%s,%s,%s)"
        data=(userId, c_name, c_type, c_price, price_section, postdate, buydate,
buyaddress, fuelValue, score, message)
    cursor.execute(sql,data)
    coon.commit()
```

## 7.3.3 数据存储模块测试

用户口碑数据信息共爬取到 2 000 条，使用 MySQL 数据库进行存储，存储测试结果如图 7-4 所示。

对象 | user_t @car (Mysql) - 表

开始事务 文本 · 筛选 排序 导入 导出

| userId | c_name | c_type | price | price_section | post_date | buy_date | buy_address | oil_consume | user_score | message |
|---|---|---|---|---|---|---|---|---|---|---|
| 830176 | 荣威i5 | 荣威i5 202 | 7.69万元 | 5.0-10.0 | 2021-06-01 | 2021-10-05 | 沈阳市 | 9.5 | 9 | 舒适好开，油 |
| 986394 | 智跑 | 智跑 2016 | 13.0万元 | 10.0-15.0 | 2016-01-01 | 2021-11-18 | 西安市 | 7.8 | 7 | 满意的地方:外 |
| 2179096 | 宏光MINIEV | 宏光MINIE | 4.36万元 | 5.0_down | 2021-05-01 | 2021-06-10 | 三门峡市 | 170 | 10 | 身边的朋友有 |
| 2362132 | 蔚来ES6 | 蔚来ES6 20 | 38.79万元 | 35.0-40.0 | 2021-10-01 | 2021-10-18 | 石家庄市 | 450 | 10 | 家里之前一直 |
| 2514685 | 蒙迪欧 | 蒙迪欧 201 | 24.8万元 | 20.0-25.0 | 2012-11-01 | 2021-03-04 | 北京市 | 11.5 | 9 | 先从买这台车 |
| 2984080 | 星瑞 | 星瑞 2021 | 13.97万元 | 10.0-15.0 | 2021-02-01 | 2021-09-07 | 成都市 | 7.2 | 10 | 之前开的合资 |
| 3075107 | 别克GL8 | 别克GL8 2( | 26.99万元 | 25.0-30.0 | 2021-04-01 | 2021-09-10 | 北京市 | 11 | 9 | 2021智慧豪华 |
| 3556838 | 星越L | 星越L 2021 | 18.52万元 | 15.0-20.0 | 2021-08-01 | 2021-09-18 | 西安市 | 11 | 10 | 星越L无论从 |
| 4040053 | 途观 | 途观 2013 | 27.68万元 | 25.0-30.0 | 2013-09-01 | 2021-02-06 | 天津市 | 10.2 | 7 | 当年买车，特 |
| 6979836 | 宋PLUS新能 | 宋PLUS新能 | 16.18万元 | 15.0-20.0 | 2021-09-01 | 2021-10-19 | 北京市 | 505 | 10 | 15万左右家用 |
| 7041453 | 蔚来EC6 | 蔚来EC6 20 | 42.23万元 | 40.0-45.0 | 2020-12-01 | 2021-02-07 | 北京市 | 320 | 10 | 我看的第一款 |
| 7447905 | 名爵5 | 名爵5 2021 | 10.19万元 | 10.0-15.0 | 2021-03-01 | 2021-09-25 | 苏州市 | 6.5 | 9 | 用车也有差不 |
| 7694041 | 宝骏RS-3 | 宝骏RS-3 2 | 8.98万元 | 5.0-10.0 | 2020-06-01 | 2021-03-11 | 佳木斯市 | 6.8 | 10 | 我是一名90后 |
| 7786087 | 蔚来ES8 | 蔚来ES8 20 | 47.0万元 | 45.0-50.0 | 2018-12-01 | 2021-02-02 | 上海市 | 355 | 10 | 一直想添一辆 |
| 8107313 | 马自达CX-5 | 马自达CX-5 | 18.5万元 | 15.0-20.0 | 2021-09-01 | 2021-09-23 | 哈尔滨市 | 9.1 | 9 | 孩子上学以后 |
| 9230061 | 风行T5 EVO | 风行T5 EVO | 12.0万元 | 10.0-15.0 | 2021-09-01 | 2021-10-06 | 北京市 | 7.5 | 10 | 随着家里人口 |
| 9420149 | 蔚来ES8 | 蔚来ES8 20 | 41.0万元 | 40.0-45.0 | 2021-05-01 | 2021-06-29 | 北京市 | 500 | 10 | 提车一个多月 |
| 9583801 | 蔚来ES6 | 蔚来ES6 20 | 38.49万元 | 35.0-40.0 | 2021-06-01 | 2021-07-15 | 哈尔滨市 | 400 | 10 | 对于家用车来 |
| 9641899 | 凯迪拉克XT( | 凯迪拉克XT | 36.47万元 | 35.0-40.0 | 2021-01-01 | 2021-05-28 | 北京市 | 12 | 9 | 一月份买的车 |
| 10161106 | 途锐 | 途锐 2021 | 65.6万元 | 50.0_up | 2021-04-01 | 2021-08-17 | 成都市 | 14 | 9 | 选途锐的理由 |

SELECT * FROM `car`.`user_t` LIMIT 0,1000 第 1 条记录 (共 1000 条) 于第 1 页

图7–4 用户口碑数据表

由图 7–4 可见，爬取到的数据成功存入数据库 car 的 user_t 表中。

# 7.4 数据分析处理模块实现

数据分析处理模块包含数据实时发送模块和数据处理模块。

数据实时发送模块使用 Java 语言开发，旨在通过 Spring 定时任务 task 实现对 MySQL 数据库中数据进行频率为每秒一条的定时定量读取，同时连接 Kafka 集群，使用 Kafka 生产者将数据发送至指定主题中。

数据处理模块使用 Scala 语言开发，旨在利用 KafkaUtils.createDirectStream 实时监控 Kafka 主题中的数据，迎合可视化需要，使用 Spark Streaming 技术从不同维度统计数据（汽车平均油耗统计、汽车平均评分统计、汽车地域销售统计、不同价格区间销量和评分统计、汽车销量统计），并将处理好的数据以键值对形式存入 Redis 数据库。

## 7.4.1 实时发送数据至Kafka

本项目使用 Spring 定时任务 Schedule 定时读取 MySQL 中的数据（每秒 1 条），并连接 Kafka 集群，通过 Kafka 生产者实时发送数据。核心代码如下：

```
ScheduleKafka.java
@Component
public class ScheduledKafka {
    @Autowired
    private ICarServicecarService;
    private int count = 0;
    private final Properties props = new Properties();
    {
props.put("bootstrap.servers", "master:9092,slave1:9092,slave2:9092");
props.put("acks", "all");
```

```
    props.put("retries", 0);
    props.put("batch.size", 16384);
    props.put("linger.ms", 1);
    props.put("buffer.memory", 33554432);
    props.put("key.serializer",
"org.apache.kafka.common.serialization.StringSerializer");
    props.put("value.serializer",
"org.apache.kafka.common.serialization.StringSerializer");
        }
        //   @Scheduled(cron = "*/1 * * * * *")
        public void toKafka() {
            if (count < 2000) {
    KafkaProducer<String, String>kafkaProducer = new KafkaProducer<>(props);
              String message = JSON.toJSONString(carService.getOne(count++));
    kafkaProducer.send(new ProducerRecord<>("itcast_order", message));
    }else{
    System.out.println("数据已全部发送到Kafka" );
            }
        }
    }
    application.xml
    <task:scheduler id="myScheduler"/>
    <task:scheduled-tasks scheduler="myScheduler">
    <task:scheduled ref="scheduledKafka" method="toKafka" cron="0/1 * * * * ?"/>
    </task:scheduled-tasks>
```

## 7.4.2 Spark处理汽车数据

本项目通过 KafkaUtils.createDirectStream 接收 Kafka 发送的数据，采用 SparkStreaming 对数据进行实时处理：按照 c_name 进行分组统计油耗、统计每款车的评分均值及销量、汽车价格区间和销量对比分析、汽车价格区间和评分均值对比分析。以分组统计油耗为例，核心代码如下：

```
    object StreamingProcessdata {
    valoilavgKey = "car::oil::avg"
    valdbIndex = 0//Redis数据库

      def doTask(): Unit = {
    valsparkConf: SparkConf = new SparkConf().setAppName("KafkaStreamingTest").
setMaster("local[4]")
    valsc = new SparkContext(sparkConf)
    sc.setLogLevel("WARN")
    valssc = new StreamingContext(sc, Seconds(3))
    ssc.checkpoint("./spark-receiver")
    valkafkaParams  =  Map("bootstrap.servers"  ->  "master:9092,slave1:9092,
slave2:9092", "group.id" -> "spark-receiver")
    val topics = Set("itcast_order")
    valkafkaDstream: InputDStream[(String, String)] = KafkaUtils.createDirectStream
[String, String, StringDecoder, StringDecoder](ssc, kafkaParams, topics)
    val events: DStream[JSONObject] = kafkaDstream.flatMap(line => Some(JSON.
parseObject(line._2)))
       //按照c_name进行分组统计油耗
    valoilavg: DStream[(String, Float)] = events
```

```
      .map(x => (x.getString("c_name"), x.getFloat("oil_consume")))
      .groupByKey().map(x => (x._1, x._2.reduceLeft(_ + _) / x._2.size))
      ssc.start()
      ssc.awaitTermination()
        }
      }
```

### 7.4.3 Redis数据库存储处理结果

借助 Jedis 工具将统计完的结果以键值对方式存入 Redis 数据库。以分组统计油耗为例，核心代码如下：

```
    oilavg.foreachRDD(x => {
          try {
    x.foreachPartition(partition =>
    partition.foreach(x => {
    val jedis: Jedis = RedisClient.pool.getResource
    jedis.select(dbIndex)
    jedis.hset(oilavgKey, x._1, x._2.toString)
    RedisClient.pool.returnResource(jedis) })
            )
          } catch {
            case ex: Exception => {}
          }
        })
```

### 7.4.4 数据分析处理模块测试

程序连接 Kafka 集群，由 Kafka 生产者对定时任务读取到的数据进行实时发送，创建消费者，数据实时发送测试如图 7-5 所示。

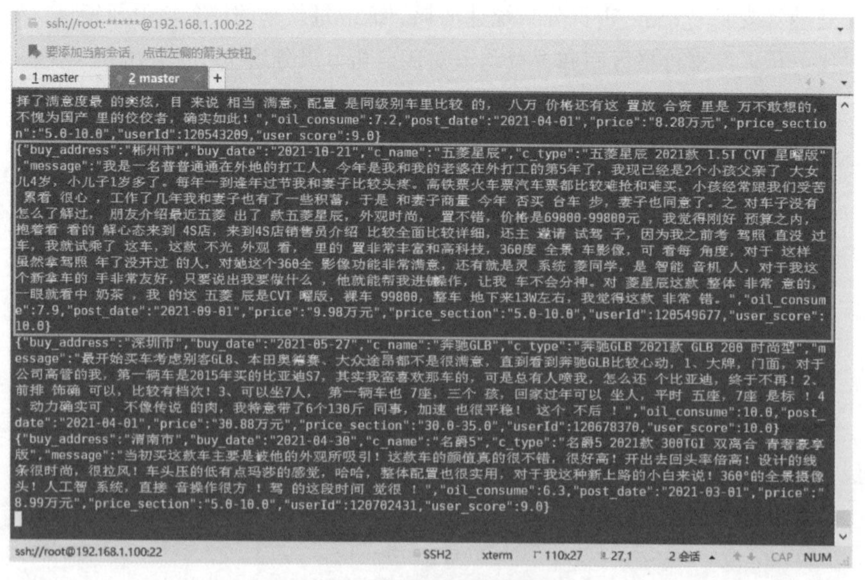


图7-5 数据实时发送测试

由图 7-5 可见，程序能够从数据库中读入数据，并通过 Kafka 生产者实时发送数据。

使用 Spark Streaming 处理数据后，将结果存入 Redis 数据库，Redis 数据库中的键值对如图 7-6 所示。

```
[root@master bin]# ./redis-cli -h master --raw
master:6379> keys *
car::price::score
car::c_name::num
car::score::avg
car::oil::avg
car::price::num
car::buyaddress::num
master:6379> hgetall "car::oil::avg"
星瑞
10.8
蒙迪欧
10.0
蔚来ES6
430.0
别克GL8
9.8
途观
11.0
星越L
10.0
宋PLUS新能源
4.3
蔚来EC6
380.0
名爵5
6.5
蔚来ES8
ssh://root@192.168.1.100:22    SSH2    xterm    110x28    28,14    2 会话    CAP NUM
```

图7-6　Redis数据库中的键值对

由图 7-6 可见，程序能够成功处理数据，并将数据存入 Redis 数据库。

视　频

数据可视化

## 7.5　数据可视化模块

数据可视化模块使用 Java 语言开发，旨在利用 SSM 框架和 Echarts 对可视化图表进行展示及实时更新。总体可视化框架采用开源可视化图表库 Echarts 绘制。使用横向柱状图绘制汽车实测油耗、汽车销量和不同汽车评分均值；使用 geo 地图绘制汽车的地域销量；使用饼图来展示不同价格区间销量占比和评分均值情况；使用 MVC 架构来实现数据的读取以及页面的展示；使用 WebSocket 实现数据实时更新及可视化展示。

### 7.5.1　数据可视化模块后端设计

#### 1. 页面展示设计

页面展示设计采用 MVC 架构实现。用户在控制层接收到@RequestMapping 注解控制的 URL 路由，通过模型层从数据库中获取到想要的信息后返回给视图层。

通过在 spring-mvc.xml 中配置 SpringMVC 的视图解析器及资源映射后可以将 Controller 层的返回值映射为资源映射路径下的对应的.jsp 文件进行展示，核心代码如下：

```
<beans>
    <!--扫描指定包路径使路径当中的@controller注解生效 -->
    <context:component-scan base-package="cn.itcast.controller"/>
<!--配置包扫描器，扫描所有带@Service注解的类 -->
```

```
    <context:component-scan base-package="cn.itcast.service"/>
    <!--mvc的注解驱动 -->
    <mvc:annotation-driven/>
    <!--视图解析器 -->
    <bean
class="org.springframework.web.servlet.view.InternalResourceViewResolver">
    <property name="prefix" value="/WEB-INF/jsp/"/>
    <property name="suffix" value=".jsp"/>
    </bean>
    <!--配置资源映射 -->
        <mvc:resources location="/js/" mapping="/js/**"/>
    </beans>
```

### 2. 图表实时更新设计

图表实时更新采用持久化协议 WebSocket 请求来实现。通过@ServerEndpoint 指定 WebSocket 对应的 URL 地址并在前端页面进行请求，以对“汽车价格区间图”进行实时更新为例，核心代码如下：

```
    @ServerEndpoint("/price-range-web-socket")
    public class PriceRangeWebSocket {
        private static int onlineCount = 0;
        private    static    final    CopyOnWriteArraySet<PriceRangeWebSocket>
WEB_SOCKET_SET = new CopyOnWriteArraySet<>();
        private Session session;
        @OnOpen
        public void onOpen(Session session) {
    this.session = session;
    WEB_SOCKET_SET.add(this);
    addOnlineCount();
    onMessage("",session);
        }
        @OnClose
        public void onClose() {
    WEB_SOCKET_SET.remove(this);
    subOnlineCount();
        }
    GetDataServicegetDataService = new GetDataService();
        @OnMessage
        public void onMessage(String message, Session session) {
            for (final PriceRangeWebSocketitem : WEB_SOCKET_SET) {
                try {
                    while (true){
    item.sendMessage(getDataService.getPriceRange());
    Thread.sleep(1000);
                    }
                } catch (Exception e) {
    e.printStackTrace();
                    continue;
```

```
            }
        }
    }
    @OnError
    public void onError(Session session, Throwable error) {
  error.printStackTrace();
    }
    public void sendMessage(String message) throws IOException {
  this.session.getBasicRemote().sendText(message);
    }
    public static synchronized int getOnlineCount() {
        return onlineCount;
    }
    public static synchronized void addOnlineCount() {
  PriceRangeWebSocket.onlineCount++;
    }
    public static synchronized void subOnlineCount() {
  PriceRangeWebSocket.onlineCount--;
    }
    @Override
    public booleanequals(Object o) {
        if (this == o) return true;
        if (!(o instanceofPriceRangeWebSocket)) return false;
  PriceRangeWebSocket that = (PriceRangeWebSocket) o;
        if (session != null ? !session.equals(that.session) : that.session !=
null) return false;
        return
getDataService!=null?getDataService.equals(that.getDataService)          :
that.getDataService == null;
    }
    @Override
    public int hashCode() {
        int result = session != null ? session.hashCode() : 0;
        result = 31 * result + (getDataService != null ? getDataService.
hashCode() : 0);
        return result;
    }
  }
```

WebSocket通过间隔1 s循环调用Service层的GetDataService类中的相应方法来实现实时更新，GetDataService类中的相应方法负责通过使用Jedis类库从Redis数据库中读取数据并使用fastjson进行序列化后再返回，核心代码如下：

```
  public String getPriceRange() {
  ArrayList<Map<String, String>> result = new ArrayList<>();
     for                                              (Map.Entry<String,
String>entry :jedis.hgetAll(PRICE_NUM_KEY).entrySet()) {
        HashMap<String, String> map = new HashMap<>();
map.put("name","50.0_up".equals(entry.getKey())?"高于50万元": "5.0_down".equals
```

```
(entry.getKey()) ? "低于5万元" : entry.getKey().replaceAll("\\.0", "") + "万元");
    map.put("value", entry.getValue());
    result.add(map);
        }
        return JSONObject.toJSONString(result);
    }
```

前端界面在接收到 WebSocket 请求返回的数据后，再将其序列化后通过 setOption()方法替换 Echarts 图表中的 data 数据，即实现了图表的实时更新，核心代码如下：

```
    myChart.hideLoading();
    let websocket = null;
    if ('WebSocket' in window)
    websocket = new WebSocket("ws://localhost:8080/price-range-web-socket");
    else
    alert('当前浏览器不支持websocket')
    websocket.onmessage = function (event) {
    myChart.setOption({series: [{data: JSON.parse(event.data)}]})
    }
    window.onbeforeunload = function () {
    websocket.close();
    }
```

## 7.5.2 数据可视化模块前端设计

图表绘制均采用开源可视化图表库 Echarts 实现。以“汽车价格区间图”为例，核心代码如下：

```
    <div id="container" style="height: 100%;"></div>
    <script src="/js/jquery-1.8.3.min.js"></script>
        <script src="/js/echarts.min.js"></script>
        <script src="/js/vintage.js"></script>
    const myChart = echarts.init(document.getElementById('container'),'vintage');
    myChart.setOption(option = {
        title: {
            text: '汽车价格区间统计',
            left: 'center'
        },
        tooltip: {
            trigger: 'item'
        },
        legend: {
            orient: 'vertical',
            left: 'left'
        },
        series: [
            {
                name: '价格区间',
                type: 'pie',
                radius: '50%',
```

```
            data: [],
            emphasis: {
    itemStyle: {
    shadowBlur: 10,
    shadowOffsetX: 0,
    shadowColor: 'rgba(0, 0, 0, 0.5)'}
            }
        }
    ]
    });
```

## 7.5.3　数据可视化页面展示

根据用户需要共绘制了 5 张图表，实现了汽车平均油耗统计、汽车平均评分统计、汽车价格区间统计、评分区间统计、汽车销量统计。首页设置了 5 个跳转框，分别对应不同图表的展示，首页如图 7–7 所示。

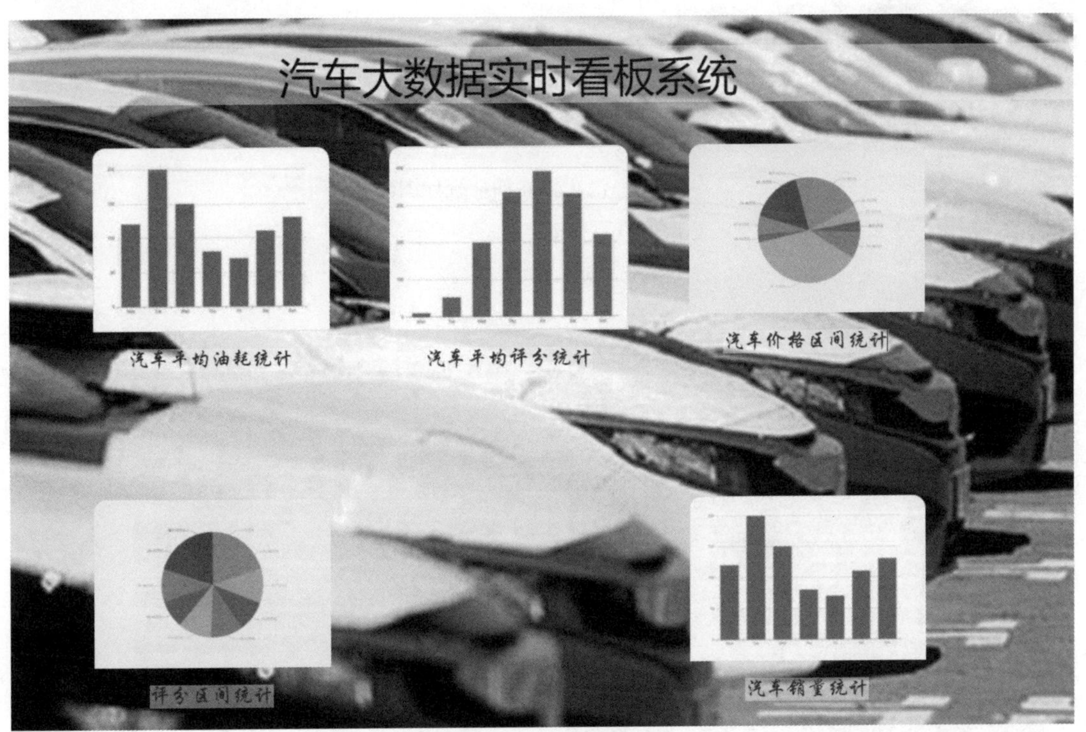


图7–7　系统首页

汽车平均油耗统计图如图 7–8 所示，根据获取到汽车数据量的多少，平均油耗实时变化。从图中可以看出每款车的平均油耗，帮助用户选择更经济的车型。

汽车平均评分统计图如图 7–9 所示，根据获取到用户口碑数据量的多少，每款车的平均评分实时变化。从图中可以看出每款车的平均评分，借助其他用户的用车体验，帮助用户选择更具性价比的车型。

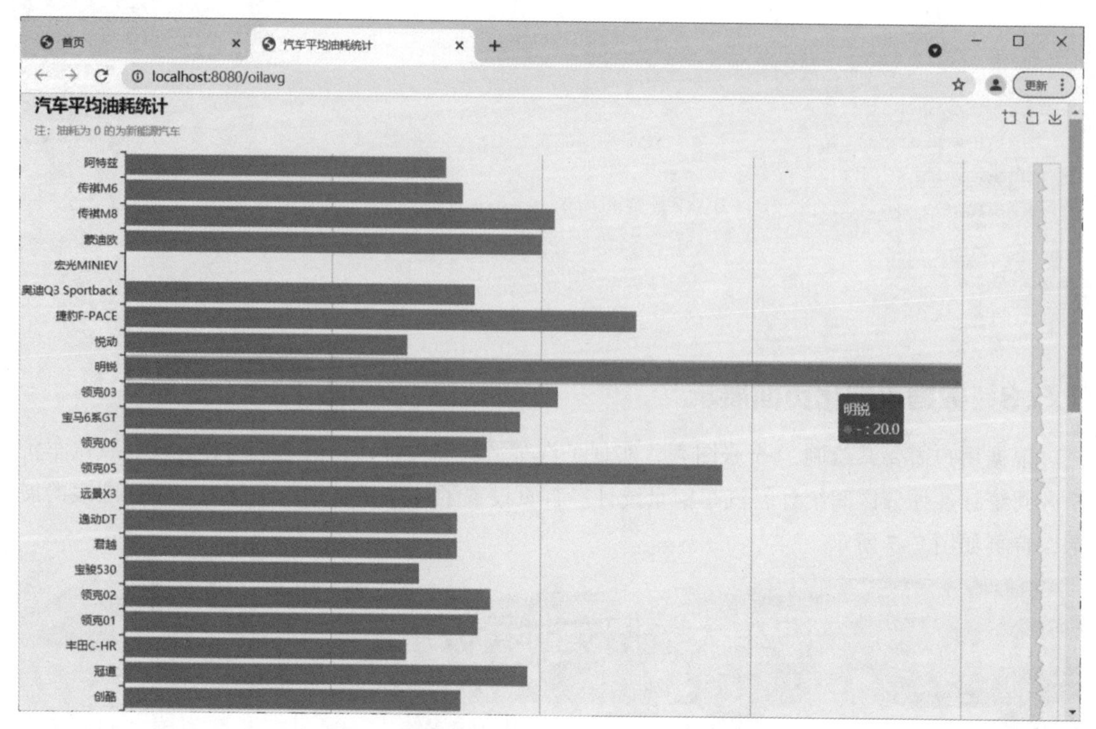

图7-8　汽车平均油耗统计图

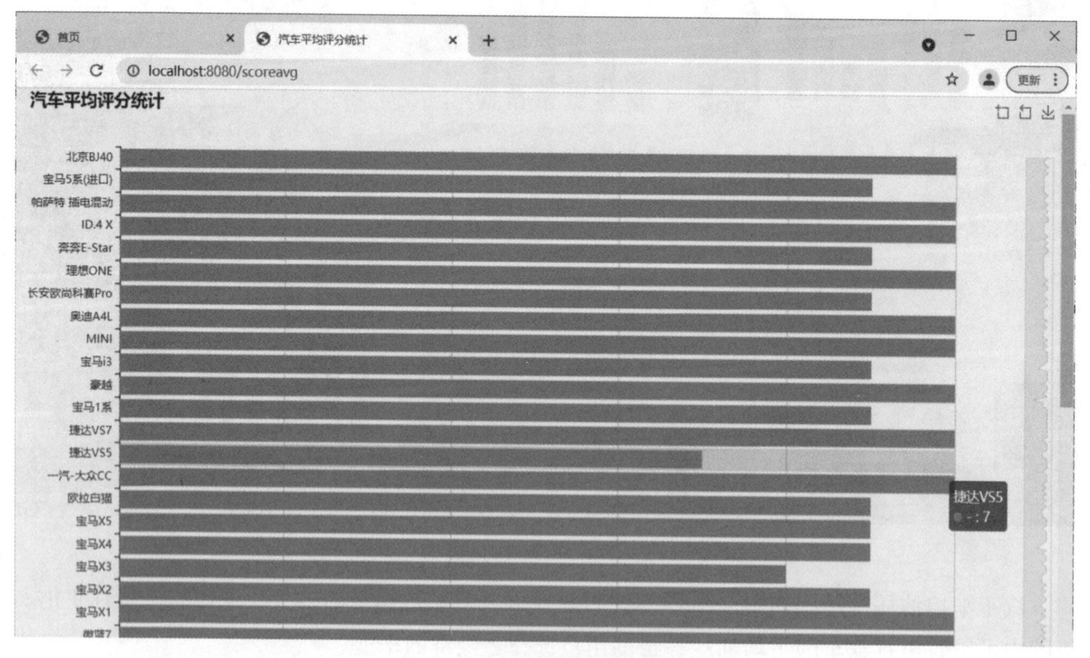

图7-9　汽车平均评分统计图

汽车价格区间销量统计如图 7-10 所示。根据获取汽车数据量的多少，不同价格区间的汽车销量在实时变化。从图中可以看出不同价格区间的销量，帮助商家统计用户普遍能接受的价格区间。

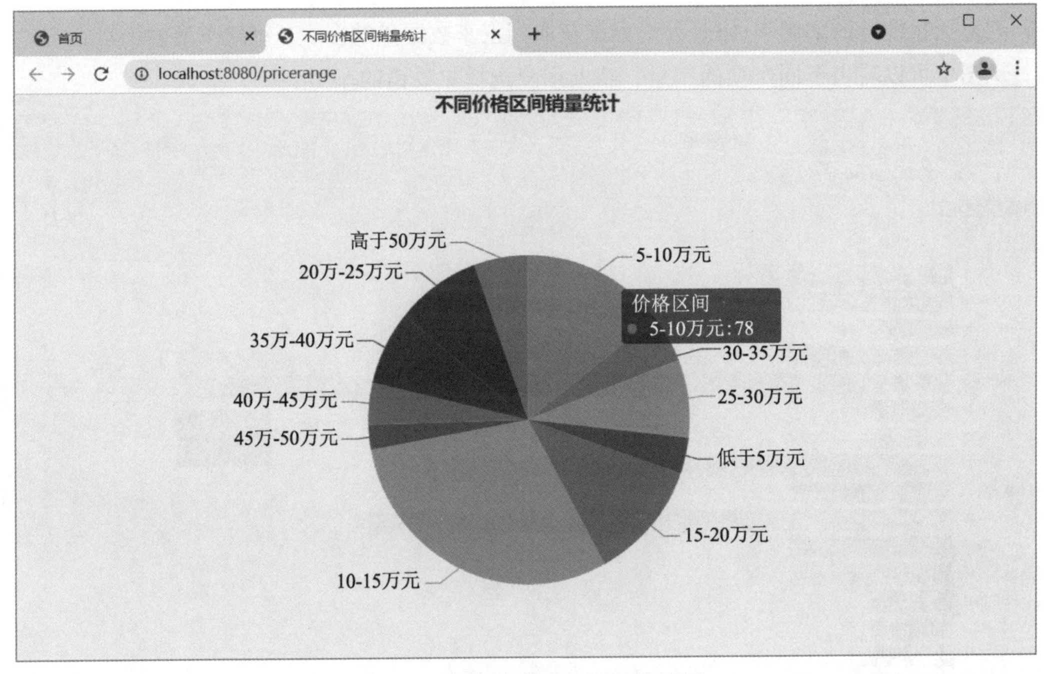


图7-10　汽车价格区间销量统计图

汽车不同价格区间评分统计如图 7-11 所示。根据获取到用户口碑数据量的多少，不同价格区间的评分在实时变化。从图中可以看出不同价格区间的评分高低，帮助用户选择哪个价格区间内的车型更具性价比。

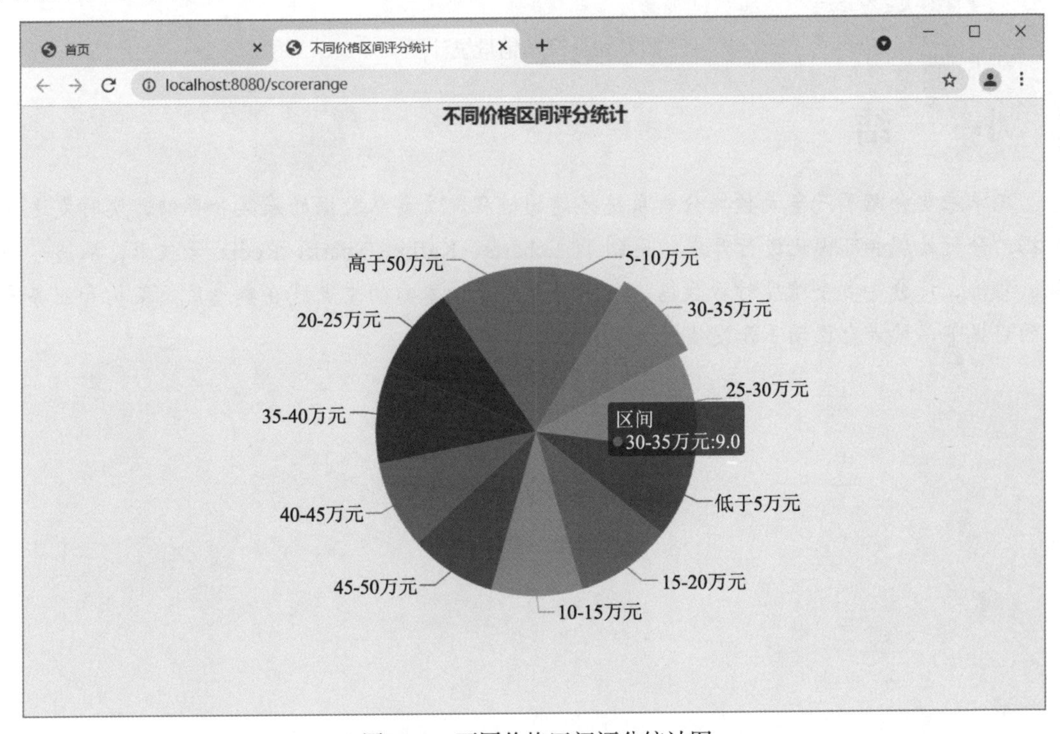


图7-11　不同价格区间评分统计图

汽车销量统计图如图 7-12 所示。根据获取到汽车数据量的多少，每款车型的销量在实时变化。从图中可以看出不同车型的销量，帮助用户选择更畅销的车型。

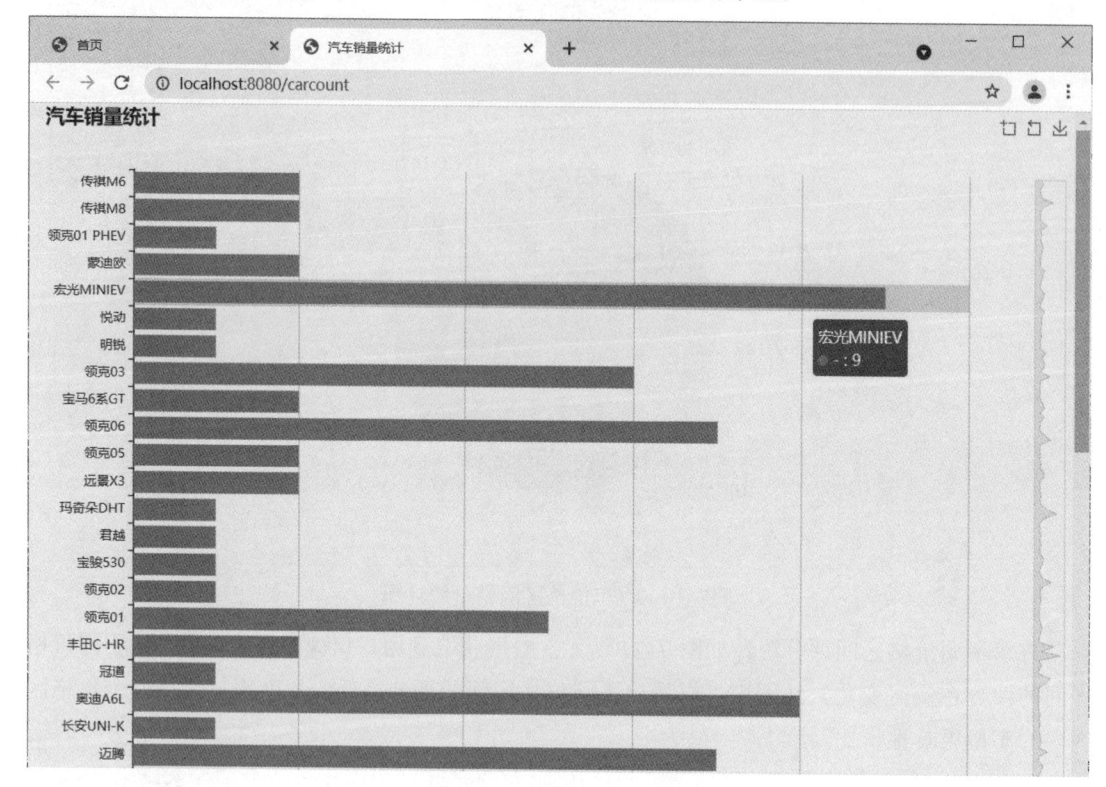


图7-12　汽车销量统计图

# 小　　结

本章主要介绍了汽车大数据分析系统搭建的过程，主要从数据的采集和存储、实时发送、数据的分析处理和可视化进行开发，用到了 Echarts、Kafka、Spark、Redis 等技术，从汽车油耗、售价、评分等多个维度对源数据进行了分析展示。本章的重点是在熟悉系统架构和业务流程的前提下，读者自己动手开发实时大数据系统。

# 参 考 文 献

[1] 井超，樊永生. 大数据技术基础及应用教程（Linux+Hadoop+Spark）[M]. 北京：机械工业出版社，2022.

[2] 杨俊. 实战大数据（Hadoop+Spark+Flink）从平台构建到交互式数据分析（离线/实时）[M]. 北京：机械工业出版社，2021.

[3] 林子雨. 大数据技术原理与应用：概念、存储、处理、分析与应用[M]. 2 版. 北京：人民邮电出版社，2017.

[4] 黑马程序员. Spark 大数据分析与实战[M]. 北京：清华大学出版社，2019.

[5] 刘鹏. 大数据实验手册[M]. 北京：电子工业出版社，2017.

[6] 怀特. Hadoop 权威指南（第 2 版）[M]. 周敏奇，王晓玲，金澈清，等译. 北京：清华大学出版社，2011.

[7] 钱伯斯，扎哈里亚，Spark 权威指南[M]. 张岩峰，王方京，译. 北京：中国电力出版社，2020.

[8] 陈祥琳. CentOS Linux 系统运维[M]. 北京：清华大学出版社，2016.

[9] 舒特兹. Linux 命令行大全[M]. 郭光伟，郝记生，译. 北京：人民邮电出版社，2013.

# 参考文献